高等学校教材

铸造设备及自动化

樊自田　主编

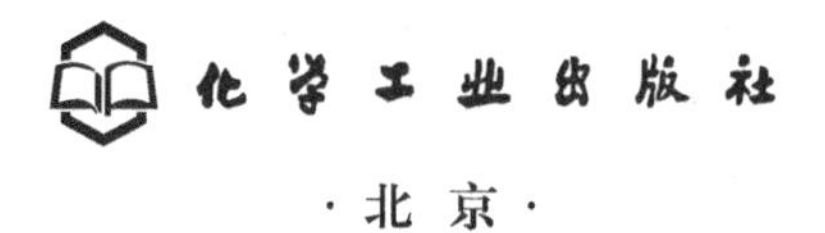

·北京·

为适应现代铸造工业技术发展的需要，以满足企业对工程应用型人才的培养要求，特编写此书。

本书共分8章，介绍了铸造车间生产概论、黏土砂造型设备及自动化、树脂砂与水玻璃砂造型设备及自动化、造型材料处理及旧砂再生设备、铸造熔炼设备及控制、落砂清理及环保设备、铝（镁）合金铸造成型设备及控制、消失模铸造设备及生产线。

本书全面地介绍了当前铸造生产中的主要设备的工作原理、结构特点及自动化控制要求，内容新颖、丰富，可作为高等学校材料成型及控制工程铸造方向或铸造专业的本科生教材，也可供从事相关专业生产与科研的工程技术人员参考，或作为企业继续教育的培训教材。

图书在版编目（CIP）数据

铸造设备及自动化/樊自田主编．—北京：化学工业出版社，2009.8（2024.8重印）
高等学校教材
ISBN 978-7-122-06010-5

Ⅰ．铸… Ⅱ．樊… Ⅲ．铸造设备-自动化-高等学校-教材 Ⅳ．TG23

中国版本图书馆CIP数据核字（2009）第105230号

责任编辑：李玉晖　　文字编辑：余纪军
责任校对：徐贞珍　　装帧设计：韩　飞

出版发行：化学工业出版社（北京市东城区青年湖南街13号　邮政编码100011）
印　　装：北京虎彩文化传播有限公司
787mm×1092mm　1/16　印张11　字数277千字　　2024年8月北京第1版第6次印刷

购书咨询：010-64518888　　售后服务：010-64518899
网　　址：http://www.cip.com.cn
凡购买本书，如有缺损质量问题，本社销售中心负责调换。

定　　价：32.00元　

前　言

铸造是机械工业的基础。作为加工工具的各类机床，其重量的90%来自于铸件；飞机、汽车的核心——发动机，其关键零件（涡轮叶片、缸体缸盖等）均为铸件。我国已是第一铸件生产大国，2007年我国的铸件年产量约3000万吨，已远超过铸造强国——美国和日本。但我国并不是铸造强国，所生产的铸件大多为档次不高的普通铸铁件，高质量的铸件尤其是高质量的铝合金、镁合金铸件的产量偏少，生产高质量铸件的现代化装备也不多。铸造装备是生产高质量铸件的保障，铸造工业的自动化与信息化又是现代铸造工业技术发展的必然趋势。

本书全面地介绍了当前铸造生产中的主要设备的工作原理、结构特点及自动化控制要求，内容新颖、丰富，它既包括铸造生产中传统的主要设备，也反映铸造设备的最新进展。

在专业合并的大形势下，“铸造”作为大学教育的专业基本已成为历史，有关“铸造设备及自动化”的教科书及专著，近十余年未曾在书店见到。因此，出版反映铸造设备及自动化新进展的教科书，实属可贵。

本书由华中科技大学的樊自田教授主编，龙威博士、王继娜博士等参加了资料的收集工作，在此表示感谢。由于涉及的内容繁多，加之作者水平有限，书中难免有不当之处，敬请读者批评指正。

樊自田

2009年3月

目　　录

第1章 铸造车间生产概论

1.1 铸造车间的分类、组成及工作制度

1.1.1 铸造车间分类

铸造车间（或铸造工厂），由于生产方法、金属材料种类、自动化程度等的不同相差甚大，它可以按照不同的特征分类，其主要分类方法见表1-1。

表1-1 铸造车间的分类

主要分类方法	车间名称	备注
按生产铸件方法分类	砂型铸造车间	又可分：黏土砂车间、树脂砂车间、水玻璃砂车间、壳型砂车间等
	特种铸造车间	又可分：熔模铸造车间、压力铸造车间、离心铸造车间、金属型铸造车间、消失模铸造车间、低压铸造车间、差压铸造车间等
按金属材料种类分类	铸铁铸造车间	又可分：灰铸铁车间、球墨铸铁车间、可锻铸铁车间、特种铸铁车间等
	铸钢铸造车间	又可分：碳素钢铸造车间、合金钢铸造车间等
	有色金属铸造车间	又可分：铜合金铸造车间、铝合金铸造车间、镁合金铸造车间等
按生产批量分类	单件小批生产铸造车间	年产小型铸件1000件以下；中型件500件以下；大型件100件以下
	成批生产铸造车间	年产小型铸件1000～5000件；中型件500件以上；大型件100件以上
	大批大量生产铸造车间	年产小型铸件10000件以上；中型件5000件以上；大型件1000件以上
按铸件重量分类	小型铸造车间	年产量3000t以下
	中型铸造车间	年产量3000～9000t
	大型铸造车间	年产量9000t以上
按机械化与自动化程度分类	手工生产铸造车间	由人工采用简单工具进行生产
	简单机械化铸造车间	造型、砂处理、冲天炉加料、落砂等主要生产工序用机械设备完成，其余生产过程由人工完成
	机械化铸造车间	生产过程和运输工作都用机械设备完成，工人进行控制操纵
	自动化铸造车间	由设备组成自动生产线，生产过程由各种设备、仪表及控制系统自动完成。工人的作用是监视设备运行、排除故障、维护设备等

1.1.2 铸造车间的组成

铸造车间一般由生产工部、辅助工部、办公室、仓库、生活间等组成。各组成部分的主要功能如表1-2所示。

在铸造车间的各组成部分中，生产工部是最为重要的组成部分，它是铸造车间生产铸件的主要工部。通常它又细分为：熔化工部、造型工部、制芯工部、砂处理工部、清理工部等，这些工部的主要作用包括：

① 熔化工部，完成金属的熔炼工作；

② 造型工部，完成造型、下芯合箱、浇注、冷却、落砂等项工作；

③ 制芯工部，完成制芯、烘干、装配等项工作，有时还包括型芯贮存及分送；

④ 砂处理工部，完成型砂及芯砂的配制工作；

⑤ 清理工部，完成去除铸件浇冒口、飞边、毛刺及表面清理等工作，有时还包括上底漆及铸件热处理等。

一般在工部下面根据生产情况尚可再分工段，有些小型车间也可不设工部而直接设立工段。铸造车间的生产管理系统，对车间的面积利用和人员的配备都有密切关系，工程技术人员应对此有较好的了解。这对提高生产和设备效率具有重要作用。

表 1-2 铸造车间的组成

铸造车间组成名称	功能及作用	备 注
生产工部	完成铸件的主要生产过程	又可分：熔化工部、造型工部、制芯工部、砂处理工部、清理工部
辅助工部	完成生产的准备和辅助工作	包括：炉料及造型材料等的准备、设备维护、工装维修、砂型性能试验室、材料分析室等
仓库	原材料、铸件及工装设备的贮藏	包括：炉料库、造型材料库、铸件成品库、模具库、砂箱库等
办公室	行政管理人员、工程技术人员工作室	包括：行政办公室、技术人员室、技术资料室、会议室等
生活间	工作期间工作人员的生活用具的存放	更衣室、厕所、浴室、休息室等

1.1.3 工作制度

铸造车间的工作制度分两种：阶段工作制与平行工作制。

(1) 阶段工作制　它是在同一工作地点，不同时间顺序下完成不同的生产工序。它适用于手工单件小批量生产、并在地面上浇注的铸造车间。其优点是简单灵活；其缺点是生产周期长，占地面积较大。

阶段工作制按循环周期的长短又可分为三种类型：

① 每昼夜一次循环阶段工作制；

② 每昼夜两次循环阶段工作制；

③ 每昼夜两班造型及合箱，一班浇注、落砂及旧砂处理的阶段工作制。

(2) 平行工作制　它的特点是在不同的地点，在同一时间完成不同的工作内容。它适用于采用铸型输送器的机械化铸造车间。其优点是生产率高，车间面积利用率高；其缺点是投资大，占地面积大。

平行工作制按其在一昼夜中所进行的班次，可分为一班平等工作制、两班平等工作制及三班平等工作制。

1.1.4 工作时间总数

工作时间总数可分为**公称工作时间总数**和**实际工作时间总数**两种。公称工作时间总数等于法定工作日乘以每工作日的工作时数，它是不计时间损失的工作时间总数。

实际工作时间总数等于公称工作时间总数减去时间损失（即设备维修时停工的时间损失、工人休假的时间损失等）。

我国机械工厂的公称工作时间总数见表 1-3。

表 1-3　公称工作时间总数

序号	工作制度	全年工作日	每班工作小时			年公称小时数		
			第一班	第二班	第三班	一班制	二班制	三班制
1	铸造车间阶段工作制	251	8	8	7	2008	4016	5773
2	铸造车间平行工作制	251	8	8	8	2008	4016	6024
3	铸造车间连续工作制	355	8	8	8			8520
4	铸造车间全年连续工作制	365	8	8	8			8760
5	有色铸造车间的熔化工部	251	6	6	6	1506	3012	4518

1.2　铸造车间的生产纲领及设计方法

1.2.1　生产纲领

铸造车间的生产纲领包括：产品名称和产量、铸件种类和重量、需要生产的备件数量及外协件数量等。我国通用于机械类工厂的生产纲领见表 1-4。

车间生产纲领是进行车间设计的基本依据。确定生产纲领有下列三种方法。

（1）精确纲领　对于大批大量生产的铸造车间，根据工厂生产铸件明细表确定的精确生产纲领，其形式如表 1-4 所示。

（2）折算纲领　对产品种类较多的成批生产铸造车间，先选出代表产品（选择代表产品时，应将产品按**铸件复杂程度**、**技术要求**、**外形尺寸**、**重量**等进行分组，然后再在每一组产品中选出产量最大的产品作为代表产品），再按下式计算代表产品的折算年产量，即为折算纲领。

$$N_{dz}=KN_{b}\text{（台）}$$

式中　N_{dz}——代表产品的折算年产量，台；

N_{b}——代表产品的年产量，台；

K——折算系数。

$$K=\frac{Q_{d}+Q}{Q_{d}}$$

式中　Q_{d}——代表产品年产量，t；

Q——非代表产品年产量，t。

例如，某铸造车间的主要产品如表 1-5 所示。其代表产品及其折算纲领确定方法如下。

按铸件的复杂程度分为：一般和复杂两组。第一组的代表产品为产品 1，第二组的代表产品为产品 6。

先进行折算系数计算：

$$K_{1}=(6000+2000+2000)/6000=1.67;\quad K_{2}=(1200+1500+3000)/3000=1.9$$

所以，折算纲领为：

一般铸件，$N_{dz1}=K_{1}\times N_{b1}=1.67\times4000=6680$ 件；

复杂铸件，$N_{dz2}=K_{2}\times N_{b2}=1.9\times3000=5700$ 件。

表 1-4 铸造车间生产纲领

序号	产品名称	单位	铸件金属种类					
			灰铸铁	球铁	可锻铸铁	铸钢	……	合计
1	2	3	4	5	6	7	8	9
1	主要产品							
(1)	××××							
	①铸件种类	种						
	②铸件件数	件						
	③铸件毛重	公斤						
	……							
	……							
2	主要产品年生产纲领(包括备件)							
(1)	××××							
	①铸件件数	件						
	②铸件毛重	吨						
	……							
	……							
3	厂用修配铸件	吨						
4	外厂协作件	吨						
	总计	吨						

表 1-5 某铸造车间的主要产品

产品序号	年产铸件重量/t	铸件的复杂程度	年产数量/件
产品 1	**6000**	一般	**4000**
产品 2	1200	复杂	1000
产品 3	2000	一般	2000
产品 4	1500	复杂	3000
产品 5	2000	一般	1500
产品 6	**3000**	复杂	**3000**

(3) 假定纲领　因生产任务难以精确固定，工艺技术资料不定，设计该类铸造车间时应参照类似车间的有关指标或有关设计手册确定假定纲领。

我国铸造车间设计时主要是依据生产纲领来进行具体设计和计算，但国外汽车行业大量流水生产的铸造车间设计，常以造型线为核心来考虑设计计算纲领。

1.2.2 铸造车间设计方法

目前我国铸造车间设计的方法通常为**两阶段设计法，即扩大初步设计**和**施工设计**。

(1) 扩大初步设计　扩大初步设计的基本要求是：应根据任务要求，阐明在确定地点和规定期限内拟建的工程，保证在技术上的先进性与可靠性、经济上的合理性；阐述采用先进工艺、设备、材料的水平及其依据；正确选择厂址的根据；确定原材料、燃料的供应来源和水、电、动力等条件；决定对设计项目的基本技术；确定建设总投资和基本技术经济指标并进行分析等。

扩大初步设计完成后，应能满足标准设备订货、非标准设备设计、施工准备及确定建设总投资等方面的要求。

扩大初步设计的主要内容包括：工艺分析、设计计算（确定设备、人员、面积、动力等需要量）、车间布置（绘制车间的平、剖面布置图等）、编写设备明细表和设计说明书。

（2）施工设计 施工设计的基本要求是：应确定设备型号、规格和数量，确定动力站、车间工艺布置的详细尺寸；校正总平面图上房屋、构筑物、管线网络的位置、标高及与定位轴线等的关系；从施工要求出发，详细制定房屋、构筑物、设备安装和各种专门工程（采光通风、供水排水、动力照明、安全技术措施等）施工必需的图纸及说明；完成铸造工艺设备及机械化运输设备的安装设计；完成非标设备设计；确定各项目的工程造价。

施工设计完成后，应能满足施工安装和生产运转的要求，符合编制施工图预算的需要。

施工设计内容包括：根据扩大初步设计的审批意见，修改车间布置；绘制工艺即机械化安装图；绘制机械化运输设备及非标设备的全套施工详图（通常用1：100的比例，绘出多种设备的简明轮廓图形）；向土建、公用等设计人员提供所需设计资料等（包括工艺机械化安装图、土建框架、公用设施等）。

1.2.3 铸造车间设计中的工艺分析

工艺分析是车间设计的基础。根据生产任务要求确定生产纲领后，对铸造生产任务进行工艺分析，是设计工作中的一项非常重要的工作，它直接影响铸造车间的设计质量。对工艺分析的基本要求是：在具体的生产纲领条件下制订合理的铸造工艺方案，正确安排所设计车间的全部铸件的生产工艺过程，合理地选择设备，分析确定机械化程度，为进行各工部的设计打下基础。要使得车间设计技术上先进可靠、经济上可行、工艺及设备布置和选用合理。

工艺分析的基本任务主要包括：

① 根据生产纲领制订合理的铸造工艺方案，正确安排所设计车间的全部铸件的生产工艺过程；

② 合理选择设备，确定机械化程度，进行各工部的设计计算；

③ 绘制铸件生产的工艺流程图，总成造型任务明细表，制定任务明细表和清理任务明细表等。

进行工艺分析时，还应注意如下几个方面的问题：

① 应根据铸件特征、生产批量、生产纲领等因素，从技术上和经济上进行深入比较，尽量得出较为理想的方案；

② 尽量减少工艺类型和设备种类、规格，以简化设备管理、减少设备维修工作量和提高设备运行的可靠性及通用性；

③ 要注意解决铸造生产中各工序间的生产平衡问题，发挥主要设备的最大生产能力；

④ 在选择设备和车间布置时，应分析选择生产线及设备的合理性。

1.3 铸造车间的主要工部

1.3.1 造型工部

（1）造型工部概述 造型工部是铸造车间的核心工部，典型的砂型造型工艺流程如图1-1所示。

造型工部的主要生产工序是造型、下芯、合箱、浇注、冷却和落砂。在铸造生产过程中，由熔化工部、制芯工部和砂处理工部供给造型工部所需的液态金属、砂芯和型砂；造型工部将铸件和旧砂分别运送给清理工部和砂处理工部。造型工部的工艺流程和机械化程度直接影响到熔化、砂处理、制芯和清理等工部的工艺流程、工艺设备和机械化运输

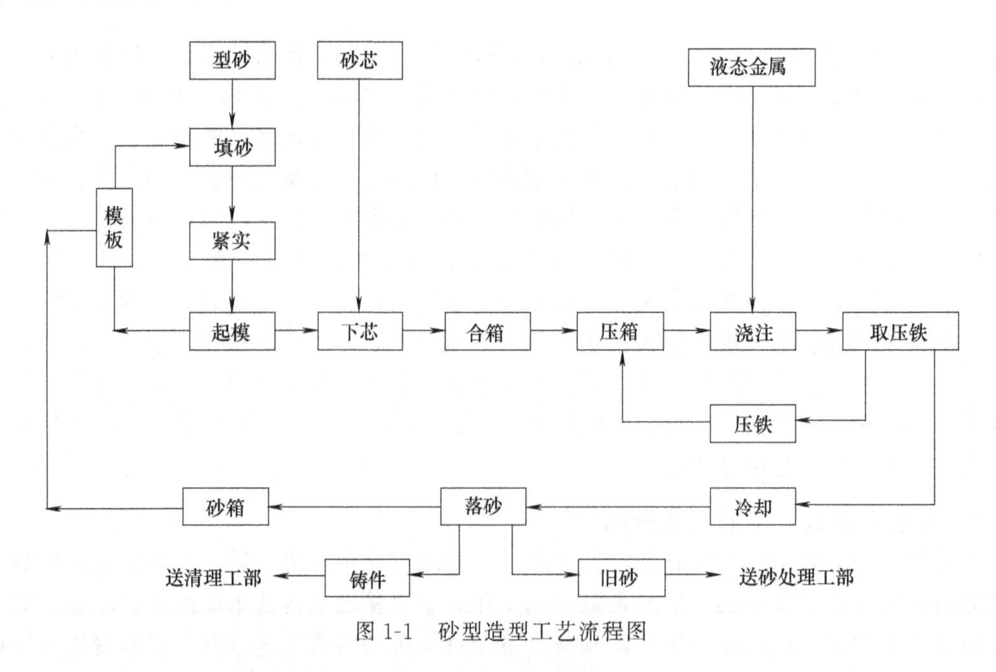

图 1-1　砂型造型工艺流程图

设备的选择和布置。因此，在进行铸造车间设计和管理时，应以造型工部为基础来协调其他工部。

造型设备是造型工部的主要设备，造型设备的数量决定于铸造车间的生产纲领和造型设备的生产率。根据机械化程度的不同，造型工部可分为手工或简单机械化造型工部、机械化或自动化造型工部两类。目前，工业化的铸造生产中，机械化或自动化造型工部使用较多，我国也有一些手工或简单机械化造型工部。由造型机及其辅机（合箱机、铸型输送机等）组成的机械化或自动化造型生产线可进行多种多样的布置。

(2) 典型造型工部的布置　根据所选用的铸型输送机类型的不同，造型生产线可分为**封闭式**和**开放式**两种。封闭式造型生产线是用连续式或脉动式铸型输送机组成环状流水生产线；开放式造型生产线是用间歇式铸型输送机组成直线布置的流水生产线。

按铸型从造型机到合箱机的运行方向与铸型输送机下芯合箱段运行方向之间的关系，造型线的布置方式可分为**串联式**及**并联式**两种。铸型从造型机到合箱机的运行方向与铸型输送机下芯合箱段的运行方向平行或重叠为串联式；而铸型从造型机到合箱机的运行方向与铸型输送机下芯合箱段的运行方向垂直或成一定角度为并联式。

按造型机与铸型输送机之间的关系，造型线又分为**线内布置**和**线外布置**两种。线内布置是指造型机及大多数辅机布置在造型线的内侧；而线外布置是指造型机及大多数辅机布置在造型线的外侧。

造型线的多种布置形式各有其优点，选择和设计造型线时，可参照有关专著或实例确定。图 1-2 至图 1-6 为几种典型的造型线布置图。

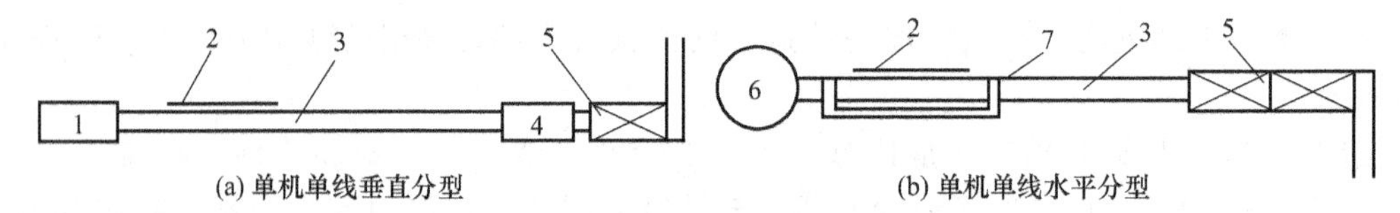

图 1-2　开放式布置的无箱射压造型线

1—垂直分型无箱射压造型机；2—浇注段；3—铸型输送机；4—滚筒破碎筛；5—落砂装置；6—水平分型无箱射压造型机；7—压铁装置

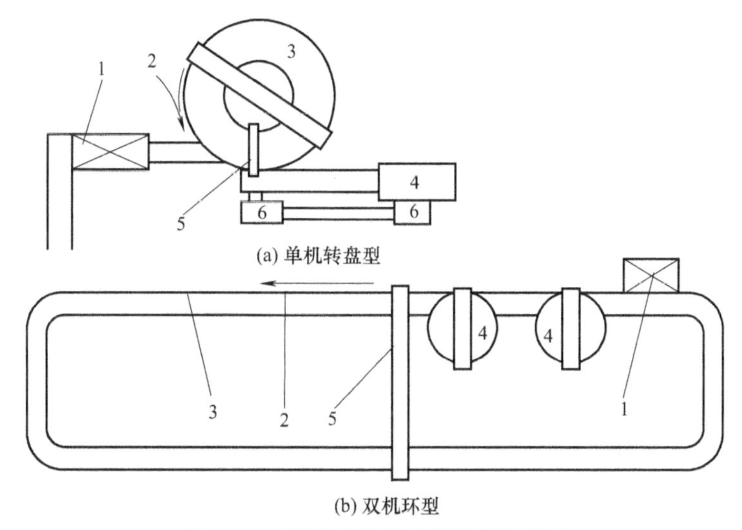

图 1-3　封闭式布置的无箱射压造型线

1—落砂装置；2—浇注段；3—铸型输送机；4—水平分型脱箱射压造型机；5—压铁装置；6—底板回送装置

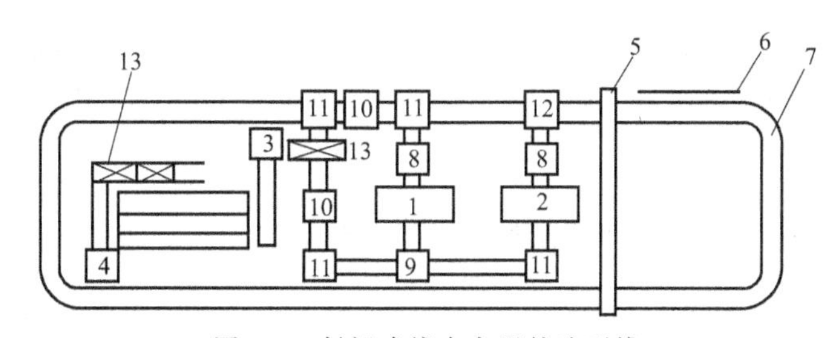

图 1-4　封闭式线内布置的造型线

1—下型造型机；2—上型造型机；3,4—过渡小车；5—压铁装置；6—浇注段；7—铸型输送机；8—翻箱机；9—分型机；10—台面清扫机；11—推杆；12—合型机；13—落砂装置

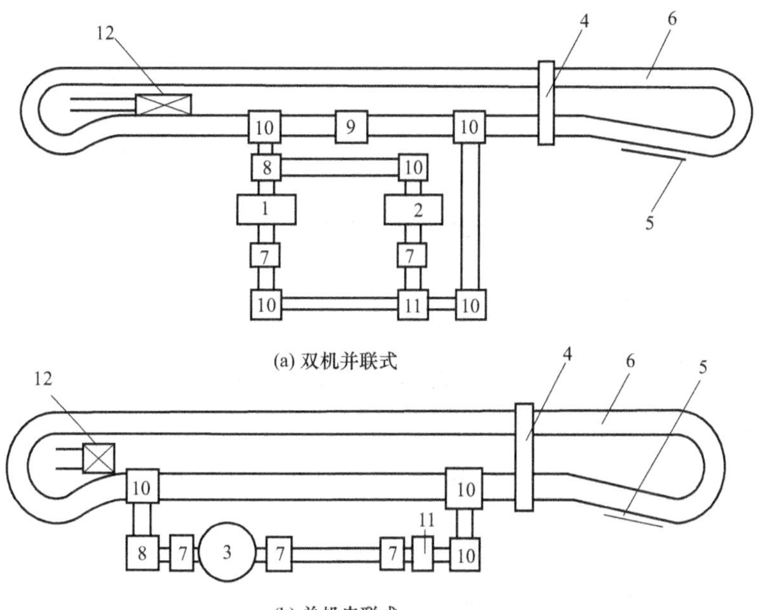

图 1-5　封闭式线外布置的造型线

1—下型造型机；2—上型造型机；3—上下型造型机；4—压铁装置；5—浇注段；6—铸型输送机；7—翻箱机；8—分型机；9—台面清扫机；10—推杆；11—合型机；12—落砂装置

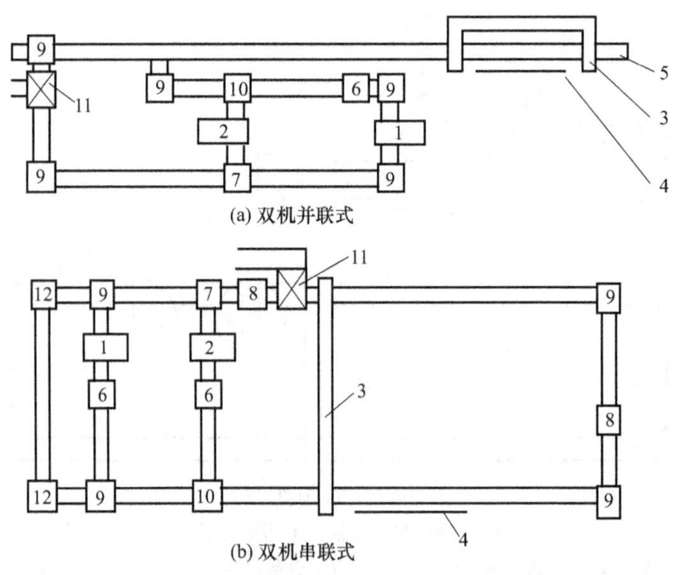

图 1-6 开放式线外布置的造型线

1—下型造型机；2—上型造型机；3—压铁装置；4—浇注段；5—铸型输送机；6—翻箱机；7—分型机；8—台面清扫机；9—推杆；10—合型机；11—落砂装置；12—底板回送装置

1.3.2 制芯工部

（1）制芯工部概述 制芯工部的任务是生产出合格的砂芯。典型的制芯工部的工艺流程如图 1-7 所示。

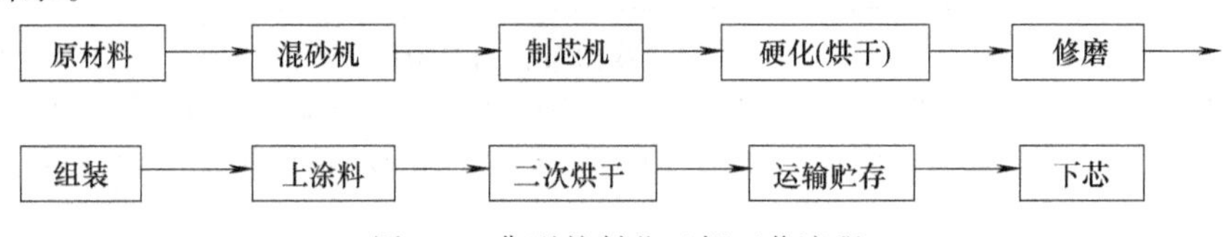

图 1-7 典型的制芯工部工艺流程

由于采用的黏结剂不同，芯砂的性能（流动性、硬化速度、强度、透气性等）各不相同，型芯的制造方法及其所用的设备也不相同。根据黏结剂的硬化特点，制芯工艺有如下几种。

① 型芯在芯盒中成型后，从芯盒中取出，再放进烘炉内烘干。属于此类制芯工艺的芯砂有黏土砂、油砂、合脂砂等。

② 型芯的成型及加热硬化均在芯盒中完成。属于这类制芯工艺的有热芯盒及壳芯制芯等，如图 1-8 所示。

③ 型芯在芯盒里成型并通入气体而硬化。属于这类制芯工艺的有水玻璃 CO_2 法及气雾冷芯盒法等，如图 1-9 所示。

④ 在芯盒中成型并在常温下自行硬化到形状稳定。这类制芯工艺有自硬冷芯盒法、流态自硬砂法等。

在制芯工部中，制芯机是核心设备，制芯机的选用及数量应根据生产纲领、生产要求及制芯机的生产效率等来选用。在现代化的铸造生产中，热芯盒（或壳芯制芯）及气雾冷芯盒法制芯被广泛采用。

（2）制芯工部的运输 在制芯工艺过程中，为了避免型芯的反复装卸而导致型芯的损坏，常采用悬挂输送机将整个制芯工艺过程联系起来，完成型芯的运输及贮存。近年来，推

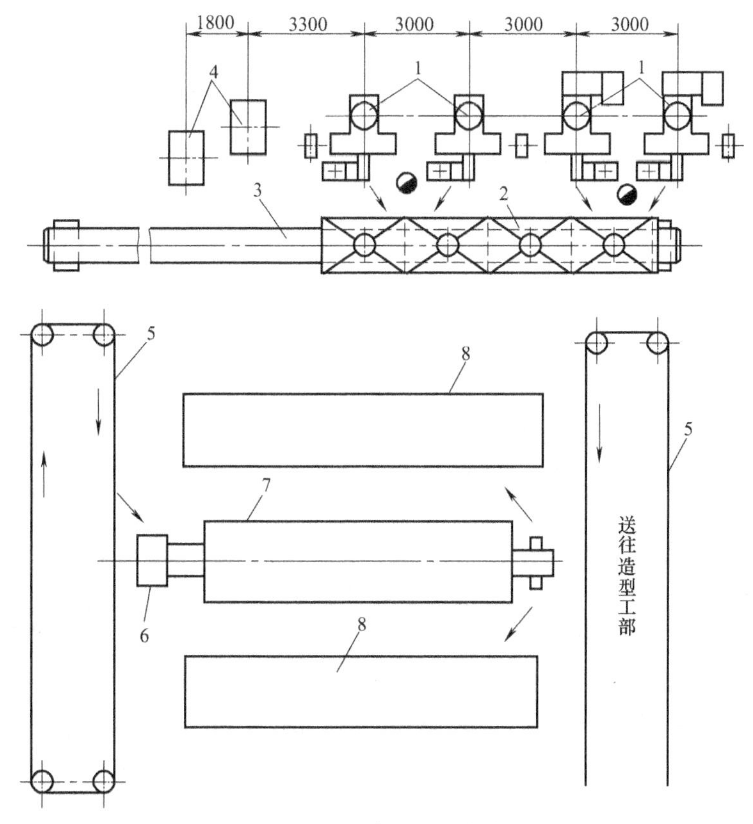

图 1-8　热芯盒吹芯机生产线布置

1—单工位半自动吹芯装置；2—抽风装置；3—板式输送机；4—液压动力站；5—悬挂链式输送机；6—型芯修饰及涂料工作台；7—二次烘干通道式烘干炉；8—型芯存放架

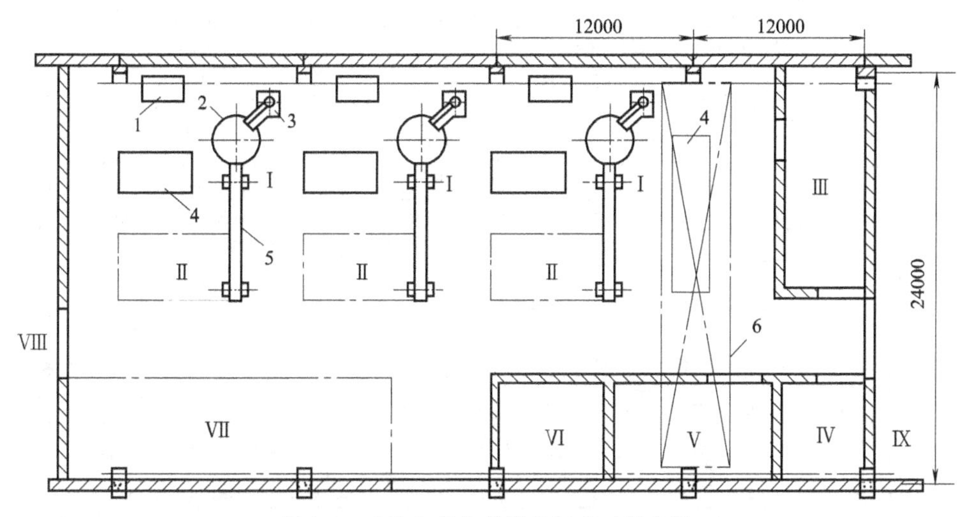

图 1-9　成批生产化学硬化制芯工部布置

1—芯骨存放台；2—转台；3—螺旋式混砂装置；4—造芯工具及辅具台；5—带式运输机；6—桥式起重机；Ⅰ—化学硬化法造芯；Ⅱ—型芯上涂料；Ⅲ—辅助材料间；Ⅳ—涂料制备间；Ⅴ—芯骨间；Ⅵ—机修间；Ⅶ—型芯存放架；Ⅷ—造型工部；Ⅸ—砂处理工部

式悬挂输送机被广泛用于制芯工部的型芯运输及贮存。它运输贮存方便，型芯可实现高效率的机械化输送。

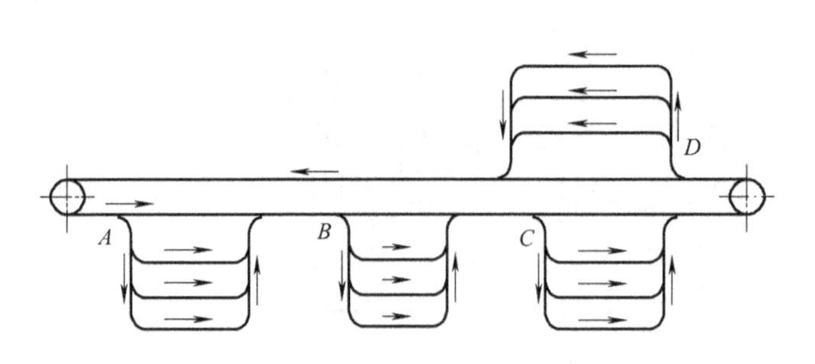

图 1-10 推式悬挂输送链的布置

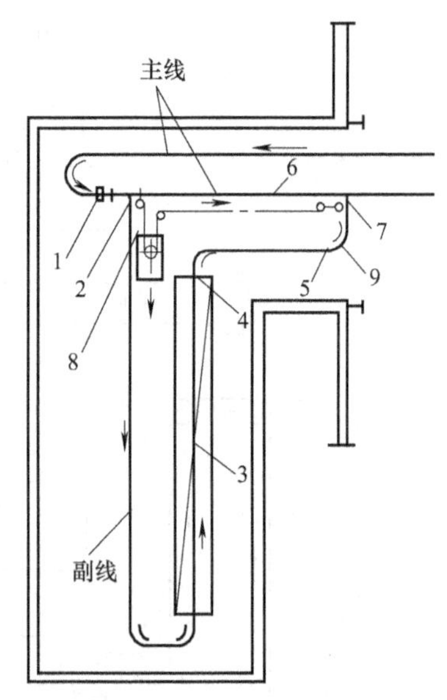

图 1-11 采用推式悬链的型芯烘干线布置简图

1—寻址器；2—右出道岔；3—烘干炉；4—停止器（烘炉出口）；5—停止器（上主输送线之前）；6—空推杆发号器；7—右入道岔；8—小车发号器；9—滚子列

推式悬挂输送链的布置如图 1-10 所示。主链的输送速度不受工艺速度的限制，型芯上涂料、烘干及贮存可在辅链上进行。采用推式悬链的型芯烘干线布置如图 1-11 所示。

（3）典型制芯工部的布置　大批生产的铸造车间制芯工部布置如图 1-12 所示。制芯工部布置的主要原则是：工艺流程通畅、便于生产管理。制芯设备、烘干炉、运输设备等要相互匹配，布置制芯工部时尚需考虑型芯的修整、装配、贮存及过道、柱子边上的面积。

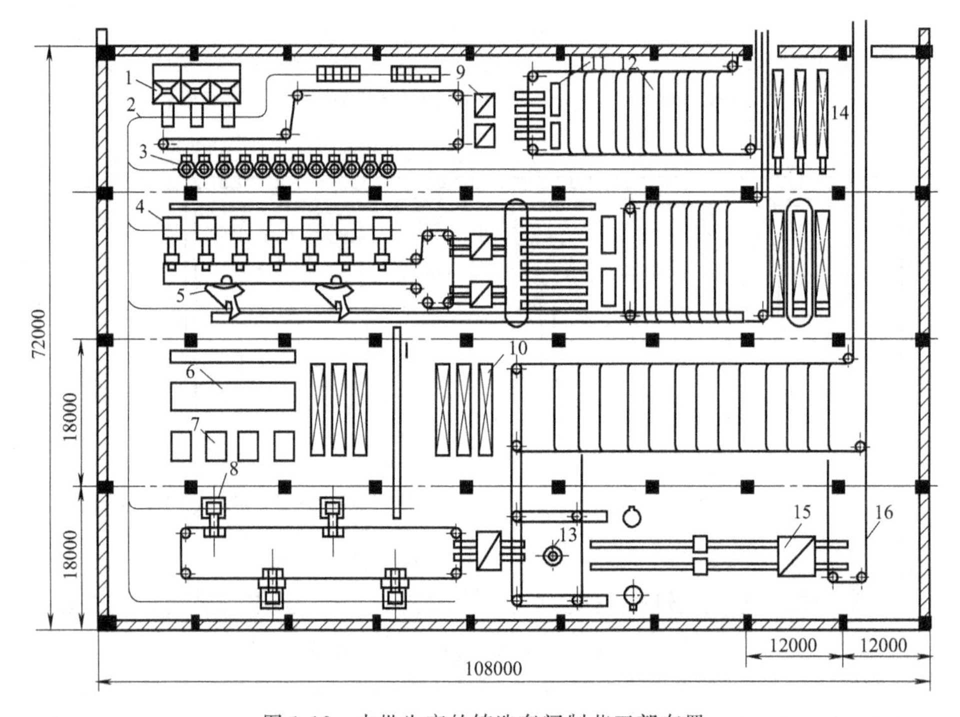

图 1-12 大批生产的铸造车间制芯工部布置

1—芯砂混制装置；2—输送芯砂的悬链；3—射芯机；4—吹芯机；5—自动造芯机；6—芯骨校正台；7—芯骨铁条切割机；8—中等型芯造芯机；9—立式烘炉；10—芯盒存放架；11—检验台；12—型芯存放库；13—磨芯机；14—芯盒存放架；15—二次烘干炉；16—运往造型的悬链运输机

1.3.3　砂处理工部

（1）砂处理工部概述　砂处理工部的任务是提供造型、制芯工部所需要的合乎一定技术要求的型砂及芯砂。机械化黏土砂的砂处理工艺过程如图 1-13 所示。

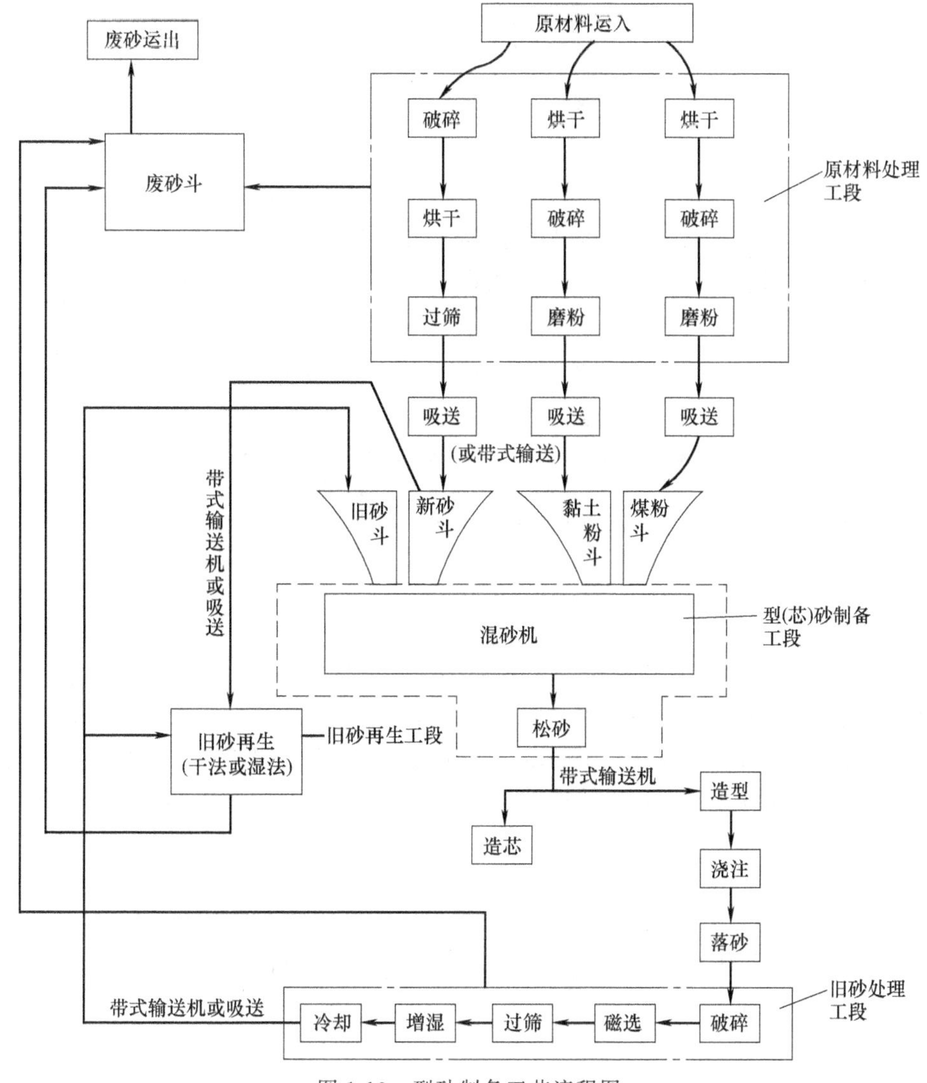

图 1-13　型砂制备工艺流程图

在砂处理工部中，混砂机是本工部的核心设备，不同的型（芯）砂种类要采用不同的混砂机，其砂处理工艺过程也不尽相同（如水玻璃砂、树脂砂等）。

在现代化铸造车间中，**废旧砂的再生利用**是砂处理工部的重要环节（也是**绿色铸造**的重要标志），尤其是在水玻璃砂和树脂砂等化学黏结剂砂的铸造车间更为突出。

（2）砂处理工部的布置　砂处理工部的特点是原材料种类多、消耗量大、运输量大、管理调度复杂、产生粉尘多、劳动条件差。所以在设计及布置砂处理工部时，应尽量减少运输距离、减少型砂及芯砂的种类、采用机械化运输、加强通风除尘等。

某工厂铸铁小件工部砂处理机械化流程如图 1-14 所示。

1.3.4　熔化工部

（1）熔化工部概述　熔化工部根据熔炼合金的种类不同可分为铸钢、铸铁和有色金属三

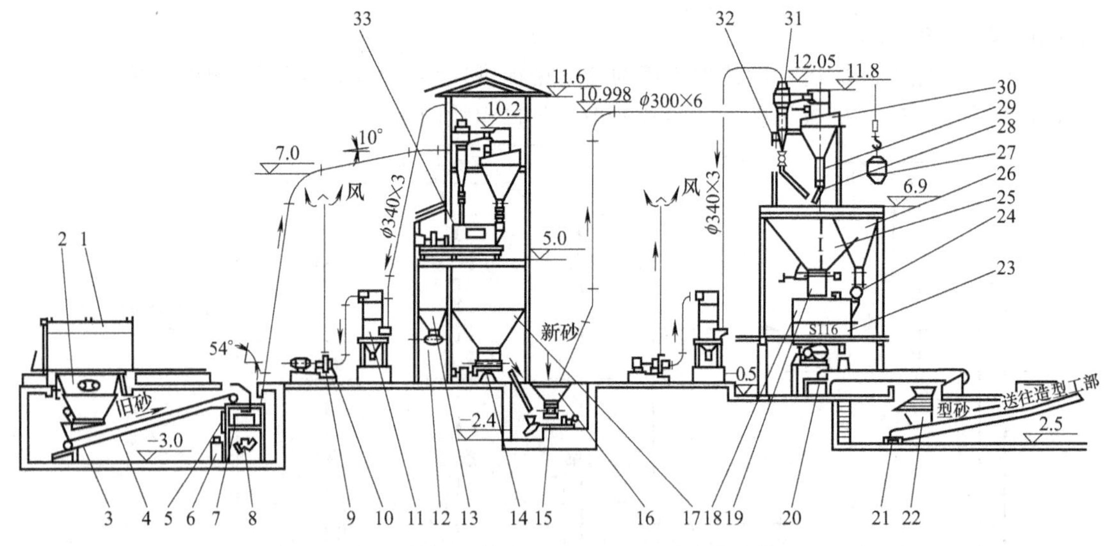

图 1-14 铸铁小件工部砂处理机械化流程示意图

1—落砂机防尘罩；2—落砂机；3—振动给料机 $Q=10t$；4—1# 带式运输机 $B=500mm$；5—磁选滚筒；6—铁屑桶；7—辊式粉碎机 $\phi400mm\times410mm$；8—喉管；9—风机；10—启动闸阀；11—泡沫除尘器 $\phi800mm$；12—手动斜底开关；13—砂块斗；14—$\phi1500mm$ 圆盘给料机；15—$\phi1000mm$ 圆盘给料机；16—新砂给料斗；17—旧砂斗 $V=32m^3$；18—混砂机防尘罩；19—调节定量器 $V=0.34m^3$；20—2# 带式运输机；21—3# 带式运输机；22—松砂机；23—S116 型混砂机；24—星形定量器；25—新砂和旧砂斗；26—黏土斗；27—黏土运输罐；28—旋转溜管；29—重力锁气器；30—$\phi1600mm$ 旋风分离器；31—DF 型旋风除尘器；32—小锁气器；33—滚筒筛砂机 S4120

种。在国内，铸铁熔炼以冲天炉为主，铸钢熔炼以工频（或中频）电炉和电弧炉为主，有色金属则以电阻炉熔化为主。各种合金的熔化工部的工艺过程各具特点。熔化工部的任务是提供浇注所需的合格的液态金属。以铸铁冲天炉熔化工部为例，它的工艺流程如图 1-15 所示。

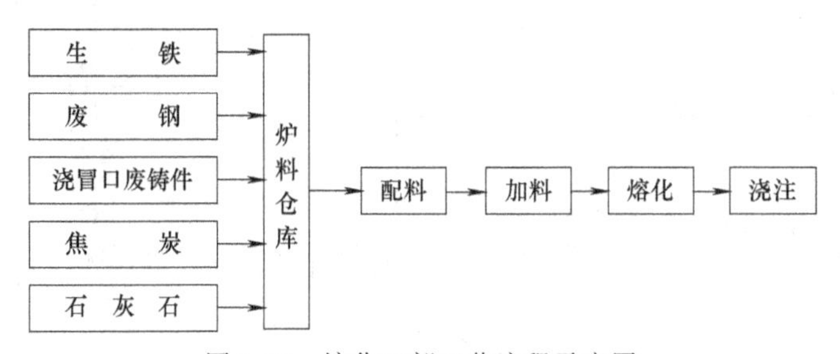

图 1-15 熔化工部工艺流程示意图

近年来，由于对铸件材质要求的提高和对环境保护措施的重视，加之节能高效等需求，采用电炉熔炼或双联熔炼（冲天炉-电炉）铸铁的工艺有较大发展。冲天炉及电炉的工作原理将在后面的章节中介绍。

（2）熔化工部的布置　图 1-16 是国内使用最为广泛的、用于铸铁熔炼的配有爬式加料机的冲天炉熔化工部布置图。

1.3.5 清理工部

（1）清理工部概述　清理工部的主要工序如图 1-17 所示。它的主要任务是去浇冒口、铸件表面清理、缺陷修补等。由于清理工作劳动强度大，噪声、粉尘危害严重，劳动条件差。因此，清理工部需要采取隔音、防尘等环境保护措施。

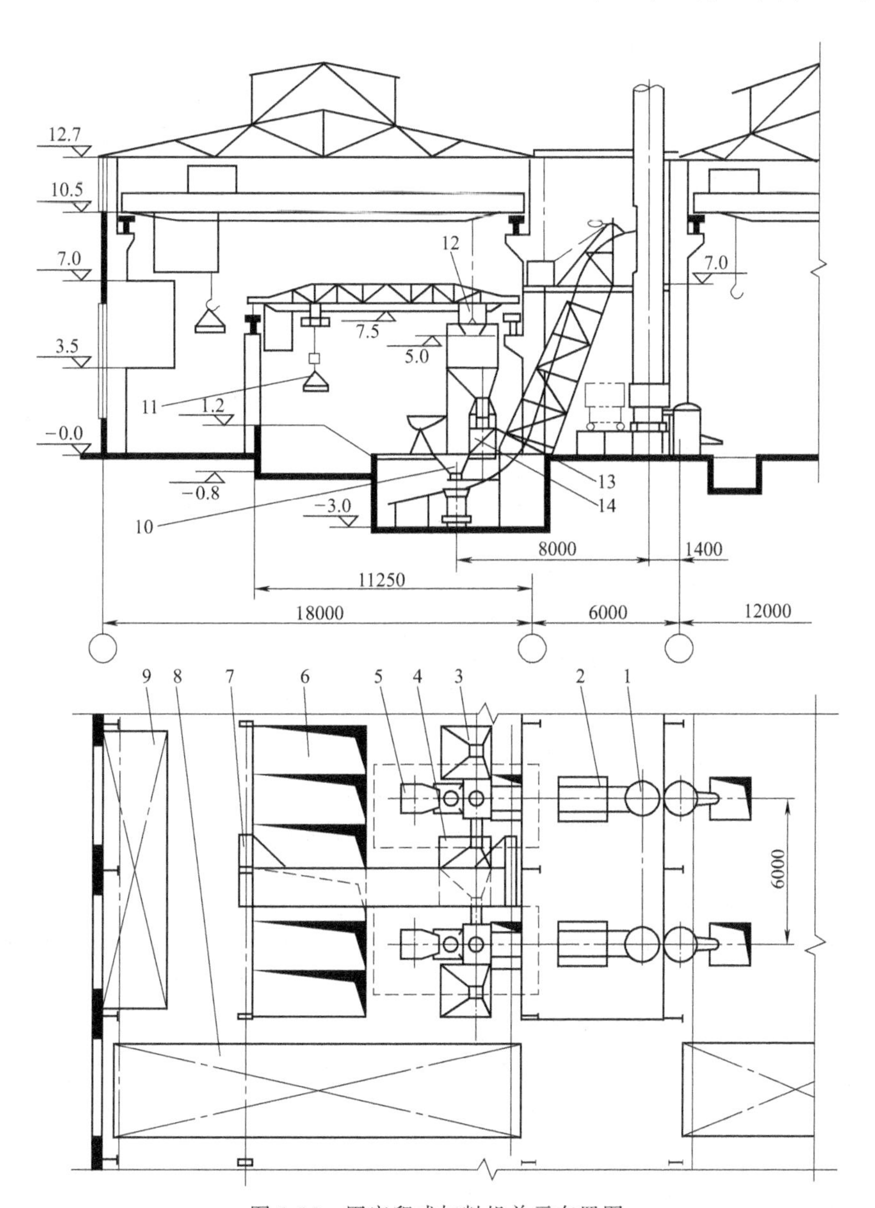

图 1-16　固定爬式加料机单元布置图

1—5t/h 冲天炉；2—5t 冲天炉固定爬式加料机；3—焦炭斗；4—石灰石斗；5—铁料翻斗；6—铁料日耗库；7—3t 电动单梁加料机；8—5t 电磁桥式起重机；9—电气控制室；10—漏斗；11—自动电磁配铁秤；12—底开式料桶；13—DZM 型电磁振动给料机；14—气动式磅秤称量装置

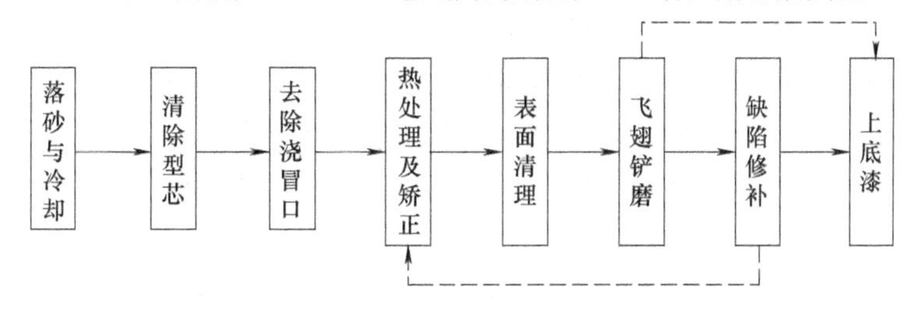

图 1-17　清理工部的主要工序

用于铸件整理的设备，应根据金属种类，铸件的大小、形状、重量和复杂程度等选定。不同类型的铸件应选择不同型号的清理设备，组成清理流水线。

（2）清理工部的布置　现代化铸造车间清理工部的布置应使主要工艺设备、附属设备和起重设备之间能有机地联系在一起，并能使设备按工艺流程要求合理地组合和布置在一起。

图 1-18 为大批生产条件下的清理生产线布置。按照清理工艺流程，采用推式悬挂运输机将各主要清理工序联系起来。

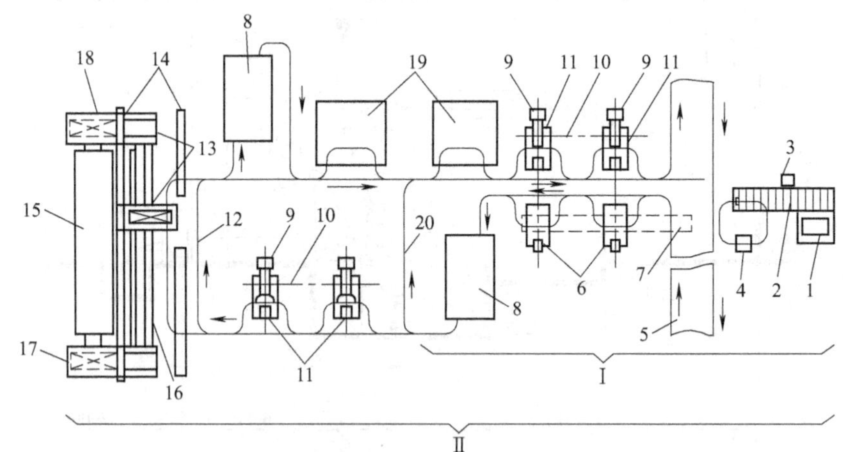

图 1-18　中型铸铁件清理生产线布置图（大批生产）

1—落砂机；2—鳞板运输机；3—去除浇冒口装置；4—电葫芦；5—推式悬挂运输机；6—振击式取芯机；7—带式输送机；8—连续式抛丸清理室；9—铲磨机；10—单轨；11—铸件夹紧装置；12—推式悬挂运输机副线；13—桥式起重机；14—起重机轨道；15—热处理炉；16—装料车轨道；17—装料车；18—卸料车；19—铸件缺陷焊补台；20—推式悬挂运输机副线；Ⅰ—不需热处理的铸件清理处；Ⅱ—需要热处理的铸件清理处

1.3.6　仓库及辅助部门

（1）仓库　铸造车间使用的原材料种类多、数量大，需要有原材料仓库；生产出的铸件以及使用的工艺装备和工具等也均应有一定的存放地。铸造车间的仓库包括：炉料库、造型材料库、铸件成品库、工具库以及工艺装备库等。

各种仓库设置的总原则是，在保证生产所需的前提下，尽量减少贮备量，减小仓库面积。各仓库也应尽量靠近使用工部，减少运输距离，方便使用。

（2）快速分析实验室　该室任务是能及时地对铸造车间所熔化的金属进行炉前分析。对于大批大量生产车间，除需进行化学元素的快速分析外，还需检验金相组织和测定力学性能。

（3）型砂实验室　该室的任务是对使用的型砂经常抽样检查，掌握型砂的质量标准。对黏土砂来讲，需检测的性能指标有湿砂强度、含水量、透气性、含泥量等。

（4）机修工段　机械化铸造车间设备种类繁多，工艺装备数量也很大，且各生产工序间联系密切，任何一台设备出现故障都可能影响车间的正常生产。因此必须加强设备的维修保养及管理工作。机修工段的任务除维修车间的工艺设备、工艺装备等外，还需对车间的动力系统（液、气、电等）和供水排水、暖通系统进行维修和保养。

高素质的设备维护人员是现代机械化铸造车间正常工作的基本保障。

1.4　铸造车间主要工部间的相互位置

1.4.1　铸造车间在工厂总平面布置中的位置

铸造车间在全厂平面布置中的位置与铸造车间的特点密切相关。根据铸造生产的特点，铸造车间在全厂总平面图中的位置，可考虑如下几点。

(1) 铸造车间通常布置在热加工车间组和动力设施（热电站、锅炉房、空压站等）区带。但铸造车间一般不允许和锻造车间在一起。

(2) 铸造车间应布置在机械加工、模型等车间以及行政办公室、食堂等设施的下风处，并处于离工厂入口最远的地方。

(3) 铸造车间的地下构筑物多，在全厂总图布置时，应将铸造车间设备布置在地下水位较低的地段。

(4) 铸造车间厂房的纵向天窗轴线应与夏季主导风向成 60°～90°，以便排出各种有害气体，保证车间内空气新鲜通畅。

(5) 铸造车间的原材料库应顺着铁路线或水运线布置。

(6) 大量生产的铸造车间的清理工部和铸件库应尽量靠近机械加工车间，以缩短铸件的运输路线。

1.4.2 铸造车间厂房建筑形式及各铸造工部的相互位置

(1) 厂房建筑形式　铸造车间的厂房建筑形式很多，但基本上可归纳为三大类：长方形、“Π”字形或“山”字形、双层长条形。

① 长方形厂房　它由几个互相平行的跨度或几个平行跨与几个垂直跨组成，厂房外形呈长方形或基本呈长方形。

这种厂房的优点是，建筑简便，布局紧凑，运输路线短，动力管道短，占地面积少。但厂房内的粉尘、废气、噪声和热量较为集中，需要加强车间内的通风除尘、降温、隔音及采光等措施。

② “Π”字形或“山”字形厂房　该类厂房呈“Π”字形或“山”字形的平面布置。它的优点是：可将不同生产性质的工部分开布置，减少相互干扰；具有较大的自然通风与采光面，通风和采光条件较好；便于车间的扩建和未来发展，其扩建量可达 30%～50%。该厂房的缺点是：工部布置分散，车间内部的运输路线长，占地面积大，建筑费用较高。

③ 双层长条形厂房　由于单层厂房占地面积较多，车间各工部之间运输路线较长。近年来，出现了较多的双层厂房。它通常将通风装置、连续运输设备、仓库、各种管道等设施布置在第一层，而将主要生产工部（熔化、造型、制芯、砂处理、清理等）布置在第二层。该类厂房的优点是：车间的占地面积小、工艺设备布置紧凑、生产路线短，对于地下水位较高的地区尤为适宜；但双层厂房建筑结构较复杂，设备基础高，安全防火措施需特别处理。

④ 封闭式铸造厂房　铸造车间内的烟尘大、污浊空气多，为了避免被排出的烟气经窗户等流回车间内，提高工作质量和效率，国外近年来普遍采用封闭式铸造厂房。其中，又分为无窗封闭式铸造车间（多在美国采用）和有窗封闭式铸造厂房（在欧洲、日本等国采用较多）。

封闭式铸造厂房的优点是：便于控制厂房内空气的流量和压力，提高通风除尘效率，可改善厂区周围环境，减少铸造厂对四邻的危害。该类厂房的重要缺点是：必须要有庞大的通风系统，耗电量大，投资费用高。

(2) 铸造车间各工部的相互位置　铸造车间各工部的相互位置的合理与否，对车间的生产有很大的影响，各工部的相互位置应遵循如下原则。

① 主要生产物料（炉料、金属液、芯砂、旧砂等）的流程应最短。

② 各生产工部便于与工厂运输线、动力管道和卫生工程管道相连接。

③ 主要生产工部（造型、制芯、熔化等）应布置在具有良好采光和通风的地方。

④ 通常铸造车间以造型工部为核心来考虑熔化、制芯、砂处理和清理等工部的位置，即首先确定造型工部的位置，其他工部布置在造型工部的周围。因此造型工部一般应有良好的照明，并设置在车间的主跨度内。

⑤ 清理工部的粉尘高、噪声大，最好与造型、熔化等工部的主厂房分开，单独设置。

图 1-19 为各种类型的铸铁车间和铸钢车间各工部相互位置的示意图。

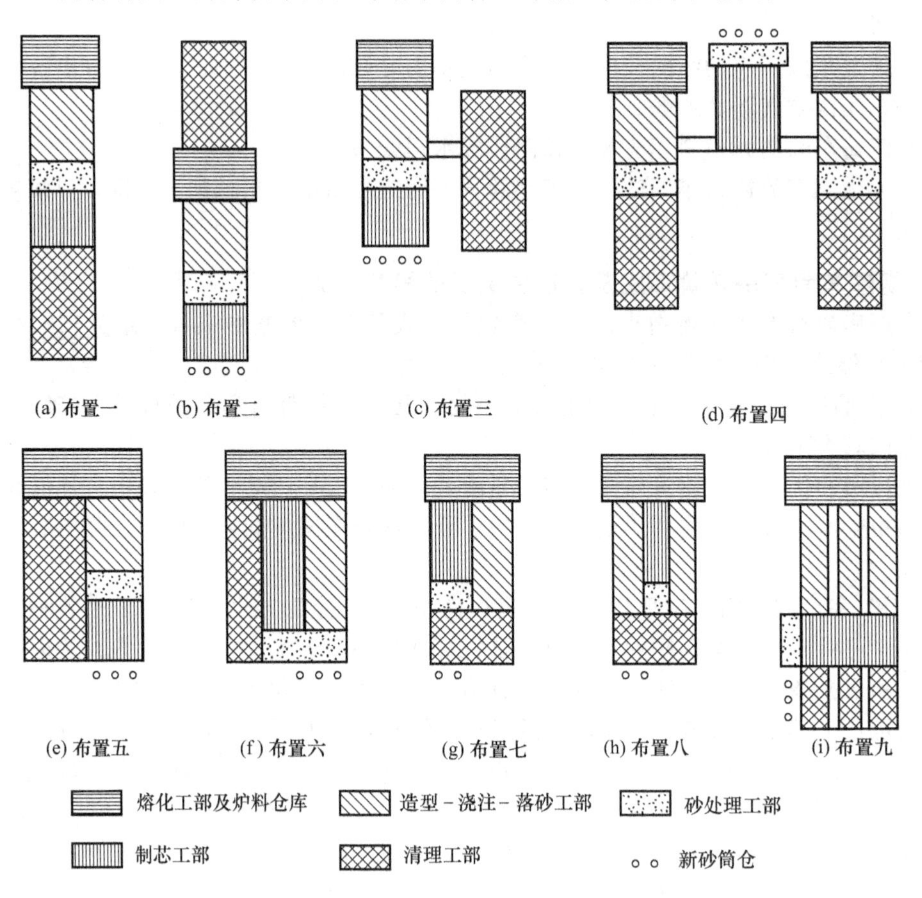

图 1-19　各种类型的铸造车间布置示意图

1.5　铸造车间布置实例

1.5.1　铸造车间的平、剖面图

铸造车间平、剖面图应包括下述主要内容：

(1) 厂房的建筑形式，各工部的相互位置；

(2) 建筑柱网、轴线、厂房跨度、屋架形式和悬挂要求、屋架下弦标高、起重机的配置及起重机轨高、门窗尺寸、车间通道；

(3) 各种工艺设备和机械化运输设备的布置、定位尺寸及编号；

(4) 各种平台、料斗、料柜、地下室的标高及定位尺寸；

(5) 工人工作位置，水、煤气、压缩空气、电等需用点的位置；

(6) 变电间、通风机室、动力入口等公用设施的位置。

1.5.2　铸造车间的平、剖面图实例

图 1-20 是我国某纺织机械厂双层厂房铸造车间平、剖面布置图。造型工部放置在二层厂房的第二层，有垂直分型无箱射压造型、水平分型环形造型两条造型线；铸件落砂分离、旧砂处理、铸件输送等环节放置在厂房的一层。免除了复杂地下设施的构建，也便于设备维修。该车间的主要部分综述如下。

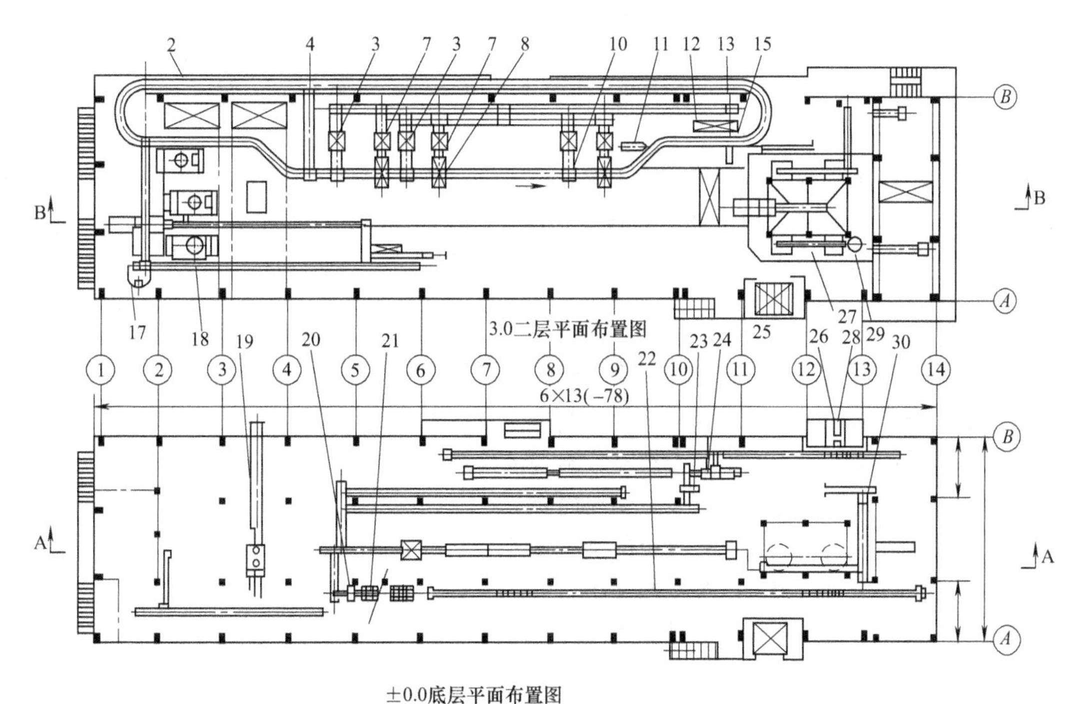

图 1-20　我国某纺织机械厂双层厂房铸造车间平、剖面布置图

1—垂直分型无箱射压造型机；2—步移式铸工输送机；3—造型机；4—压铁装置；5—振动槽；6—双轮旧砂破碎机；7—翻箱机；8—合落箱机；9—单轴惯性振动筛砂机；10—换向机；11—梳式松砂机；12—振动落砂机除尘罩；13—分箱台；14—冷却提升机；15—开箱推杆；16—混砂机；17—水平分型脱箱造型机；18—气压浇注炉；19—运铁液小车；20,23—悬挂式永磁分选机；21,24—双电机惯性振动输送落砂机；22—鳞板运输机；25—液压升降机；26—新砂提升机；27—螺旋输送器；28—振动槽；29—黏土煤粉脉冲输送卸料器；30—松砂机

(1) 砂处理系统　浇注后的旧砂经冷却、开箱，到双电机惯性振动输送落砂机，散落到振动输送槽，再送至皮带运输机。共 9 条皮带输送机，为了除去旧砂中的热气和粉尘，在每条旧砂皮带输送机上均设置有除尘罩，除尘罩再通过管道集中引至除尘器系统。

悬挂式永磁磁选机将旧砂中的铁质分离出来。磁选过的旧砂由皮带输送的永磁皮带轮进

行第二次磁选后落到中间斗，斗下的振动槽振动，作定量选砂，将旧砂送到皮带运输机上。经喷雾增湿降温后的旧砂由两台双轮破碎机进行破碎搅拌处理，使水分均匀、砂温降低。破碎机还可以把砂团、芯头破碎，提高旧砂的回收利用率，为下一道工序筛砂提供有利条件。

筛选后的旧砂尚有一定的温度，再经冷却提升机进行第二次冷却、除尘。旧砂最后被提升至砂库顶部，由皮带运输机送至旧砂库待用。

（2）造型系统　三条造型生产线如下所示。

① 水平分开有箱造型线　用三对造型机分别生产三种铸件。配有步移式铸型输送机，每对造型机的生产率约为1（型/分钟）。造型机采用四立柱气垫微振压实造型方式。由于砂箱分高低两种，所以有两条回空砂箱辊道。

② 重力加砂压实脱箱造型线　为HMP-10型（亨特）水平分型脱箱自动造型机。配有转盘，共24工位，盘上设有套箱、压铁，在盘上进行浇注。

③ 垂直分型无箱挤压造型线　生产率为100～120（型/小时）。配有步移式铸型输送机和压铁机构。

思考题及习题

1. 简述铸造车间的分类、组成及工作制度。
2. 简述铸造车间的生产纲领及种类，举例说明之。
3. 概述车间设计的通常方法及其主要内容。
4. 概述铸造车间设计时工艺分析的基本任务。
5. 概述铸造车间的主要工部及其作用。
6. 阐述造型工部的典型布置种类及其特点。

第 2 章　黏土砂造型设备及自动化

在我国，按铸造生产产量计算，砂型铸造占整个铸造产量的 80%～90%。砂型铸造又分黏土砂型铸造、树脂砂型铸造和水玻璃砂型铸造，而其中的黏土砂型铸造又占砂型铸造的 80%以上。黏土型砂是由“原砂或再生砂＋黏结剂（膨润土，俗称黏土）＋其他附加物（煤粉、水等）”混合而成的，它们经紧实而成砂型或砂芯。

2.1　黏土砂紧实的特点及其工艺要求

黏土类铸造型（芯）砂是原砂粒上包覆着一层黏土黏结剂膜的砂粒，由于黏结剂膜的作用，型（芯）砂成为具有黏性、塑性和弹性的散体。铸型（芯）就是由这些松散的型砂和芯砂经过一定的力的作用，借助模型和芯盒而紧实成型的，被紧实的型砂必须具有一定强度和紧实度。黏土砂的紧实，属机械力粘接；被作用的外力越大、被紧实的型砂强度越高。

通常，将使黏土型砂紧实的外力称为紧实力；在紧实力的作用下，型砂的体积变小的过程称为紧实过程。用单位体积内型砂的质量或型砂表面的硬度来衡量型砂的紧实强度，又称紧实度。

2.1.1　紧实度的常用测量方法

（1）密度法　将单位体积内型砂的质量（即密度）定义为型砂的紧实度“δ”。

$$\delta=\frac{m}{V} \tag{2-1}$$

式中　m——型砂的质量，g；

V——型砂的体积，cm^3。

这种测量紧实度的方法简单而有效，通常，十分松散的型砂，$\delta=0.6\sim1.09g/cm^3$；从砂斗填到砂箱的松散砂，$\delta=1.2\sim1.3g/cm^3$；一般紧实度的型砂，$\delta=1.55\sim1.79g/cm^3$；高压紧实后的型砂 $\delta=1.6\sim1.89g/cm^3$。

（2）硬度法　实际生产中，常用型砂硬度计来测量型砂的紧实度。砂型的表面硬度越大，其砂型的紧实度越高。一般紧实的型砂的表面硬度在 60～80 单位之间，高压造型可达 90 单位以上。

2.1.2　对砂型紧实的工艺要求

从铸造工艺上说，对紧实后的砂型有如下要求：

（1）紧实后的砂型（芯）有足够的强度，能经受得起搬运、翻转过程中的振动和铁水的冲刷作用，而不被破坏；

（2）紧实后的砂型应是起模容易，起模后能够保持铸型的精确度，不会发生损坏和脱落现象；

（3）砂型应具有必要的透气性，避免产生气孔等缺陷。

上述要求，有时互相矛盾，应根据具体情况对不同的要求有所侧重，或采用一些辅助措施补偿。例如，高压造型时，常用扎通气孔的方法来解决透气性问题。

2.2 黏土砂紧实方法、原理及特点

型砂的紧实方法通常分为压实紧实、振击紧实、抛砂紧实、射砂紧实、气流作用紧实五大类。

2.2.1 压实紧实

（1）压实紧实原理　压实紧实是用直接加压的方法使型砂紧实（如图 2-1 所示）。压实时，压板压入余砂框中，砂柱高度降低，型砂紧实，因紧实前后型砂的重量不变，故：

$$H_0\delta_0=H\delta \tag{2-2}$$

式中　H_0，H——砂柱初始高度及紧实后的高度；

δ_0，δ——型砂紧实前及紧实后的紧实度。

由于，$H_0=H+h$

故
$$h=H\left(\frac{\delta}{\delta_0}-1\right) \tag{2-3}$$

压实时，砂型的平均紧实度与砂型单位面积上的压实比压的大小有关。图 2-2 上画出了性能不同砂的压实紧实曲线，表示了砂型平均紧实度 δ 与压实比压 p 的变化关系。

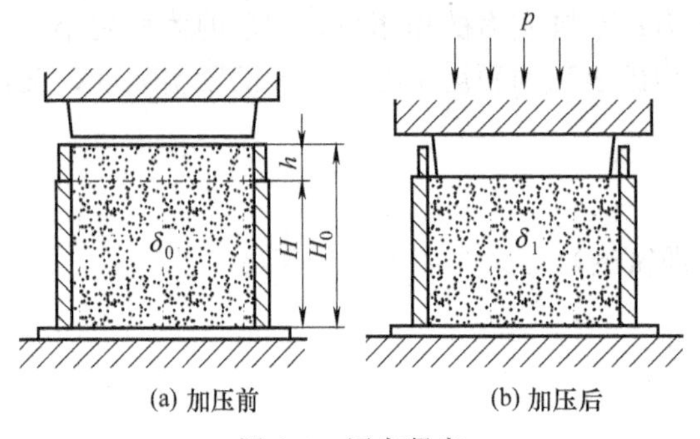

图 2-1　压实紧实

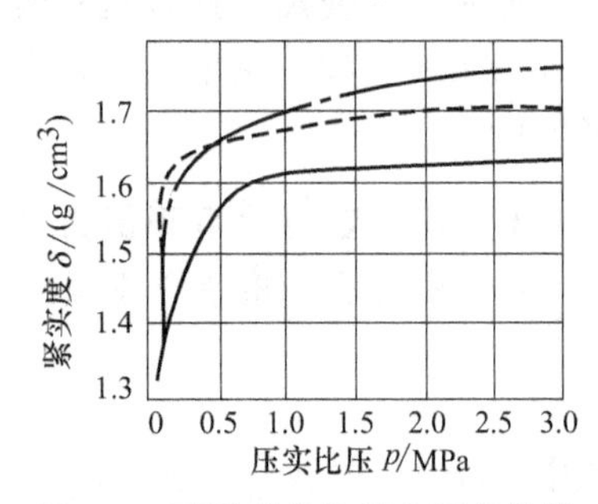

图 2-2　不同型砂的压实紧实曲线

（2）压实紧实方法　按加压方式的不同，压实紧实又可分为压板加压（上压式）、模板加压（下压式）、对压加压三类，如图 2-1、图 2-3、图 2-4 所示。不同的压实方法，型砂紧实度的分布不尽相同。下面以上压式为例，讨论影响紧实度的因素。

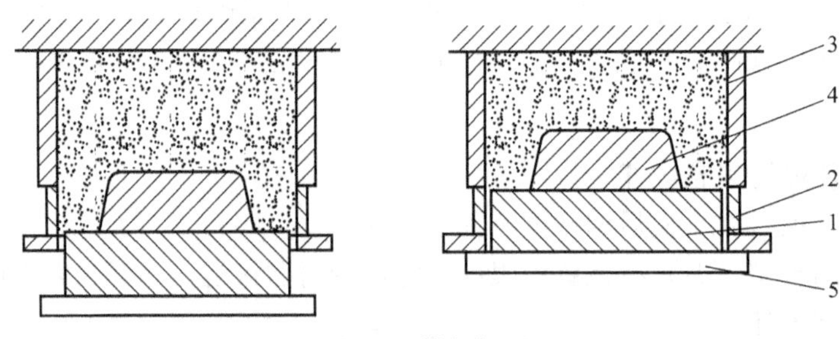

图 2-3　模板加压

1—压板；2—辅助框；3—砂箱；4—模样；5—模底板

（3）影响紧实度的因素

① 砂箱不同位置的影响　图 2-5 是平压板采用上压式压实后砂型各部分紧实度的分布曲线（填砂高度为 400mm）。图中线 1 表示砂型中心部分，沿整个砂型的高度上，紧实度大

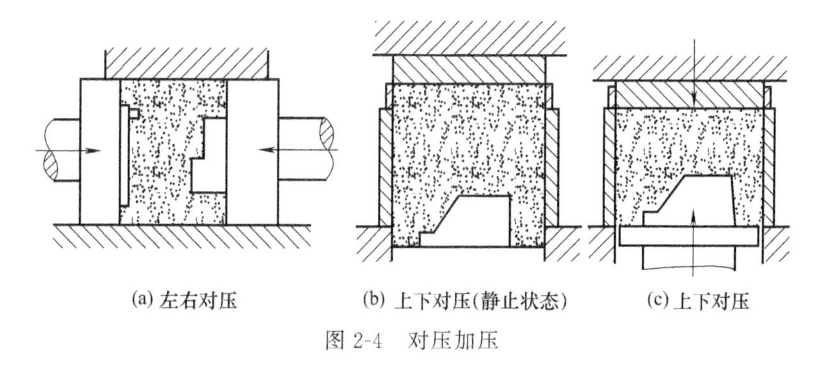

图 2-4　对压加压

致相同，但靠近箱壁或落箱角处的摩擦阻力较大，故砂型紧实度沿砂型高度分布严重不均匀（如曲线 2 所示）。

② 砂箱高度的影响　砂型中心部分（沿着砂型高度）的紧实度基本均匀，是对于一定高度的砂型才适合的，当砂箱的高度超过砂箱的宽度时就不再适合了。图 2-6 是砂箱尺寸为 100mm×100mm，砂箱高度不同时，压实后砂型中心部分紧实度的变化情况。从图中可以看出，砂箱高度较小时，紧实度较均匀，而砂箱的高度越大，紧实度的均匀性越差，而离压板约 100mm 处，紧实度高而均匀。

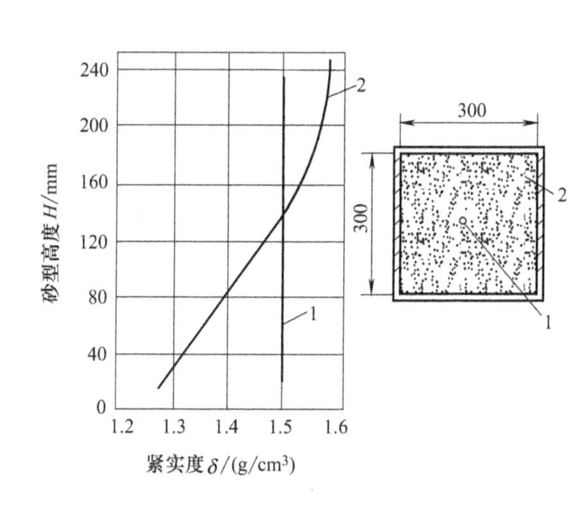

图 2-5　用平压板压实后砂型内紧实度分布情况

1—砂型中心部分；2—靠近箱壁或落箱角处

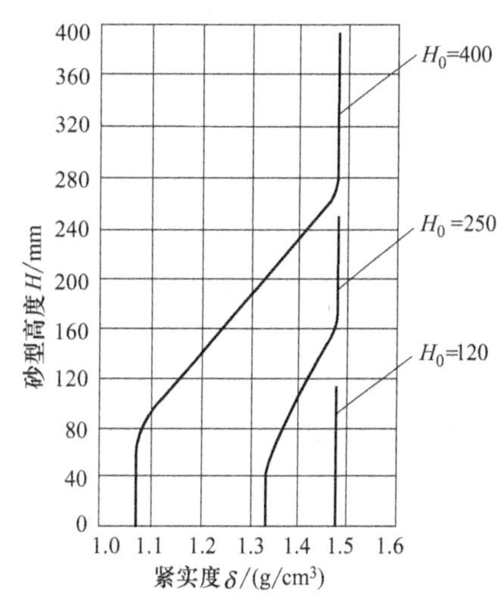

图 2-6　砂箱高度不同时砂型内紧实度的变化

H_0—砂箱高度

③ 模样高度的影响　以上所述是砂箱中没有模样或模样很矮时的情况。若砂箱内模样较高，情况更为复杂。如图 2-7 所示，设模样深凹处的高与宽之比，用深凹比 A 表示：

$$A=\frac{H}{B_{\min}}=\frac{\text{深凹处的高度(或深度)}}{\text{深凹处矮边宽度}} \tag{2-4}$$

A 越大，则深凹处底部型砂的紧实越不容易。根据试验，对于黏土砂，A 小于 0.8 时，平均紧实度尚无明显下降；若 A 大于 0.8 时，则深凹处底部的紧实度就难以得到保证。

④ 压缩比的影响　如图 2-8 所示，如把砂型分成模样顶上和模样四周两个部分，假定在压实过程中，无侧向移动，各面独立受压，则

对模样四周，有：　$(H+h)\delta_0=H\delta_1$

对模样顶上，有：　$(H+h-m)\delta_0=(H-m)\delta_2$

得：

$$\delta_1 = \delta_0 + \frac{h}{H}\delta_0 \tag{2-5}$$

$$\delta_2 = \delta_0 + \frac{h}{H-m}\delta_0 \tag{2-6}$$

式中　H，h，m——砂箱、辅助框和模样的高度；

δ_0，δ_1，δ_2——压实前型砂的紧实度和压实后模样四周及模样顶上的型砂平均紧实度。

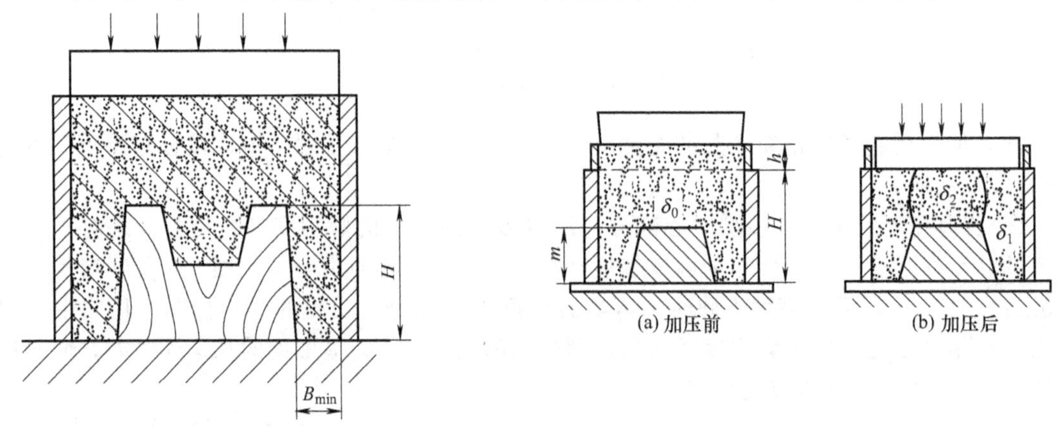

图 2-7　带高模样的砂型

图 2-8　压实实砂紧实度不均匀性的分析

上两式中的$\frac{h}{H}$及$\frac{h}{H-m}$，可视为砂柱的压缩比。m 越大，则模样顶上型砂的压缩比越大，δ_2与δ_1的差值越大。

（4）使压实实砂紧实度的均匀化的方法　压实实砂的设备简单、操作方便、能耗低，是铸造设备中的常用紧实方法；它的缺点是砂型紧实度的均匀性不够，很多造型机针对该缺点，采取了不同的措施使紧实度均匀化，主要措施是减少压缩比的差别和采用模板加压。

① 成型压板　成型压板的形状与模样形状相似，使砂型的压缩比相同，故压实紧实后的砂型紧实度基本均匀（如图 2-9 所示）。

② 多触头压头　整块平压板不能适应模样上不同的压缩比，将它分成许多小压板，称为多触头压头（如图 2-10 所示）。每个小压头的后面是一个油缸，而所有油缸的油路互相连通，因此，压实时每个小压头的压力大致相等，各个触头能随着模样的高低，压入不同的深度，使砂型的压缩比均匀化。

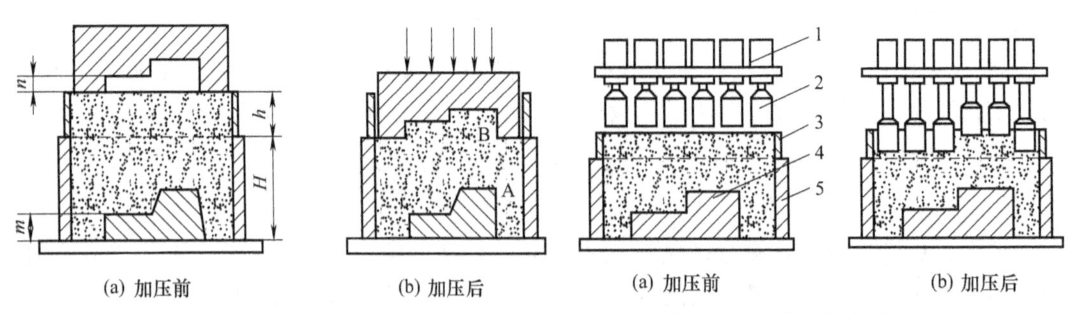

图 2-9　用成型压板压实

图 2-10　多触头压头的实砂原理

1—小液压缸；2—多触头；3—辅助框；4—模样；5—砂箱

③ 压膜造型　它是用一块弹性的橡皮膜作压头，压缩空气作用于橡皮膜内部，对型砂进行压实（如图 2-11 所示）。这种橡皮膜可以看作能自动适应模样形状的成型压头，使各处

的实砂力量相等，从而使紧实度均匀化。

④ 对压紧实 从压实砂型紧实度分布（图2-5、图2-6）可见，靠近压板处紧实度高而均匀，而在模板处紧实度比较低。如果把压板加压和模板加压结合起来，从砂型的两面加压，即采用对压紧实（图2-4），得到的砂型两面紧实度都较高且较均匀。

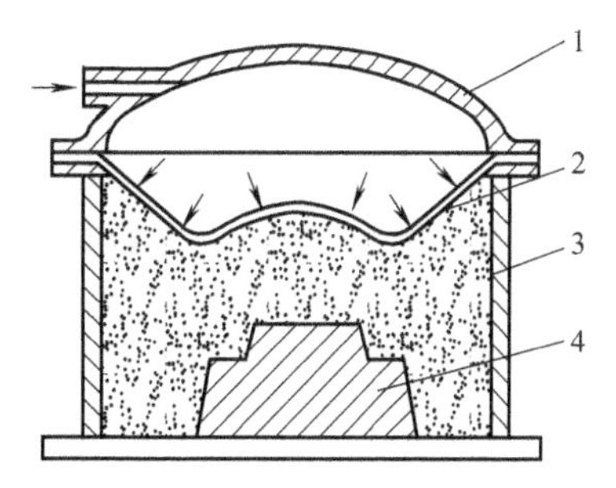

图2-11 压膜造型原理

1—压头；2—橡皮膜；3—砂箱；4—模样

2.2.2 振击紧实

（1）普通振击紧实 普通振击紧实的过程如图2-12所示，当压缩空气从进气孔4进入汽缸时，使振击活塞2驱动工作台1连同充满型砂的砂箱上升进气行程S_j距离后，排气孔打开，经过惯性行程S_g后，振击活塞急剧下落，砂箱中的型砂随砂箱下落时，得到一定的运动速度。当工作台与机座3接触时，此速度骤然减小到零，因此产生一个很大的惯性加速度，由于惯性力的作用，在各层型砂之间产生瞬时的压力，将型砂紧实，经过十几次到几十次撞击后得到所需的型砂紧实度。

振击时，越下面的砂层，受到的惯性力越大，越易被紧实；而砂型顶部，所受的惯性趋近于零，仍是疏松状态。图2-13是振击紧实时砂型中心点型砂紧实度沿砂型高度分布曲线。

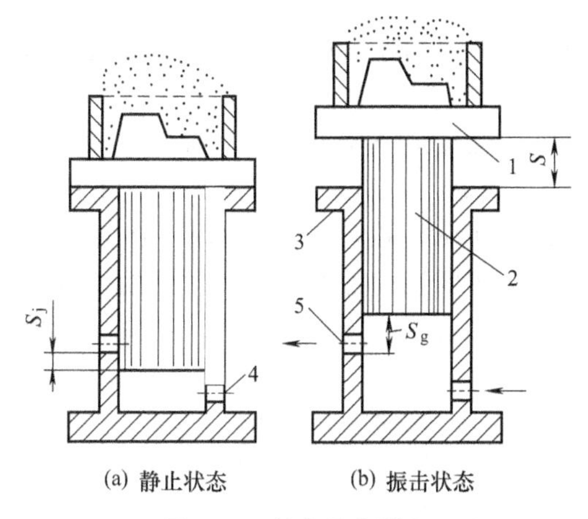

图2-12 振击紧实原理

1—工作台；2—活塞；3—气缸（机座）；4—进气孔；5—排气孔

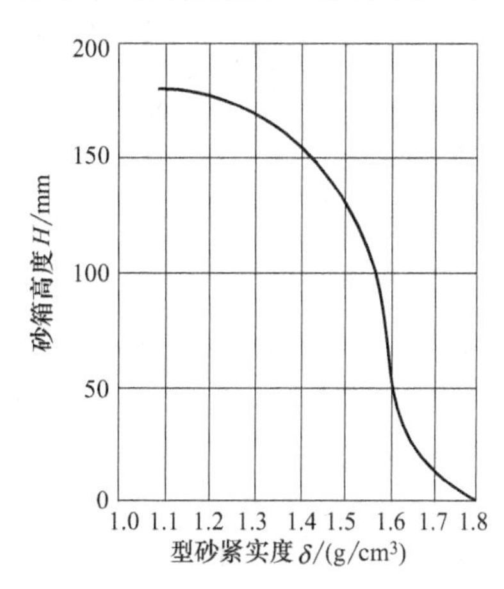

图2-13 振击紧实时砂型中心点型砂紧实度沿砂型高度分布曲线

为了减小振击紧实度分布不均匀的缺陷，需对上层型砂进行补充紧实，常用的方法有：在振击后用手工或风动捣机补充紧实上层型砂，或用压实汽缸压实（即振压紧实）。振击加压实的曲线如图2-14所示。

普通振击紧实的另一严重缺陷是振动噪声大，振击对地基和环境产生干扰。为了减小振击力对地基的影响，可采取一些减振措施，常用的减振方法如图2-15所示。

图2-15（a），是在振击汽缸下面设置一个气垫缸，振击汽缸和活塞先由气垫缸升起，振击时，气垫缸在振击汽缸下面形成一个空气垫，很好地消除了振动的影响。图2-15（b），是用一个螺旋弹簧代替图2-15（a）中的空气垫，起消振作用。

（2）微振紧实 调整上面的弹簧垫或空气垫的振击机构结构参数，使振击汽缸体（又称为振铁）作主要的振击运动，每次振击打击工作台一次；并使工作台产生振动幅比较小，而

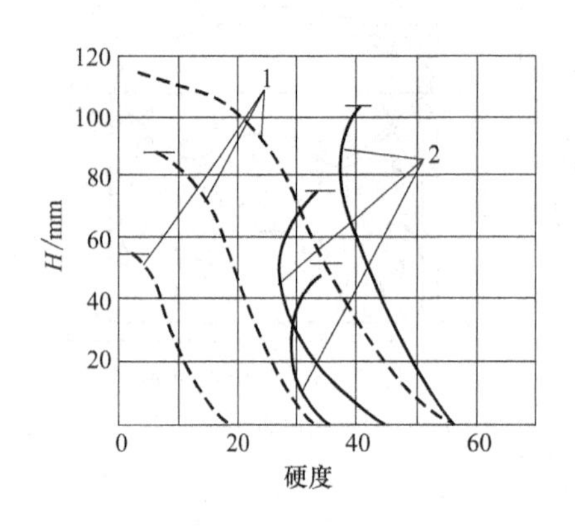

图 2-14 砂型中心点紧实度沿砂型高度分布曲线（振击紧实时）

1—振击紧实曲线；2—振击附加压实紧实曲线

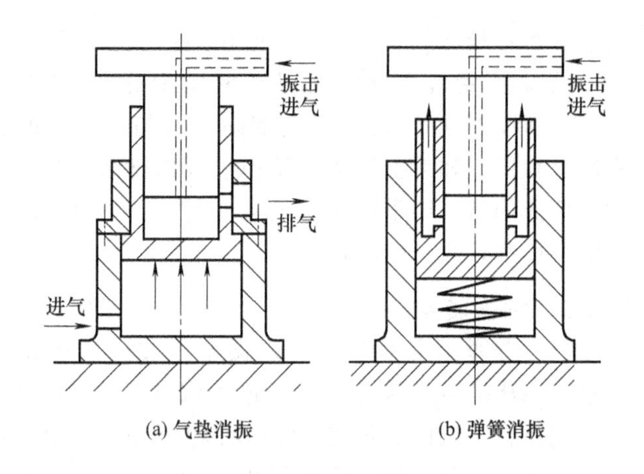

图 2-15 振击机构的消振广泛

频率较高的微振，就成为微振紧实机构。因此微振机构是带缓冲装置的振击机构，其紧实质量和效率都有提高，对地基的振动大大减小。

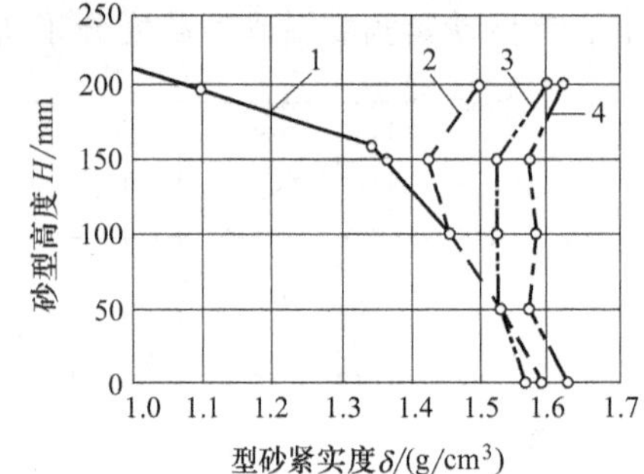

图 2-16 不同的振和压的方法所得的紧实效果

1—单是微振；2—振后加压；3—单是压振；4—预震加压振

微振的实际作用与振击相仿，所得的紧实度分布曲线也与振击的相似，靠近模板处紧实度高，砂型上部较低。微振紧实机构可实现单纯微振、微振加压实、压振（压实、微振同时进行）、微振＋压振四种实砂方法。不同的振和压的方法所得的紧实效果如图 2-16 所示。

微振压实机构种类较多，常见的微振压实机构有弹簧式微振压实机构、气垫式微振压实机构两大类。

① 弹簧式微振压实机构　弹簧式微振压实机构如图 2-17 所示。在该微振压实机构中，通常工作台与振击活塞 6 构成一整体，振击缸 8（常称为振铁）支承在弹簧 10 上，在它们的外面便是压实机构。振击机构的工作分为两阶段：预振加砂阶段和压振加砂阶段。

预振加砂阶段，如图 2-17（a）所示。砂箱加砂时，振击缸 8 从 a 孔进气，使振击活塞 6 上升，与此同时也推动振铁 8 下降，压缩弹簧 10。当排气孔打开时，缸中压力下降，此时工作台活塞等全部构件由于自重而下落，但振铁却受弹簧恢复力上升，于是工作台与振铁 8 在空中某一位置相对撞击，如此多次重复撞击，实现了型砂的预紧实。

压振加砂阶段，如图 2-17（b）所示。压实缸 9 进气，使压实活塞 7 升起至顶住工作台为止，此时砂箱中的型砂接触压头开始压实，弹簧 10 也受到压缩（压缩行程为 Δ）。当振击缸进气时，由于工作台被顶住基本不动，压缩空气只能使振铁压缩弹簧向下运动。接着排气孔打开，缸内压力下降，由于弹簧的恢复力使振铁向上运动，与工作台发生撞击。如此多次循环，便实现了压实加振击的作用。这样大大提高了压实的效果，保证了较高的紧实质量。

由于弹簧式微振机构实际上是支承在弹簧上的振击机构，故称其为支承式微振机构。弹簧起到了良好的隔振缓冲作用，大大减小了振击时对周围环境的干扰与影响，噪声与振动也大大降低，故又称为全缓冲式振击机构；另一方面，通过弹簧的振动（常称为微振）既可实

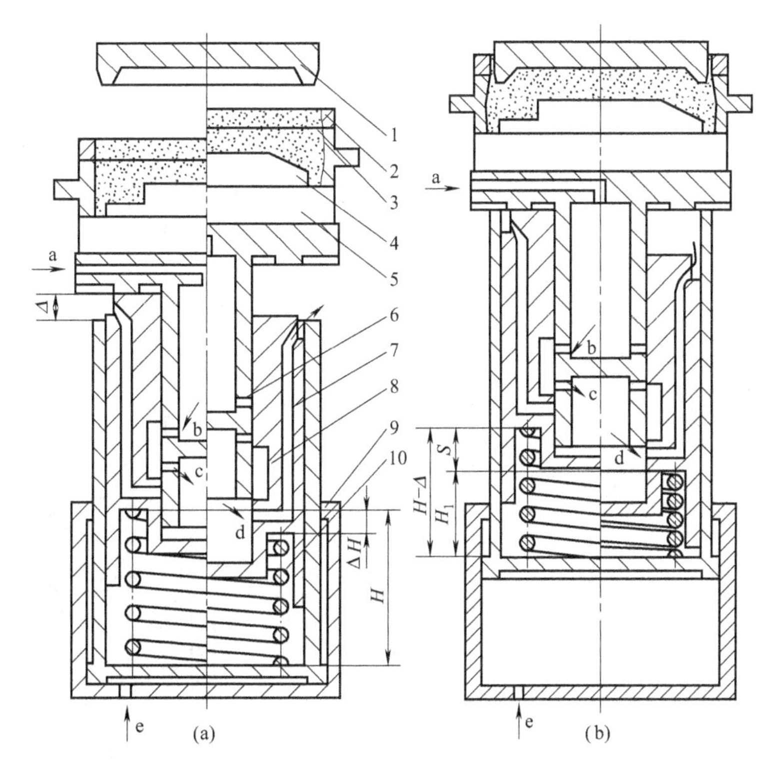

图 2-17　弹簧式气动微振压实机构工作过程示意图

1—压头；2—辅助框；3—砂箱；4—模板；5—模板框；6—振击活塞；7—压实活塞；8—振击缸（振铁）；9—压实缸；10—弹簧

现加砂预紧微振，又可实现压实加振，可获得较佳的紧实效果。微振压实造型机已被广泛采用。

② 气垫式微振压实机构　用气垫代替弹簧的微振机构称为气垫式微振压实机构。常见的单柱式气垫微振压实机构如图 2-18 所示。它属于支承式结构。

预振时，充当振铁的柱塞 8 在下部气垫压力作用下上升，碰开微振阀 7，振击腔进气。因振击气压比气垫压力高，故压力差使柱塞向下运动，气垫压力有所增加而使工作台略微上升；两者相向运动，超过 S_j+S_p 后，排气孔打开（图 2-18 中未示出），于是振击腔压力下降，工作台下落与被气垫推动上升的活塞相对撞击，完成一次撞击。如此重复多次，直至预振完毕。压振时，压实活塞升起，同时微振（原理同上），即实现压实加振。

值得指出的是，气垫腔 9 进气及其气垫压力均由控制阀自动控制。预振时（即图示位置），小汽缸 2 的活塞杆伸出使挡块 3 压住杠杆 10（即虚线位置），推动阀杆 11 和活塞 12，再通过弹簧和薄膜机构打开阀门 14，于是气垫进气（如实线箭头所示）。当气垫压力升高，使工作台升起时，小汽缸 2 及其挡块 3 也上升，杠杆不受压（处于实线位置）阀杆 11 下降，阀门 14 关闭，气垫停止进气。如果气垫腔内压力超过预调气垫压力（一般为 0.1～0.2MPa），则压缩空气推开薄膜 13，沿 i_1、i_2、i_3 的方向排出。如果气垫腔漏气而使工作台下降，则挡块 3 再压杠杆 10 使阀门 14 打开而向气垫腔补充压缩空气。如此达到自动调节气垫压力的目的，从而保证了预振工作的正常进行。压实时，由于工作台升高很多，挡块 3 无法压动杠杆 10，由压实管道的支路从 f 口进气，推动活塞 12，打开阀门 14，使气垫腔进气，保证了压振工作的正常进行。

③ 弹簧气垫组合式微振压实机构　弹簧气垫组合式微振压实机构在高压造型机中应用

较多，图 2-19 是典型的结构之一。

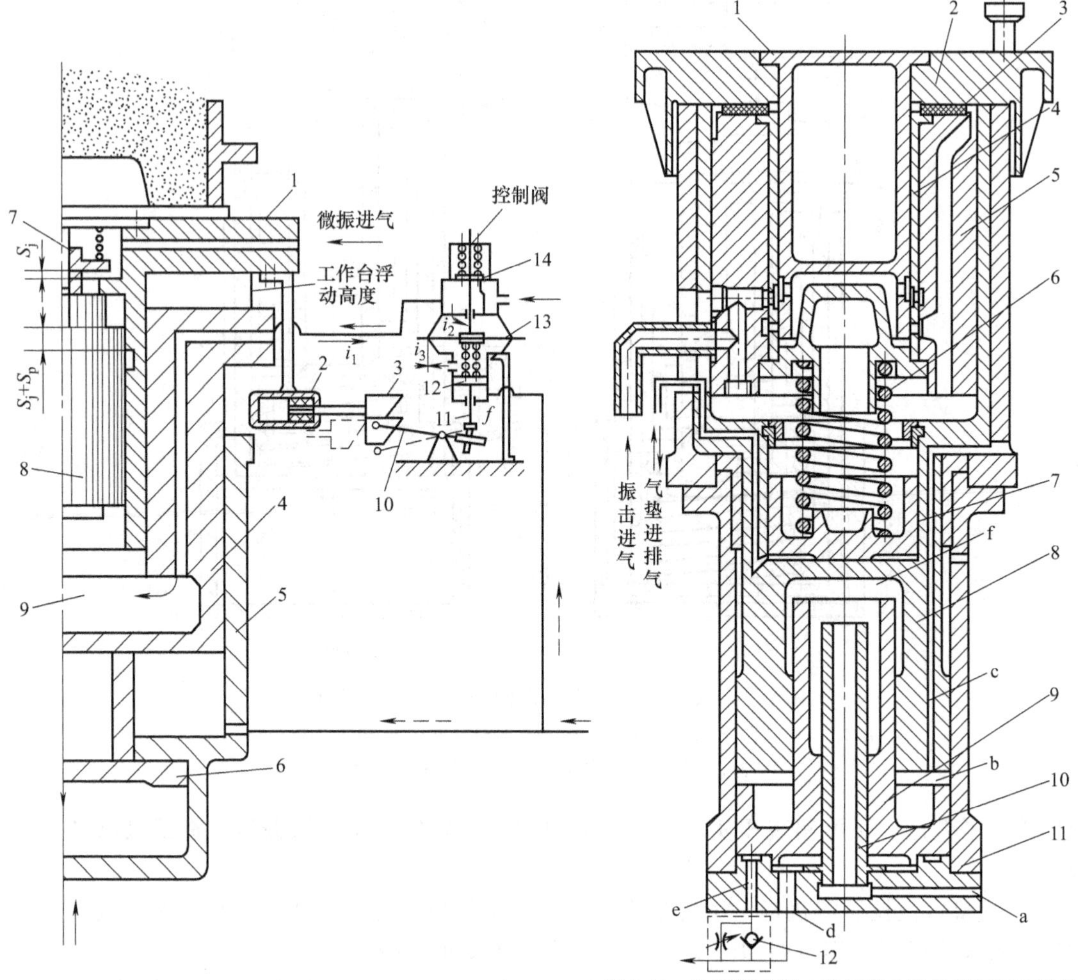

图 2-18　单柱式气垫微振压实机构示意图

1—工作台；2—小汽缸；3—挡块；4—压实活塞；5—压实缸；6—接砂活塞；7—微振进气阀门；8—振铁（柱塞）；9—气垫腔；10—杠杆；11—阀杆；12—活塞；13—薄膜；14—阀门

图 2-19　单弹簧微振、增压器内置的微振压实机构

1—振击活塞；2—工作台；3—振击垫；4—振击缸套；5—振铁；6—微振弹簧；7—气垫活塞；8—压实活塞；9—增压活塞；10—中心导杆；11—压实缸；12—单向节流阀

其下部的压实机构采用液压系统，与前面所示的气压式结构有所不同；上部的微振机构与前述结构类似。另有两点值得说明。

a. 砂型在高比压作用下紧实时，如需要达到紧实度均匀的目的，还必须采取较强烈的振击措施，这是高压微振的工艺要求，其微振机构需按“重振击”要求设计，即适当增加振铁的重量。

b. 弹簧与气垫相结合，提高了结构的可靠性。这种结构将工作要求的总刚度，由弹簧与气垫共同承担，虽然一经制造出来的弹簧刚度不能改变，但气垫压力的大小却可以进行调节。例如，在预振和压振过程中，当调节气垫进气压力时，总刚度便可随之改变。不过这种总刚度所形成的恢复力决不能妨碍压振工作的正常进行，如总刚度过大则压振时不启振。起模时，为了防止回弹，可以卸去气垫。至于气垫设置在弹簧位置之下或之上，这对工作没有影响。

2.2.3　抛砂紧实

抛砂紧实的原理如图 2-20 所示。型砂经过高速旋转的叶片加速后，砂团以高达 30～60m/s 的速度抛入砂箱，高速砂团以巨大的动量转变成对先加入的型砂的冲击而使之紧实，也即由砂团的功能转变成对型砂的紧实功。此时单元型砂的紧实功 dw 为：

$$dw=\frac{1}{2}mv^2=F_\phi ds \tag{2-7}$$

式中　m——砂团的质量；

v——砂团的速度；

F_ϕ——抛砂紧实力；

ds——砂团在紧实过程中移动的距离。

显然，v 较大，ds 较小时，F_ϕ 较大，紧实度较大且较均匀。抛砂紧实能同时完成型砂的填充与紧实过程，它多用于单件小批、大件生产，但生产率不高，应用正日趋减少。

2.2.4　射砂紧实

射砂紧实是利用压缩空气将型（芯）砂以很高速度射入型腔或芯盒内而得到紧实。射砂机构如图 2-21 所示。射砂紧实过程包括加砂、射砂、排气紧实三个工序。

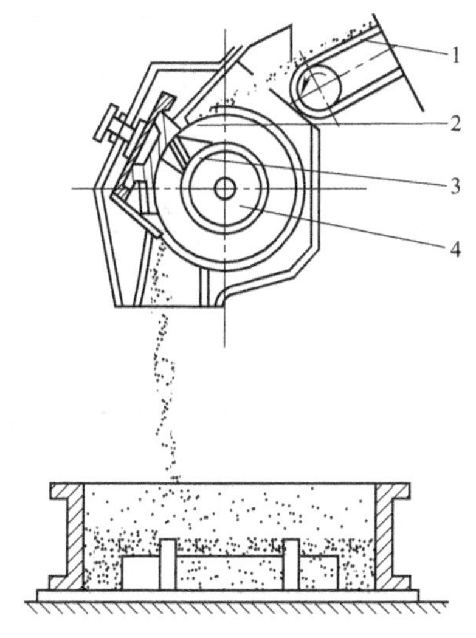

图 2-20　抛砂机工作原理示意图

1—带式输送机；2—弧板；3—叶片；4—转子

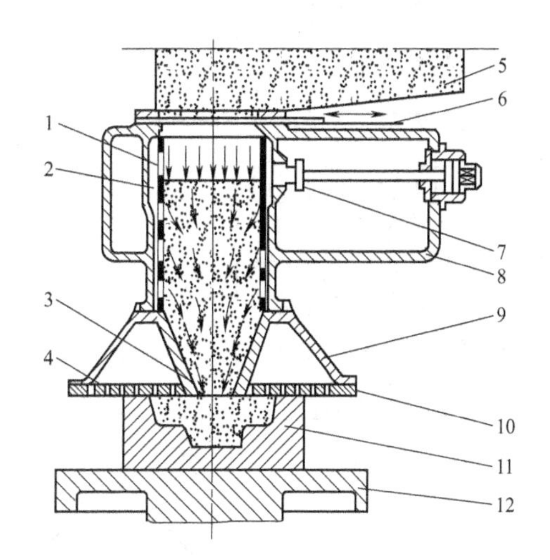

图 2-21　射砂机构示意图

1—射砂筒；2—射腔；3—射砂孔；4—排气塞；5—砂斗；6—加砂闸板；7—射砂阀；8—贮气包；9—射砂头；10—射砂板；11—芯盒；12—工作台

① 加砂　打开加砂闸板 6，砂斗 5 中的砂子加入射砂筒 1 中，然后关闭加砂闸板。

② 射砂　打开射砂阀 7，贮气包 8 中的压缩空气从射砂筒 1 的顶横缝和周竖缝进入筒内，形成气砂流射入芯盒（或砂箱）中。

③ 排气紧实　型腔中的空气通过排气塞排除；高速气砂流由于型腔壁的阻挡而被滞止，砂气流的动能转变成型（芯）砂的紧实功，使型（芯）砂得到紧实。射砂紧实时，主流方向上以冲击紧实为主，在非主流方向或拐角处（此处常开设不少排气塞），型（芯）砂靠压力差下的滤流作用得到紧实。射砂过程中，贮气包和射砂筒内气压变化曲线，如图 2-22 所示。

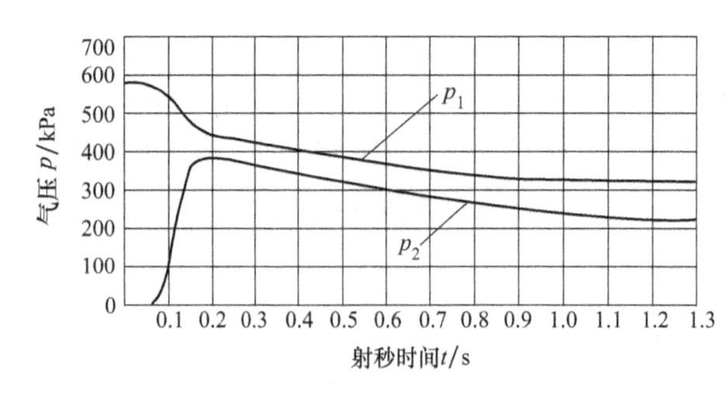

图 2-22　射砂过程中气压的变化

p_1—贮气包内气压变化；p_2—射砂筒内气压变化

影响射砂紧实的因素很多，主要有射砂、气压及气压梯度、型砂性能、进气方式、锥形射头与射孔大小、排气方式及面积等。

射砂能同时完成快速填砂和预紧实的双重作用。其生产率高、劳动条件好、工作噪声小、紧实度较均匀。但射砂紧实的紧实度不够，芯盒与模样的磨损较大。射砂紧实广泛用于制芯和造型的填砂与预紧实，是一种高效率的制芯、造型方法。

2.2.5　气流作用紧实

根据气流对型砂的作用速度大小，气流作用紧实又分为气流渗透紧实和气流冲击紧实两大类。

（1）气流渗透紧实　气流渗透紧实又称静压造型，它是利用压缩空气气流渗透预紧实并辅以加压压实型砂的一种造型方法。气流渗透紧实的过程是用快开阀将贮气罐中的压缩空气

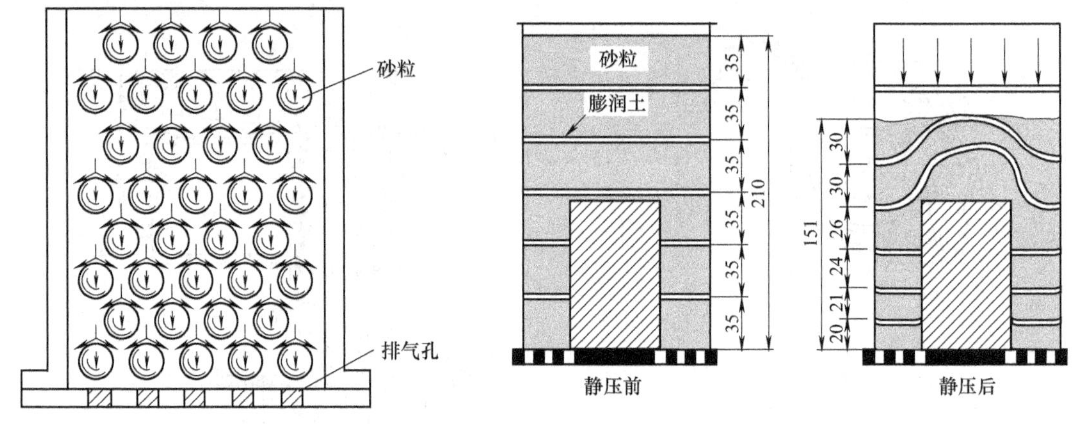

图 2-23　气流渗透实砂法的工作原理

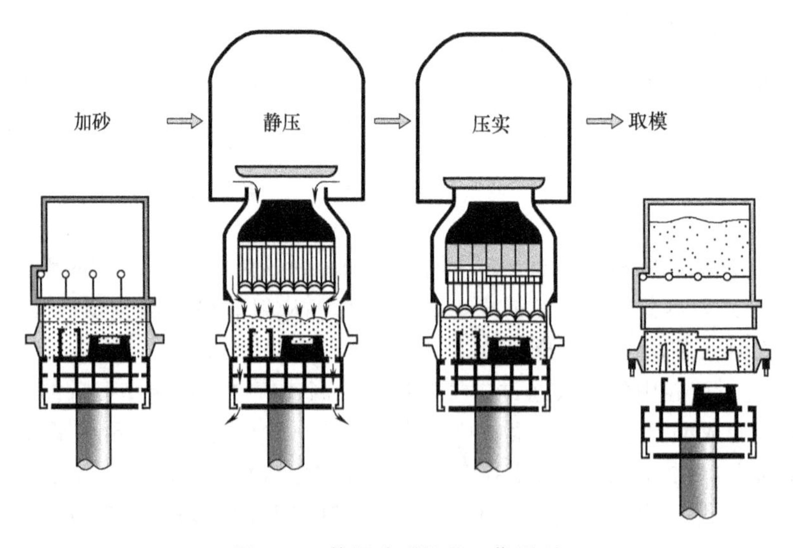

图 2-24　静压造型机的工作原理

引至砂箱的砂粒上面，使气流在较短的时间内透过型砂，经模板上的排气孔排出。气流在穿过砂层时受到砂子的阻碍而产生压缩力，即渗透压力使型砂紧实，如图2-23所示。因渗透压力随着砂层厚度的增加而累积叠加，所以最后得到的型砂紧实度和振击实砂的效果一样，也是靠近模板处高而砂箱顶部低。该法具有机器结构简单、实砂时间短、噪声和振动小等优点，故而称为静压造型法。

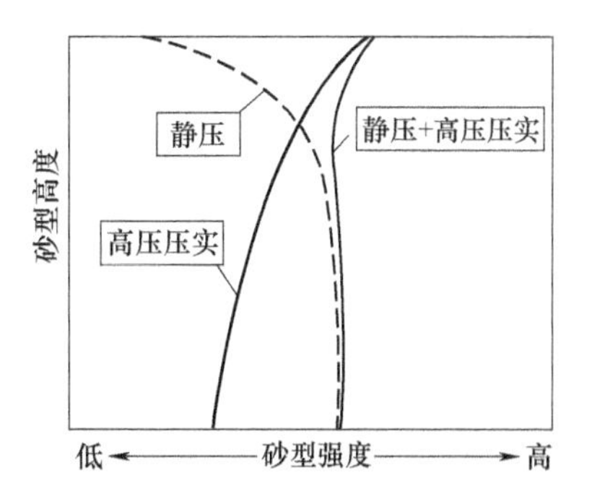

图2-25 静压紧实的铸型强度分布

为克服气流实砂的缺点，获得紧实度高而均匀的砂型，型砂经过气流紧实后再实施加压紧实。该种静压造型机于1989年开发成功后得到了广泛应用。其造型过程如图2-24所示。图2-25为静压、高压压实、静压＋高压压实造型方法的铸型强度分布示意图。

2000年以来，静压造型的优势逐渐被国人所接受，目前国内一些厂已引进了最新的自动化静压造型线，如国内某柴油机制造公司的新铸车间引进HWS公司的静压造型机，在2004年投产后即用于大功率柴油机缸体的生产，效益显著。

(2) 气流冲击紧实　气流冲击紧实是先将型砂填入砂箱内，然后压缩空气在很短的时间内（10～20ms）以很高的升压速度（$\mathrm{d}p/\mathrm{d}t=4.5\sim22.5\mathrm{MPa/s}$）作用于砂型顶部，高速气流冲击将型砂紧实。一种常见的气流冲击装置的结构组成及其工作原理如图2-26所示。

气冲紧实过程可如图2-27所示。高速气流作用于砂箱散砂[图2-27(a)]的顶部，形成一预紧砂层[图2-27(b)]；预紧砂层快速向下运动且愈来愈厚，直至与模板发生接触[图2-27(c)]，加速向下移动的预紧实砂体，受到模板的滞止作用，而产生对模板的冲击，最底下的砂层先得到冲击紧实[图2-27(d)]，随后上层砂层逐层冲击紧实，一直到达砂型顶部[图2-27(e)]。

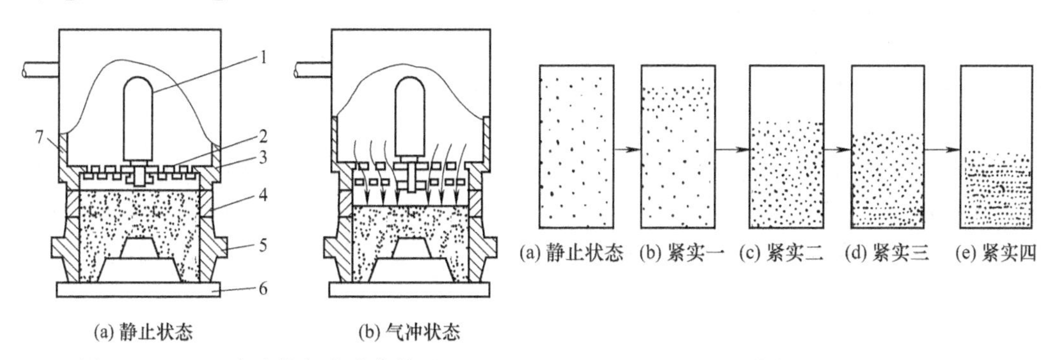

图2-26 BMD式液控气流冲击装置

1—液压缸；2—固定阀板；3—活动阀板；4—辅助框；5—砂箱；6—模板；7—贮气室

图2-27 气流冲击紧实过程示意图

气流冲击紧实和气流渗透紧实是同一时期研发出来的两种不同的气流紧实方法，它们的工艺过程相似。它们的主要区别是：气流冲击紧实中的气流进入速度更高，其紧实力是依靠气流高速进入产生的冲击（波）力；而气流渗透紧实的紧实力是依靠气流流过砂层产生的压力差，通过渗透而紧实。气流渗透紧实的模板上通常要有排气孔（塞），而气流冲击紧实的模板上可以不需要排气孔（塞）。

气流冲击紧实的最底层的砂层，所受的冲击力最大，冲击力可达几倍于工作气压，分型面处型砂的紧实度也最高；愈高的砂层，所受冲击力愈小，紧实度较低。气冲过程的压力曲线如图 2-28 所示。图 2-29 为气冲造型时的铸型强度分布。由此可知，砂型顶部的砂层由于它上面没有砂层对它的冲击，紧实度很低，常以散砂的形式存在，因此气冲造型时，砂型顶部的砂层必须刮去。

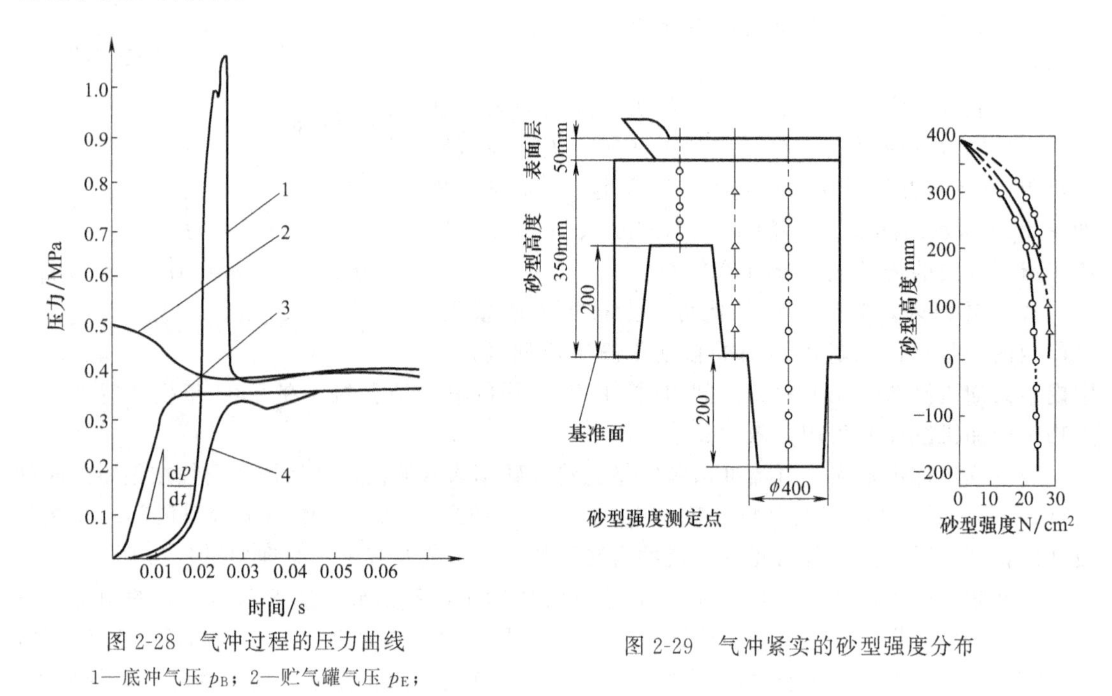

图 2-28　气冲过程的压力曲线

1—底冲气压 p_B；2—贮气罐气压 p_E；3—砂箱顶部气压 p_D；4—砂箱底气压；p_A

图 2-29　气冲紧实的砂型强度分布

气流冲击紧实的关键是进气时砂型顶部气压上升的速度（dp/dt）。升压速度愈高，则气流冲击力愈大，型砂的紧实度也越高。气冲紧实的升压速度是评判气冲紧实效果和气冲装置质量的重要指标之一。而气体的升压速度取决于气冲装置内快开阀的结构和动作速度。

气流冲击紧实的优点是：靠近型面处紧实度高且均匀，比较符合铸造的工艺要求；生产率高，噪声较低；机器结构简单。但也存在冲击力大，模板磨损快及模型反弹降低铸型尺寸精度，对地基的影响较大等缺点，该方法也不宜于低矮的砂型紧实，砂型顶部有 10～30mm 厚的散砂层，需要刮去。

2.3　黏土砂造型设备及造型线

2.3.1　振压式造型机

典型的振压式造型机如图 2-30 所示，它主要由振压汽缸、机架、转臂、压板、起模油缸等组成。Z145 型振压式造型机是以振击为主、压实为辅的小型造型机，广泛用于小型机械化铸造车间，最大砂箱尺寸为 400mm×500mm，比压为 0.125MPa，单机生产率为 60 型/时。

振压造型机的主要部件是振压汽缸。Z145 型振压式造型机的汽缸结构如图 2-31 所示。它主要由压实汽缸、压实活塞及振击汽缸、振击活塞、密封圈等组成。

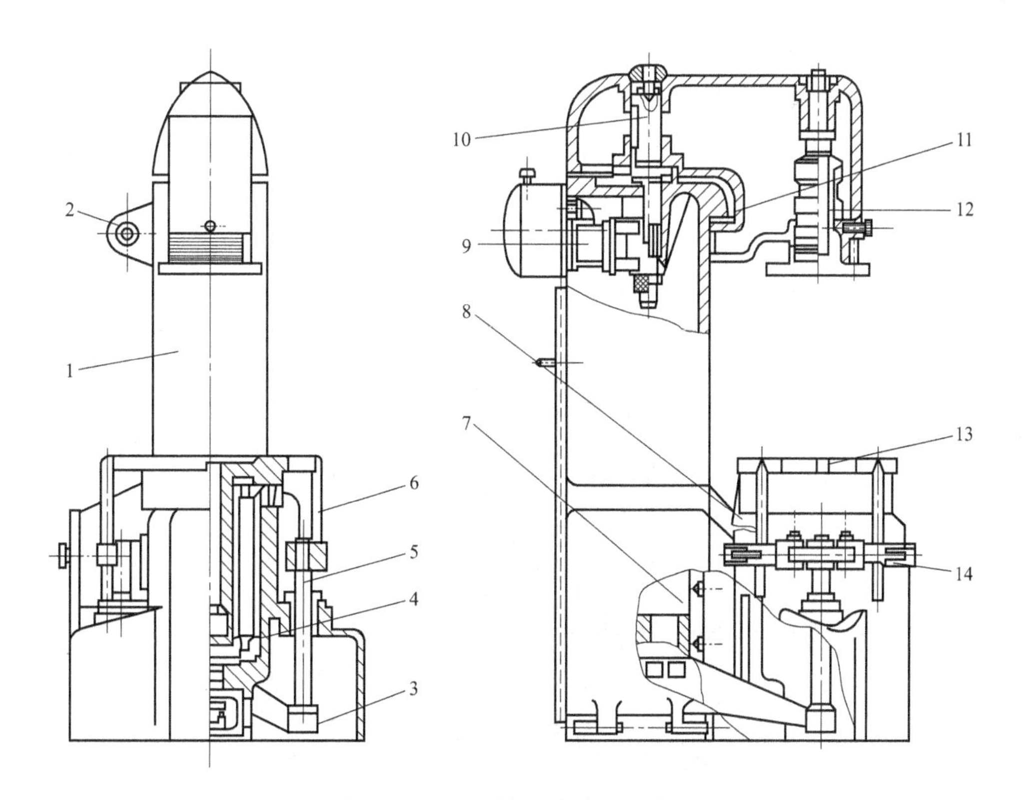

图 2-30　Z145 型振压式造型机总图

1—机身；2—按压阀；3—起模同步架；4—振压汽缸；5—起模导向杆；6—起模顶杆；7—起模液压缸；8—振动器；9—转臂动力缸；10—转臂中心轴；11—垫块；12—压板机构；13—工作台；14—起模架

Z145 型振压造型机的机架采用悬臂单立柱结构，压板架是转臂式的。机架和转臂都是箱形结构。为了适应不同高度的砂箱，打开压板机构上的防尘罩，转动手柄，可以调整压板在转臂上的高度。转臂可以绕中心轴 10 旋转。由动力缸 9 推动一齿条，带动中心轴 10 上的齿轮，使转臂摇转。为了使转臂转动终了时，能平稳停止，避免冲击，动力缸在行程二端都有油阻尼缸缓冲。

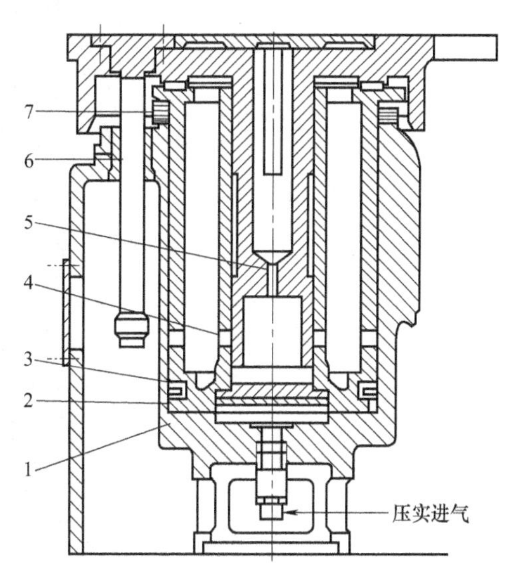

图 2-31　Z145 型振压式造型机的汽缸结构

1—压实汽缸；2—压实活塞及振击汽缸；3—密封圈；4—振击汽缸排气孔；5—振击活塞；6—导杆；7—折叠式防尘罩

Z145 型振压造型机采用顶杆法起模。装在机身内的起模液压缸 7 带动起模同步架 3，3 带动装在工作台两侧的两个起模导向杆 5 在起模时同时向上顶起。5 带动起模架 14 和顶杆同步上升，顶着砂箱四个角而起模。为了适应不同大小的砂箱，顶杆在起模架上的位置可以在一定的范围内调节。

Z145 型振压造型机的动作过程为：①振击；②转臂前转；③压实；④转臂旁转，压板移开；

⑤起模；⑥起模架下落，机器恢复至原始位置。

2.3.2 多触头高压微振造型机

高压造型机是 20 世纪 60 年代发展起来的黏土砂造型机，它具有生产率高，所得铸件尺

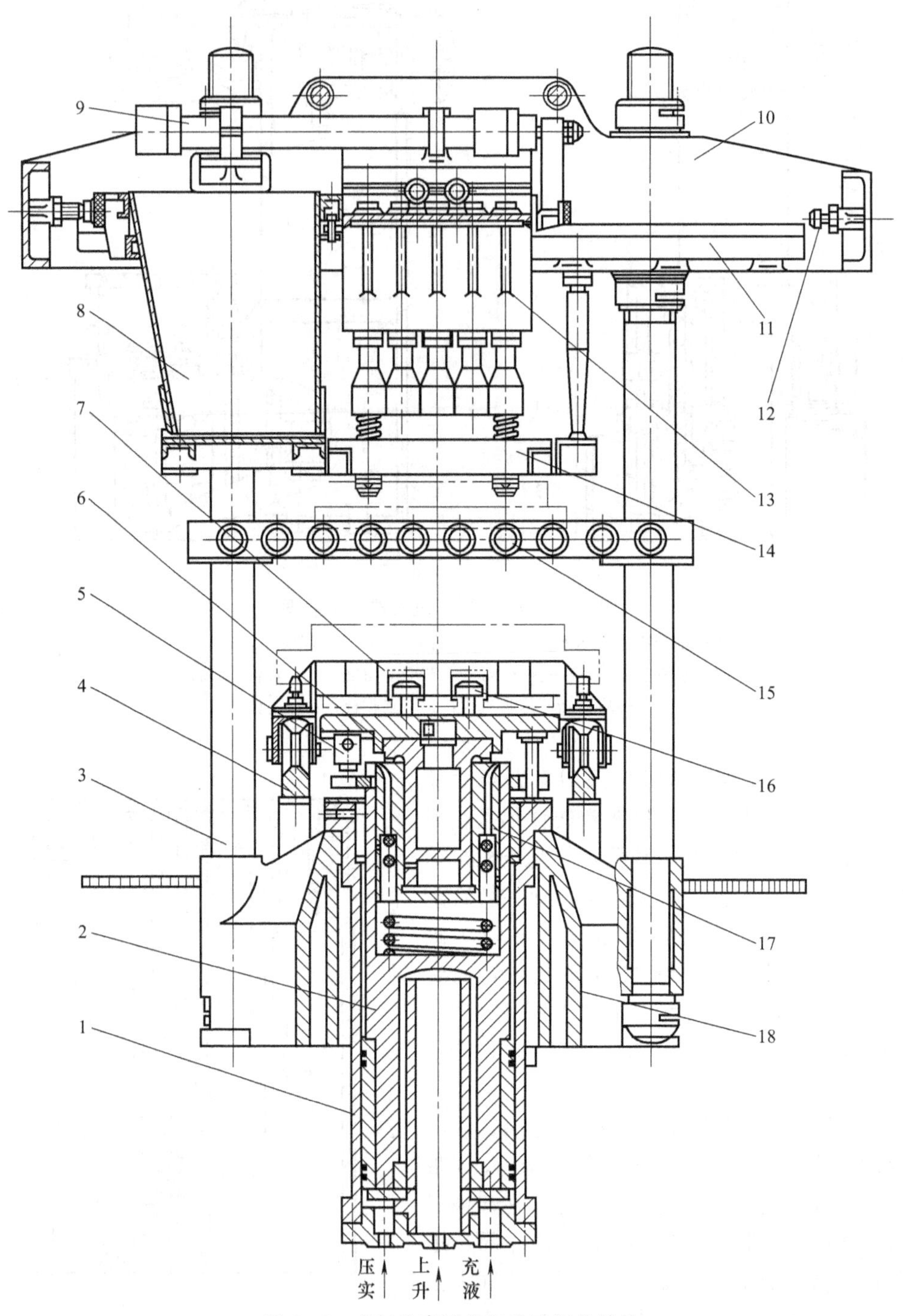

图 2-32 多触头高压微振造型机的结构

1—压实缸；2—压实活塞；3—立柱；4—模板穿梭机构；5—振动器；6—工作台；7—模板框；8—加砂斗；9—压头移动缸；10—横梁；11—导轨；12—缓冲器；13—多触头压头；14—辅助框；15—边辊道；16—模板夹紧器；17—气动微振缸；18—机座

寸精度高、表面粗糙度低等一系列优点，目前仍被广泛采用。

高压造型机通常采用多触头压头，并与气动微振紧实相结合，故称为多触头高压微振造型机。典型的多触头高压微振造型机的结构如图 2-32 所示。通常由机架、微振压实机构、多触头压头、定量加砂斗、进出砂箱辊道等部分组成。

其机架为四立柱式。横梁 10 上装有浮动式多触头压头 13 及漏底式加砂斗 8，它们装在移动小车上，由压头移动缸 9 带动可以来回移动。机体内的紧实缸可以分为两部分，上部是气动微振缸 17，下部是具有快速举升缸的压实缸 1。

(1) 微振压实机构　高压微振造型机中的微振压实机构种类较多。图 2-19 是一种常见的结构形式；图 2-33 是另一种常见的结构形式，单弹簧微振、双级油缸微压实机构。

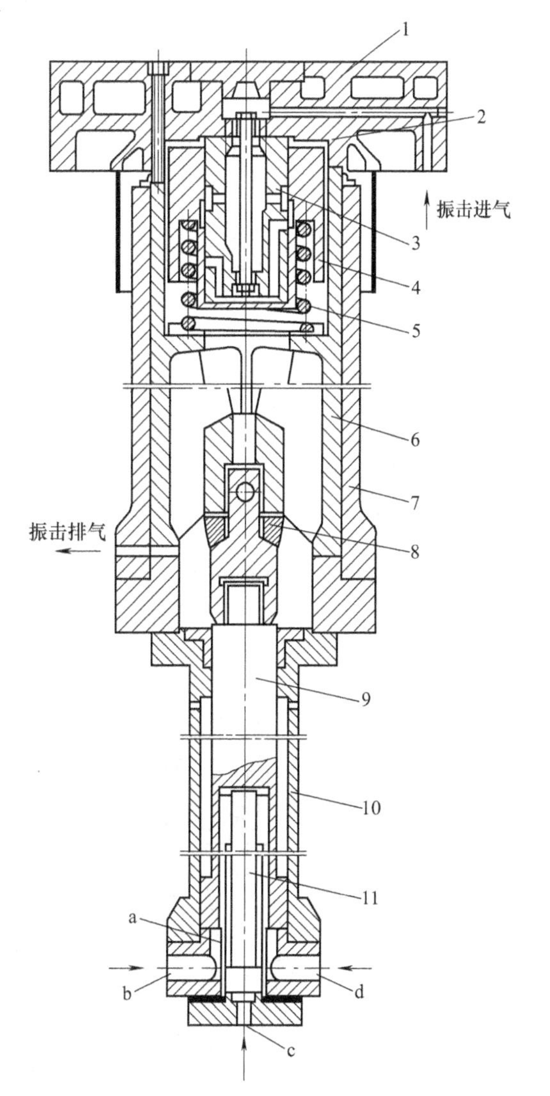

图 2-33　单弹簧微振、双级油缸微压实机构
1—工作台；2—振击垫；3—振击活塞；4—振铁；5—微振弹簧；6—导向活塞；7—导向缸；8—球形盘；9—压实活塞；10—压实缸；11—预升活塞

在图 2-33 所示的单弹簧微振压实机构中，微振机构在导向活塞中，使震击面内藏，减小了噪声，而且导向性好，保证了较高起模精度。

双级油缸使用高、低压两种油源，低压油从孔 c 中进入。与此同时，b 孔吸油（通过充液阀和高位油箱），d 孔关闭。预升活塞 11 顶着压实活塞 9 上升，通过球形盘 8 顶着导向活塞 6 及其工作台 1 升起，完成接砂工序。压实时先预压，即再次从 c、b 孔吸入低压油，使压实活塞 9 推动工作台 1 上升，于是砂箱中的型砂进行预压实。接着 b 孔关闭，从 c、d 孔改进高压油，从而完成高压压实。球形盘 8 可降低双级油缸的安装精度。这种压实机构比较简单，但需要高、低两种油源，故泵站结构比较复杂。且整个微振压实机构高度大，安装时要求有较深的地坑。

(2) 多触头压头　常见的多触头压头有主动式多触头、弹簧复位浮动式多触头、油缸复位浮动式多触头等。

① 主动式多触头　如图 2-34 所示的主动式多触头，为固定于同一箱体上的多个双作用的小油缸。在原始位置时，压力油从油缸的有杆端进入，无杆端排油，所有触头提升如图 2-34 (a) 所示。压实时，工作台不动，压力油通过调压阀从油缸的无杆端进入，触头伸入砂箱压实型砂，并可通过调压阀调节油压来改变压实比压。为了增加箱壁附近的紧实度，可使外圈触头的油压比内圈触头的油压高一些，如图 2-34 所示用了两个调压阀。

② 弹簧复位浮动式多触头　如图 2-35 所示的弹簧复位浮动式多触头，安装触头的柱塞

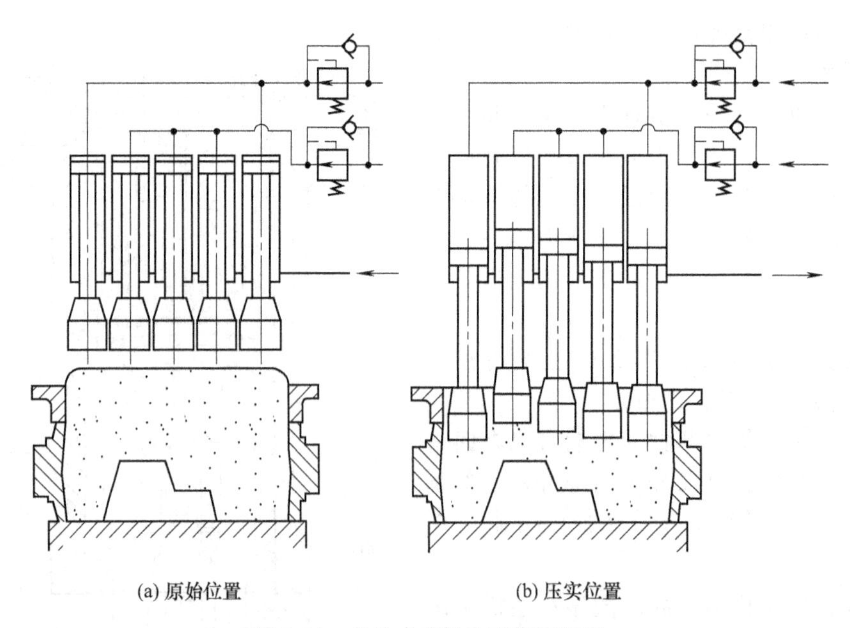

图 2-34 主动式多触头工作原理图

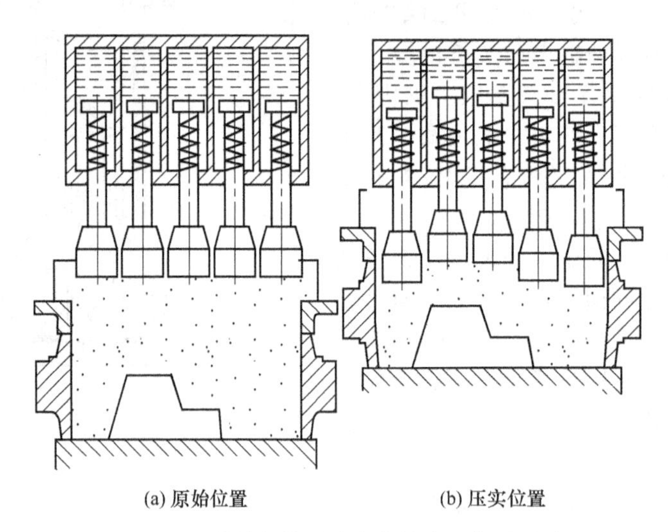

图 2-35 弹簧复位浮动式多触头工作原理图

装在一个密闭而连通的箱体中，随着压实行程的不同，触头伸出的程度也不同。由于触头伸出时，要克服弹簧的恢复力，导致触头受力不相等。因此，在保证触头能复位的情况下，复位弹簧的刚度应尽量小些，以使触头的比压比较均匀，一般弹簧的刚度为 3000～6000N/m。

③ 油缸复位浮动式多触头 如图 2-36 所示的油缸复位浮动式多触头，多触头小油缸由一个复位油缸连通，如果多触头内、外圈比压不同时，则分别用两个复位油缸连通。在原始位置时，多触头处于最低位置。当工作台托着砂箱和型砂上升进行压实时，多触头退缩，小油缸中的油排至复位油缸中，使复位油缸的活塞左移到底，触头退缩而可能处于中间某个位置［如图 2-36（b）所示］。继续压实时，各触头就根据模样高度不同浮动［如图 2-36（c）所示］。当压实结束后，工作台下降，复位油缸进油使活塞右移，将油压出并使触头复位［如图 2-36（a）所示］。这种油缸复位形式比弹簧复位更为可靠。

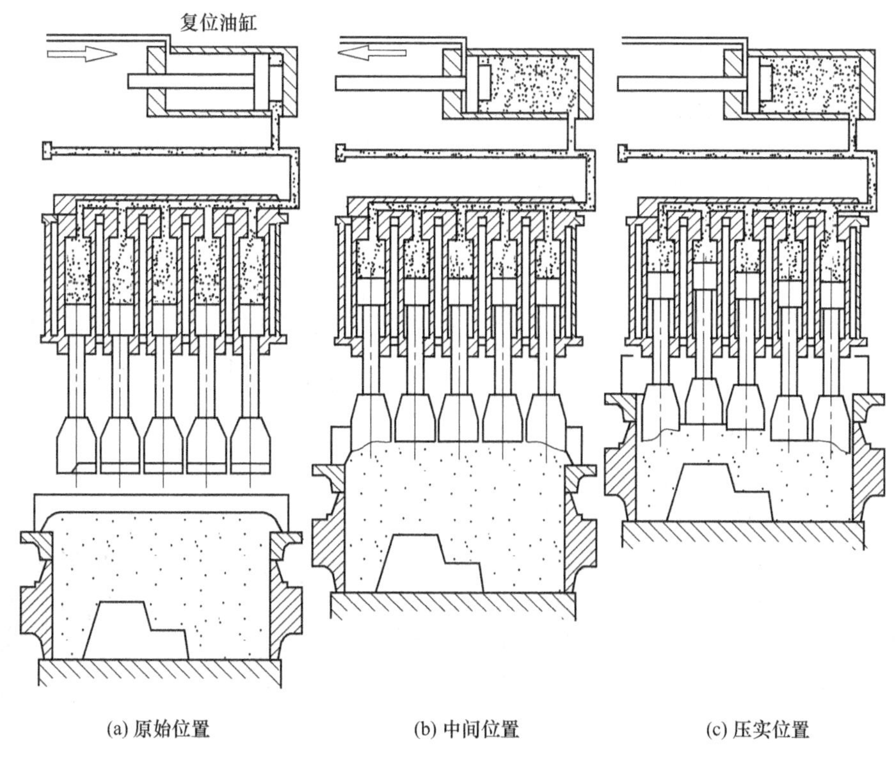

图 2-36　油缸复位浮动式多触头工作原理图

(3) 模板穿梭机构　模板穿梭机构如图 2-37 所示，将模板框连同模板送入造型机。定位后，工作台上有模板夹紧装置。

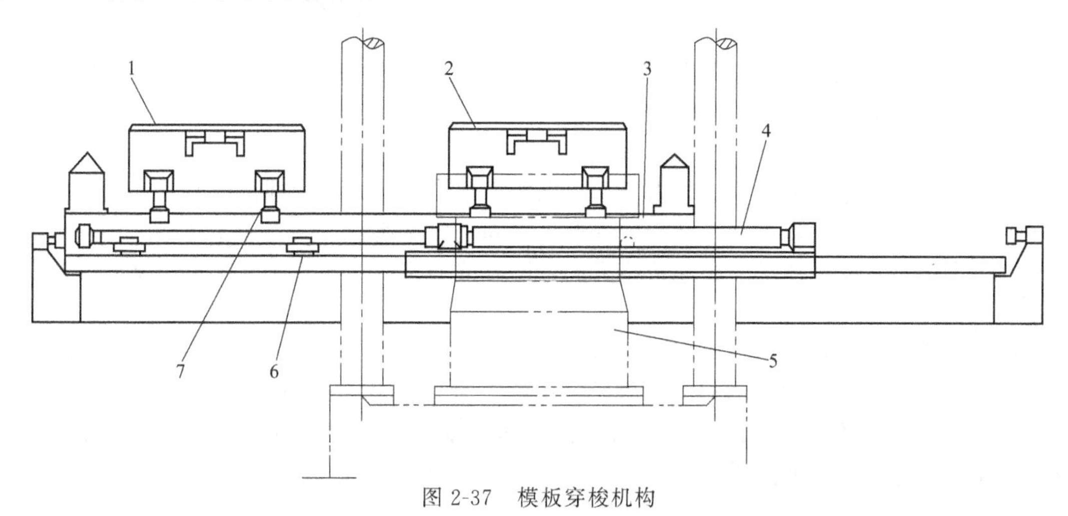

图 2-37　模板穿梭机构

1,2—模板及模板框；3—穿梭小车；4—驱动液压缸；5—高压造型机；6—车轮；7—定位销

造型时，空砂箱由边辊道送入。活塞先快速上升，同时，高位油箱向压实缸充液。工作台上升，先托住砂箱，然后托住辅助框。此时压头小车移位，加砂斗向砂箱填砂。同时开动微振机构进行预振，型砂得到初步紧实。加砂及预振完毕后，压头小车再次移位，加砂头移出，多触头压头移入。在这过程中，加砂头将砂型顶面刮平。然后，微振缸与压实缸同时工作，从压实孔通入高压油液，实施高压，进行压振，使型砂进一步紧实。紧实后，工作台下

降，边辊道托住砂型，实现起模。

造型机所用砂箱内尺寸为850mm×600mm×200mm，生产率为每小时150箱砂型。

2.3.3 垂直分型无箱射压造型机

如果造型时不用砂箱（无箱）或者在造型后能先将砂箱脱去（脱箱），使砂箱不进入浇注、落砂、回送的循环，就能减少造型生产的工序，节省许多砂箱，而且可使造型生产线所需辅机减少，布线简单，容易实现自动化。

（1）工作原理　垂直分型无箱射压造型机的造型原理见图2-38。造型室由造型框及正、反压板组成。正、反压板上有模样，封住造型室后，由上面射砂填砂［图2-38（a）］，再由正、反压板两面加压，紧实成两面有型腔的型块［图2-38（b）］。然后反压板退出造型室并向上翻起让出型块通道［图2-38（c）］。接着正压板将造好的型块从造型室推出，且一直前推，使其与前一块型块推合，并且还将整个型块列向前推过一个型块的厚度［图2-38（d）］。此后正压板退回［图2-38（e）］，反压板放下并封闭造型室［图2-38（f）］，机器进入下一造型循环。

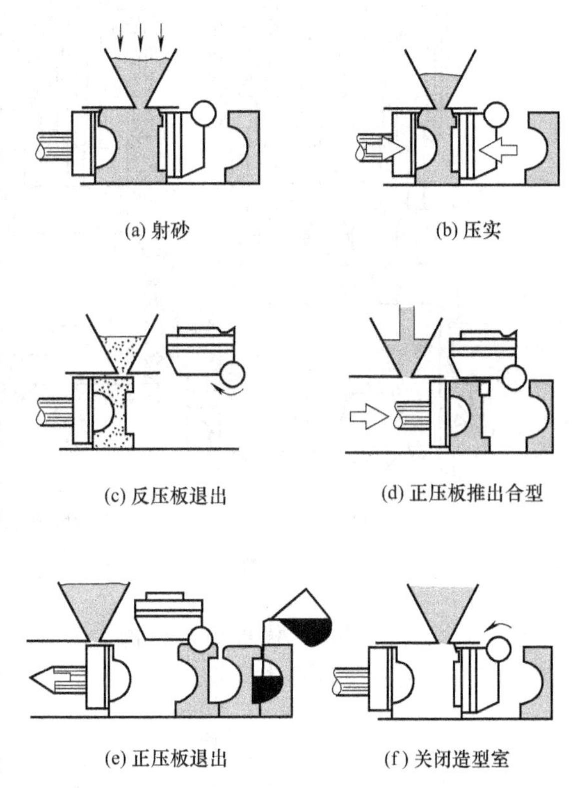

图2-38　垂直分型无箱射压造型机工作原理

这种造型方法的特点是：①用射压方法紧实砂型，所得型块紧实度高而均匀；②型块的两面都有型腔，铸型由两个型块间的型腔组成，分型面是垂直的；③连续造出的型块互相推合，形成一个很长的型列。浇注系统设在垂直分型面上。由于型块互相推住，在型列的中间浇注时，几块型块与浇注平台之间的摩擦力可以抵住浇注压力，型块之间仍保持密合，不需卡紧装置；④一个型块即相当一个铸型，而射压都是快速造型方法，所以造型机的生产率很高。造小型铸件时，生产率可达300型/h以上。

（2）垂直分型无箱射压造型机的总体结构与造型工序　垂直分型无箱射压造型机如图2-39所示。机器的上部是射砂机构。射砂筒1的下面是造型室9。正、反压板由液压缸系统驱动。为了获得高的压实比压和较快的压板运动速度，采用增速液压缸。为了保证合型精度，结构上采用了四根刚度大的长导杆6协调正反压板的运动。造型室前有浇注平台，推出的砂型即排列在上面。

该机的造型过程有六道工序，如图2-40所示。

① 射砂工序［图2-40（a）］。正反压板关闭造型室。当料位指示器14显示射砂筒3中已装满砂时［见图2-40（f）］，开启射砂阀15，贮气罐5中的压缩空气进入射砂筒3，将型砂射入造型室1内。射砂结束后，射砂阀15关闭，排气阀2打开，使射砂筒3内余气排出。

② 压实工序［图2-40（b）］。压力油从C孔进入液压缸11，推动主活塞10及正压板12压实型砂，同时反压板13由辅助活塞8通过导杆9拉住，使型砂在正、反压板之间被压实。

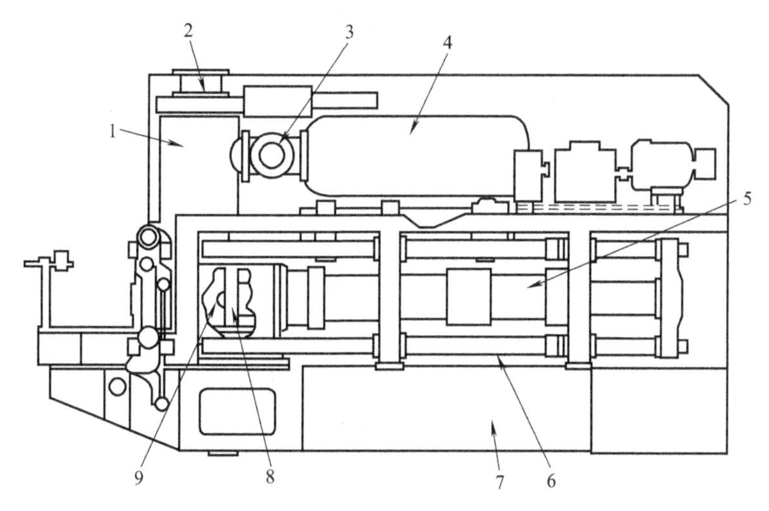

图 2-39　垂直分型无箱射压造型机

1—射砂筒；2—加砂口；3—射砂阀；4—贮气包；5—主液压缸；6—导杆；7—机座；8—正压板；9—造型室

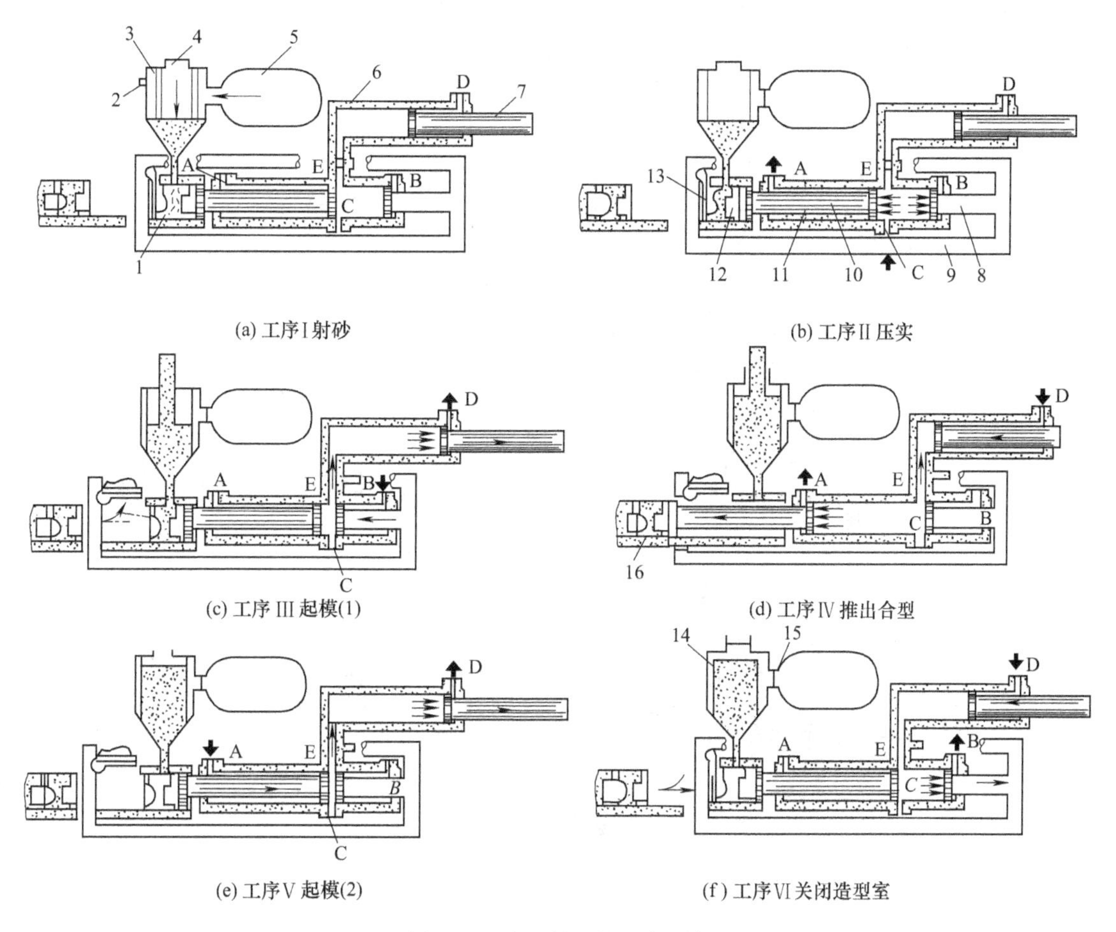

图 2-40　造型循环的六个工序

1—造型室；2—排气阀；3—射砂筒；4—砂闸板；5—贮气罐；6—增速液压缸；7—增速活塞；8—辅助活塞；9—导杆；10—主活塞；11—液压缸；12—正压板；13—反压板；14—料位指示器；15—射砂阀；16—砂型

当铸型需要下芯时，等下芯结束信号发出后，造型机才进行下一工序。

③ 起模（1）工序［图 2-40（c）］。压力油从 B 孔进入，使辅助活塞 8 左移，并通过导杆 9 使反压板 13 左移而完成起模，然后反压板在接近终端位置时，通过导杆及四连杆机构使之翻转 90°，为推出合型做好准备。在起模前反压板上的振动器动作，同时砂闸板 4 开启，供砂系统可向射砂筒 3 内加砂，为再次射砂做准备。

④ 推出合型工序［图 2-40（d）］。压力油从 D 孔进入，推动增速活塞 7 动作，使主活塞 10 左移。这样，砂型 16 被推出，且与以前造型的砂型进行合型。

⑤ 起模（2）工序［图 2-40（e）］。压力油从 A 孔进入，使主活塞 10 右移，正压板 12 从砂型中起模。起模前正压板上的振动器动作。

⑥ 关闭造型室工序［图 2-40（f）］。压力油再次从 D 孔进入，推动增速活塞 7 左移，使辅助活塞 8 右移，并通过导杆将反压板拉回原位而关闭造型室，完成一次工作循环。

造型机的主液压缸是一个双向液压缸，因前后两个活塞共处于一个缸中，一个活塞的运动有时会对另一个活塞的运动产生干扰，影响造型质量。例如起模 I 工序中，反压板启动时会干扰压实板，若发生颤动可能损坏砂型。因此改进后的结构是将前后两个活塞互相隔离以避免干扰（参见图 2-41）。

在造型循环的六个工序中，主液压缸各油孔的状态如表 2-1 所示。

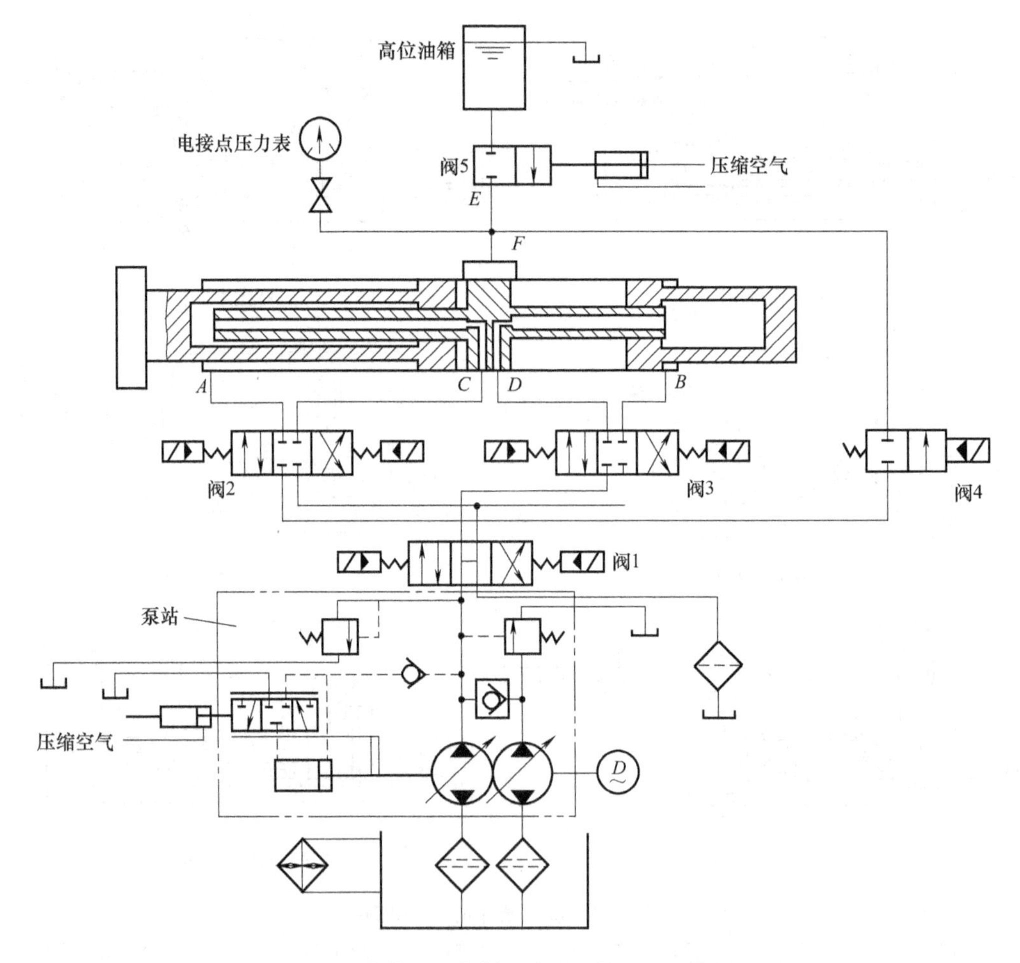

图 2-41　垂直分型无箱射压造型机的液压工作原理图

表 2-1 造型循环各工序中主液压缸各油孔的状态

工序	工序名称	主液压缸各油孔名称				
		A	B	C	D	E
Ⅰ	射砂	关闭	关闭	关闭	关闭	关闭
Ⅱ	压实	回油	回油	进油	进油	关闭
Ⅲ	起模(1)	关闭	进油	关闭	回油	回油
Ⅳ	推出合型	回油	关闭	关闭	进油	进油
Ⅴ	起模(2)	进油	关闭	回油	关闭	回油
Ⅵ	关闭造型室	关闭	回油	关闭	进油	进油

(3) 垂直分型无箱射压造型机的气、液压自动控制原理 垂直分型无箱射压造型机的工作循环是自动进行的，操作者只需在机器旁进行监视即可。造型机的控制系统由液压、气压及计算机控制系统联合组成。造型机的液压原理图如图 2-41 所示。

系统供油是由单电机驱动两台并联的变量轴向柱塞泵来完成，其输出的油量是两泵流量之和。而轴向柱塞泵具有尺寸小、重量轻、寿命长、效率高的优点。造型循环中推出合型及起模 (2) 两工序所要求的压实板的变速，则通过容积调速来实现，它可在转速不变时通过变量机构的调节而改变输出的流量。

造型时油缸动作由电液动换向阀 1、2、3 及 4 控制。电液动换向阀具有实现换向缓冲，又能获得大流量的优点。5 为充液阀，用于向高位油箱补充液压油。因其通径大 (100mm)，故采用气动推杆驱动其阀芯。对应于各造型工序，液压阀的开启状态如表 2-2 所示。

表 2-2 造型循环各工序中液压换向阀的状态

工序号	工序名称	液压换向阀号					工序号	工序名称	液压换向阀号				
		1	2	3	4	5			1	2	3	4	5
Ⅰ	射砂	中	中	中	左	右	Ⅳ	推出合型	左	右	中	左	左
Ⅱ	压实	左	右	左	右	右	Ⅴ	起模(2)	左	左	中	左	左
Ⅲ	起模(1)	左	中	右	左	左	Ⅵ	关闭造型室	左	中	左	左	左

垂直分型无箱射压造型机的气控原理图如图 2-42 所示。从气源来的压缩空气先经过分水滤气器，然后一路经减压阀进入环形贮气罐；另一路经油雾器进入造型机、下芯机构控制气路。串联在后一管路中的油雾器使气流中含有油雾，以便润滑各汽缸及气阀。

进入环形贮气罐的压缩空气压力由远程减压阀控制，改变此压力就可以改变射砂压力。造型循环各个工序的气动动作均由二位五通电磁阀控制。

(4) 垂直分型无箱射压造型生产线 垂直分型无箱射压造型机只需配以适当的铸型输送机就可以组成生产线，基本上不需要其他辅机，十分简单。生产线所用的铸型输送机应有二个功能：直线的前移运动、与造型机同步推动型块串列。

用于这类铸造生产线的步移铸型输送机主要有夹持式和栅板式两种形式。

常见的夹持式步移铸型输送机的原理如图 2-43 所示。输送铸型时，用两根很长的导槽从两边夹紧整串铸型往前移动，每一工作循环包括夹持、前移、松开、后退四个工序。

2.3.4 水平分型脱箱射压造型机

水平分型脱箱射压造型是在分型面呈水平的情况下，进行射砂充填、压实、起模、脱箱、合型和浇注的。水平分型脱箱射压造型机类型很多。

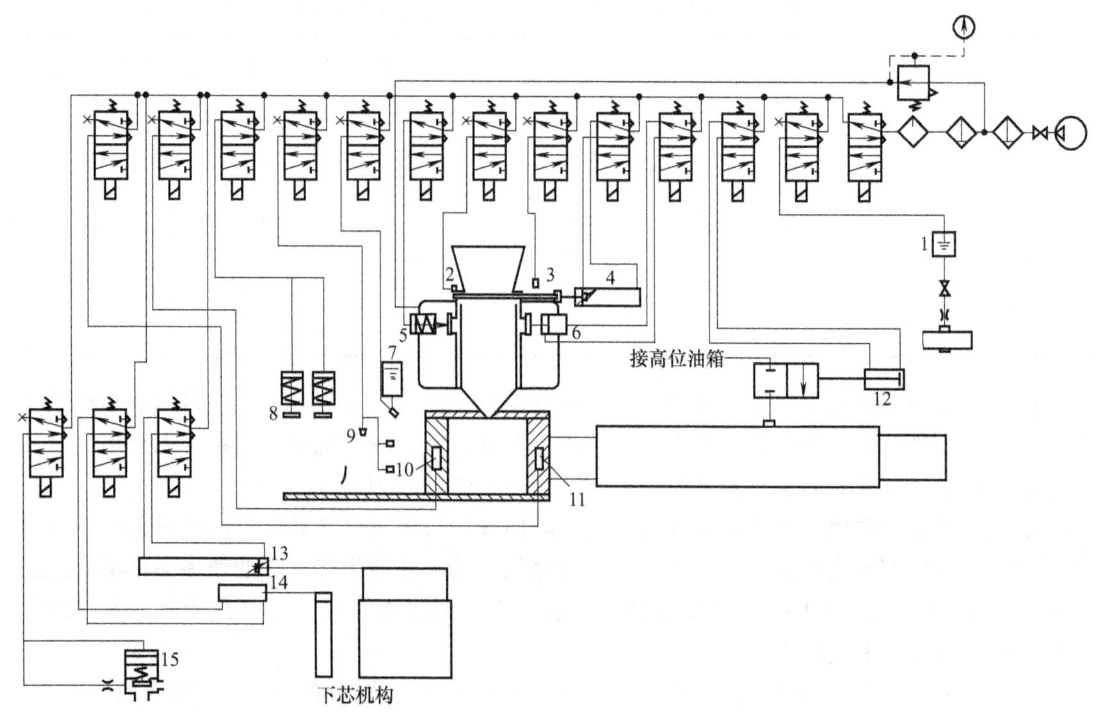

图 2-42　垂直分型无箱射压造型机的气控原理图

1—导柱润滑油箱；2—砂闸板充气密封；3—砂闸板吹净器；4—砂闸板汽缸；5—排气阀；6—射砂阀；7—脱模剂桶；8—压砂型器；9—砂型、桩头吹净器；10—反压板振动器；11—正压板振动器；12—充液阀汽缸；13—下芯机构长汽缸；14—下芯机构短汽缸；15—下芯机构换气阀

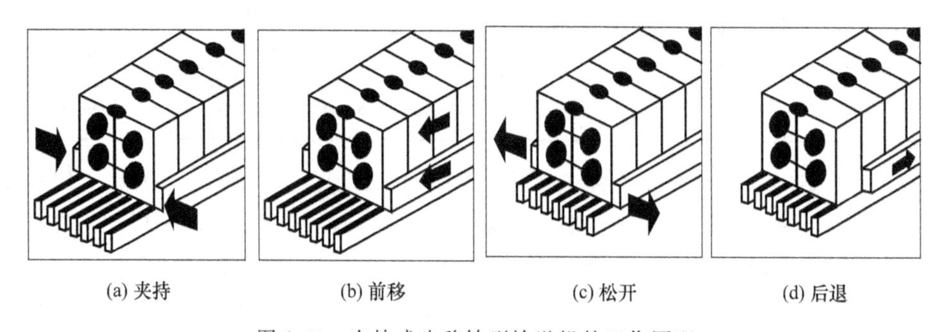

图 2-43　夹持式步移铸型输送机的工作原理

图 2-44 是德国 MBD 公司出品的水平分型脱箱射压造型机的结构图。中间 15 是装在移动小车上的双面模板。15 的上面是上砂箱及上射压系统，下面是下砂箱及下射压系统。中间是一个转盘机构。

水平分型脱箱射压造型机的工作过程可见图 2-45。模板进入工作位置后［图 2-45 (a)］，上、下砂箱从二面合在模板上［图 2-45 (b)］。这时上、下射砂机构进行射砂、将型砂填入砂箱［图 2-45 (c)］。随即，射压板压入砂箱将砂型压实［图 2-45 (d)］。接着上、下砂箱分开，从模板上起模［图 2-45 (e)］下砂箱在转盘上，这时，转盘旋转 180°，下砂箱随转盘转至外面的下芯工位，而前一个下箱在下芯工位下芯完毕同时转入，转至工作工位。与此同时，模板小车向旁移出［图 2-45 (f)］。于是上、下箱合型［图 2-45 (g)］。合型后，上射

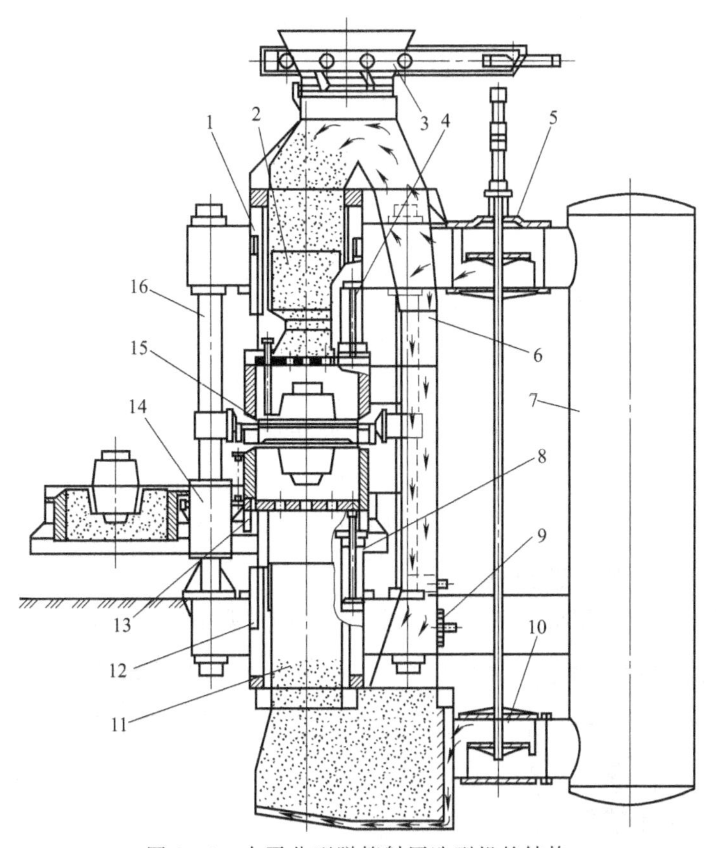

图 2-44　水平分型脱箱射压造型机的结构

1—上环形压实液压缸；2—上射砂筒；3—加料开闭机构；4—上脱箱液压缸；5—上射砂阀；6—落砂管道；7—贮气罐；8—下脱箱液压缸；9—料位器；10—下射砂阀；11—下射砂筒；12—下环形压实缸；13—辅助框；14—转盘机构；15—模板小车；16—中立柱

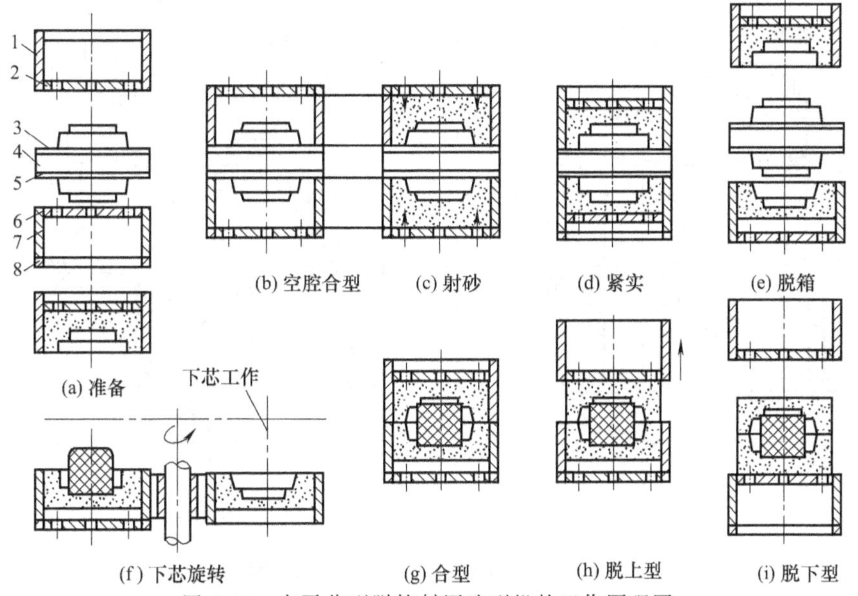

图 2-45　水平分型脱箱射压造型机的工作原理图

1—上砂箱；2—上射压板；3—上模板；4—模板框；5—下模板；6—下射压板；7—下砂箱；8—辅助框

压板不动，上砂箱向上抽起脱箱［图 2-45（h)］。然后下射压板不动，下砂箱向下抽出脱箱［图 2-45（i)］。这时在下射压板上就是已造好的脱箱砂型。下一工序中，将它推出至浇注平台或铸型输送机，同时模板小车进入，开始下一循环。

水平分型脱箱造型和垂直分型无箱造型，两者都没有砂箱进入生产线，有组成简单的优点，但与垂直分型相比，水平分型还有如下一些优点：

① 水平分型下芯和下冷铁比较方便；

② 水平分型时，直浇口与分型面相垂直，模板面积有效利用率高，而垂直分型的浇注系统位于分型面上，模板的面积利用率小；

③ 垂直分型时，如果模样高度比较大，模样下面的射砂阴影处，紧实度不高，而水平分型可避免这一缺点；

④ 水平分型时，铁水压力主要取决于上半型的高度，较易保证铸件质量。

但水平分型脱箱造型比垂直分型无箱造型的生产率低；另外，水平分型的生产线上需要配备压铁装备，取放套箱的装置，所以比垂直分型的生产线复杂一些。

2.3.5 气冲造型机与静压造型机

气冲造型机与静压造型机的结构组成相似，它们主要由机架、接箱机构、加砂机构、模

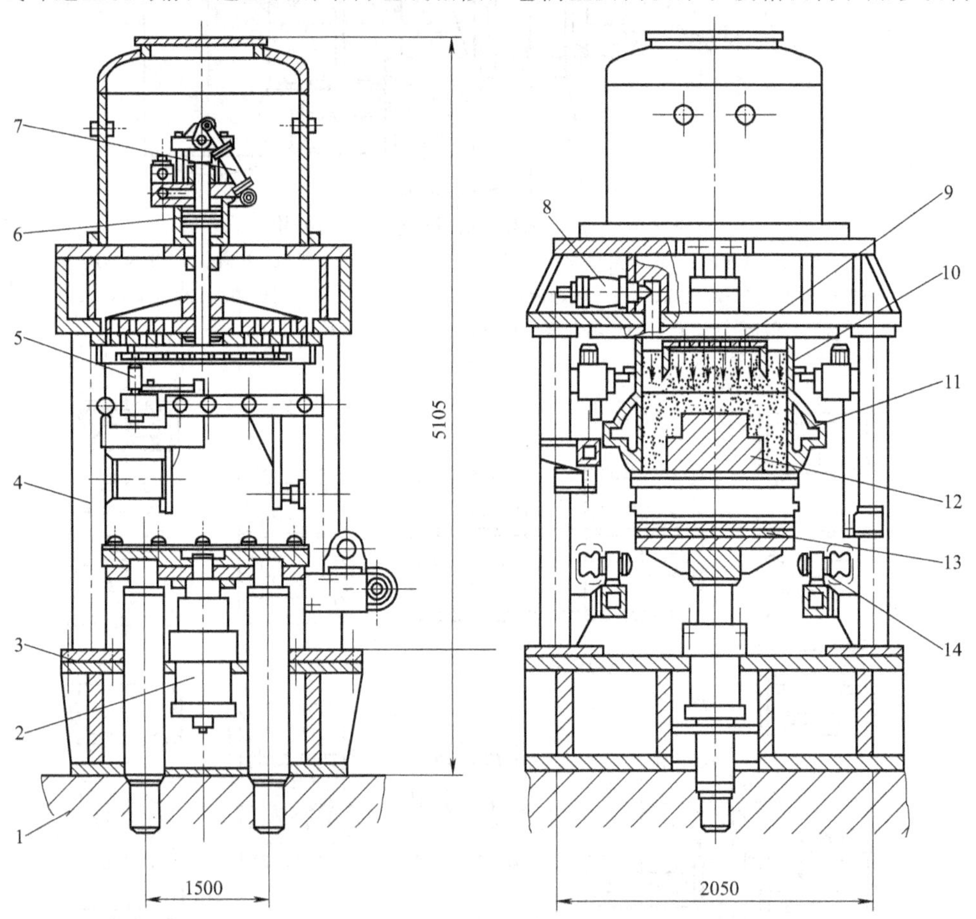

图 2-46 栅格式气冲造型机的结构

1—底座；2—液压举升缸；3—机座；4—支柱；5—辅助框辊道及驱动电机；6—气冲阀；7—气动安全锁紧缸；8—控制阀；9—阻流板；10—辅助框；11—砂箱；12—模样及模板框；13—工作台；14—模板辊道

板更换机构和气冲装置（或静压装置）等组成。图 2-46 是一种栅格式气冲造型机的结构图，它主要由气冲阀、贮气包、压实装置等组成。其中，气冲阀（或静压装置）是造型机的关键部件之一。

由于气冲紧实时上部型砂无法得到足够的紧实度，所以现代气冲造型机和静压造型机，均在气冲装置（或静压装置）中引入了加压机构，便成为气冲压实造型机（静压造型机）。因为附加压实，可适当降低气冲压力，减小模型磨损及铸型反弹和对地基的损害。因此，附加压实是现代高压造型机普遍采用的结构形式。

BMD 液控栅格式气冲装置如图 2-47 所示。（固）定阀板 8 与（活）动阀板 7 都做成栅格形，两阀板的月牙形通孔相互错开，当两阀板贴紧时完全关闭。当液压锁紧机构放开时，在贮气室 1 的气压作用下，活动阀板迅速打开，实现气冲紧实。紧实后液压缸 3 使活动阀板复位，液压锁紧机构再锁紧活动板，恢复关闭状态。贮气室补充进气，以待再次工作。

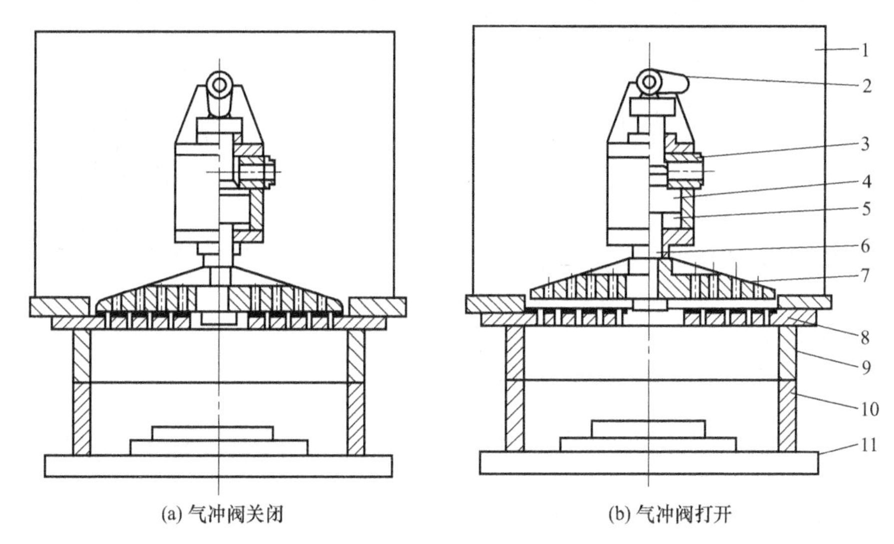

图 2-47　BMD 液控栅格式气冲装置结构图

1—贮气室；2—气动锁紧凸轮；3—控制阀盘启闭的液压缸；4—活塞；5—控制阀盘启闭的汽缸；6—活塞杆；7—动阀板；8—定阀板；9—预填框；10—砂箱；11—模板

静压装置的气流打开速度要比气冲装置的气流打开速度低。

2.3.6　造型生产线

造型生产线是根据生产铸件的工艺要求，将主机（造型机）和辅机（翻箱机、合箱机、落砂机、压铁机、捅箱机等）按照一定的工艺流程，用运输设备（铸型输送机、辊道等）联系起来，并采用一定的控制方法所组成的机械化、自动化造型生产体系。

（1）铸型输送机　铸型输送机是造型生产线中联系造型、下芯、合箱、压铁、浇注、落砂等工艺的主要运输设备，常见的铸型输送机有水平连续式铸型输送机、脉动式铸型输送机、间歇式铸型输送机等。

① 水平连续式铸型输送机　我国水平连续式铸型输送机的定型产品 SZ-60 型铸型输送机，如图 2-48 所示，它由输送小车、传动装置、张紧装置、轨道系统等部分组成。

该铸型输送机工作可靠，故障率低，可以根据工艺要求敷设成各种复杂的布置路线，因此在生产中使用非常广泛。由连续式铸型输送机组成的铸造生产线如图 2-57 所示。

② 脉动式铸型输送机　脉动式铸型输送机的运动是有节奏的。按工艺要求，定出静止

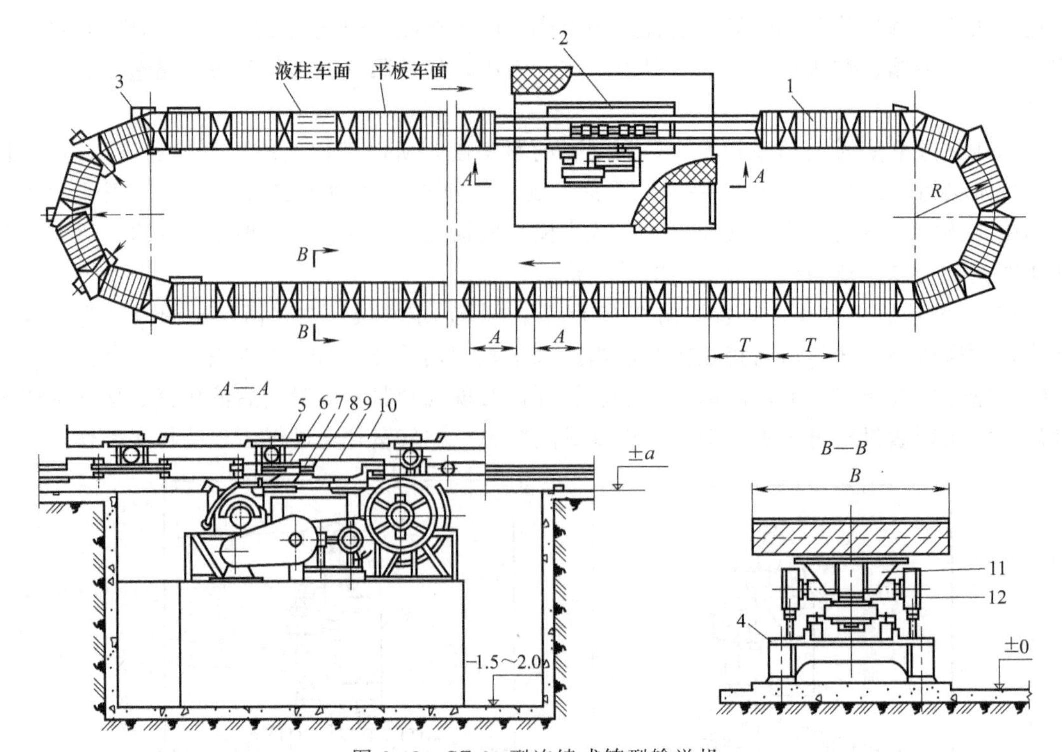

图 2-48　SZ-60 型连续式铸型输送机

1—输送小车；2—传动装置；3—张紧装置；4—轨道系统；5—链轮；6—驱动链条；7—推块；8—导轮；9—牵引链条；10—车间；11—车体；12—走动轮

及运动的时间，每次移动一个小车距离，且要求定位准确，以便实现下芯、合箱、浇注等工序的自动化。

脉动式铸型输送机大多采用液压传动，其张紧装置和轨道系统与水平连续式相同。由脉动式铸型输送机组成的铸造生产线如图 2-58 所示。

③ 间歇式铸型输送机　间歇式铸型输送机的静止与移动是根据需要而定，是非节奏性运动。其传动方式可分液压传动、机械传动及手动。间歇式铸型输送机的特点是输送小车为分离的，互不连接。

此种输送机结构简单，布线紧凑，能在静止状态下实现落箱、下芯、合箱、浇注等工序，工作节奏可以灵活安排或随时任意改变。但动力消耗大，控制系统复杂，生产率不高。由间歇式铸型输送机组成的铸造生产线通常呈开放式布置（如图 2-59 所示）。

(2) 造型生产线的辅机　在造型生产线上，为完成造型工艺过程而设置各式各样的辅机，如落砂机、合箱机等。这些辅机的动作和结构多比较简单，一般由工作机构（机械手）、驱动装置（气动、液动或机动），以及定位（限位夹紧）和缓冲装置等组成。

常见的造型生产线辅机的类型及其作用和特点如表 2-3 所示。

常用的主要辅机包括翻箱机、合箱机、落箱机、压铁机、分箱机等。下面简单介绍它们的结构原理。

① 翻箱机　翻箱机的作用是将已造好型的下型（或砂箱）翻转 180°，使分型面向上，便于下芯和合箱。有时，自动造型线上的上型也要翻转，以便检查型腔质量和清理浮砂；检查完毕后再翻转还原，与下型合箱。

表 2-3　造型生产线辅机的类型及其作用、特点

名　称	作　　用	特　　点
刮砂机	刮运砂箱上的余砂	用气动(或液压)砂铲
扎气孔机	对高紧实铸型扎气孔	用气动(或液压)气孔钎
铣浇口机	对高紧实铸型铣出浇口	用电动或气动铣刀
挡箱器	防止砂箱干扰	用气动挡爪(俗称靠山)
清扫机	落砂后清扫小车台面	用气动推刷或电动轮刷
转箱机	使砂箱绕垂直轴转 90°或 180°	用气动(或液压)齿轮齿条机构
翻箱机	使砂箱绕水平轴线翻转 180°	用气动(或液压)齿轮齿条机构等
合箱机	将上、下型箱合拢	用气动(或液压)升降机构
落箱机	将砂箱落到铸型输送小车上	用气动(或液压)升降机构
压铁机	取、放压铁	用气动(或液压)机械手升降机构
浇注机	浇注液体金属	用手工、机械和自动机
捅箱机	使铸件出箱	用气动(或液压)推头
分箱机	将上、下箱分开运输	用气动(或液压)举升或抓取机构
落砂机	将砂箱或铸件落砂	用振动或滚筒落砂机
推箱机	推移砂箱	用气动(或液压)推杆
运箱机	将砂箱运送到造型机或输送小车上	用气动(或液压)推杆推动小车
下芯机	对下型箱下芯	用气动(或液压)升降机械手,平移或转动机械手

翻箱机要有可靠的定位及必要的限位与缓冲装置。常采用气动液缓冲，气压油或液压等驱动方式。翻箱机的翻转形式与砂箱进出方式及进出砂箱辊道高度有关。常见的几种翻箱机翻转方式如图 2-49 所示。

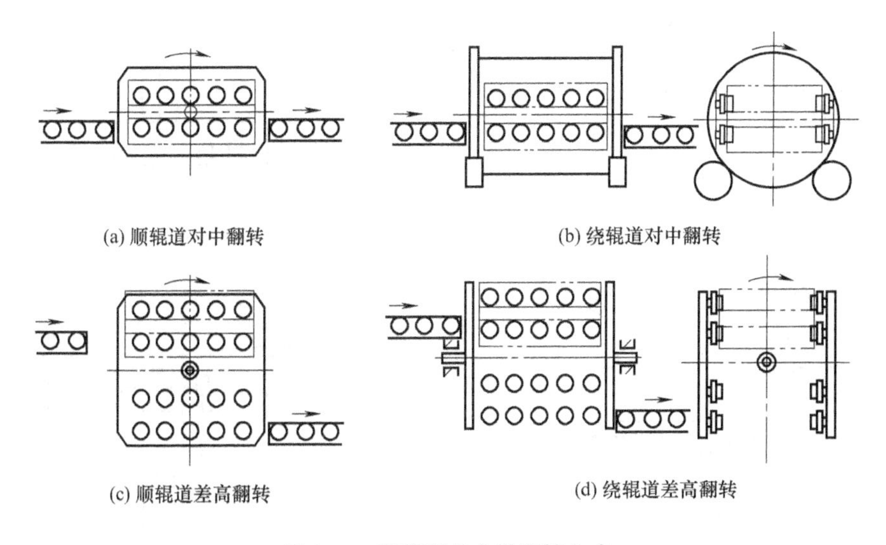

图 2-49　翻箱机的几种翻转方式

典型的液压式翻箱机的结构如图 2-50 所示，该翻箱机以液压齿轮齿条机构驱动带边辊的翻转架实施翻箱动作，中间有液压定位销使砂箱定位，结构紧凑、工作可靠。液压齿轮齿条机构的原理如图 2-51 所示，它采用气压液缓冲。当齿条活塞 2 的一端进气驱动时，另一端由相应的油缸 6 缓冲，两端的油缸是连通的，连通管上装有节流阀 4，便于速度调节。为了补充漏油损失，需要定期加油或设高位油箱。

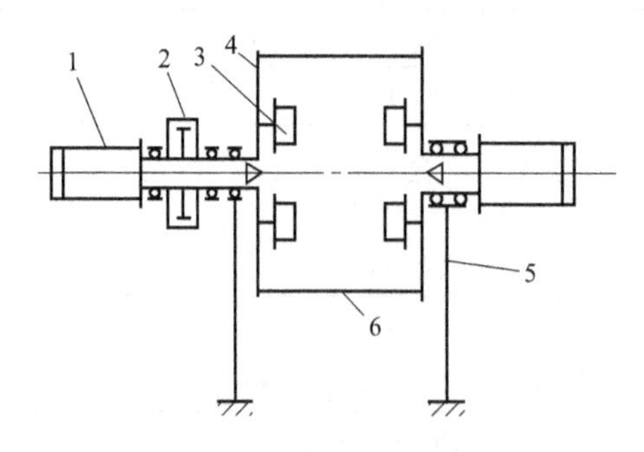

图 2-50 翻箱机原理示意图

1—定位销油缸；2—驱动机构；3—边辊道；4—翻转架；5—支架；6—拉杆

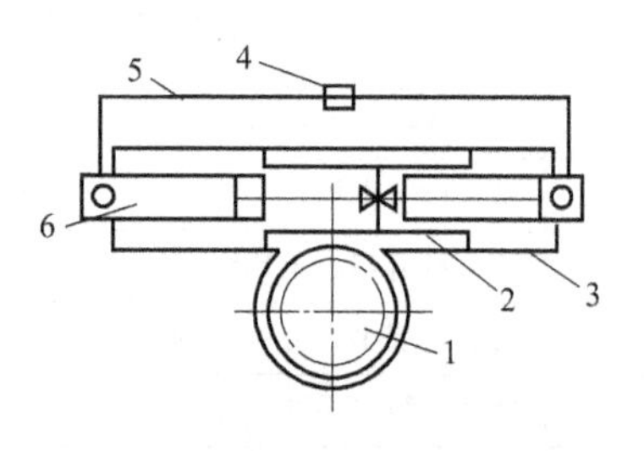

图 2-51 驱动机构原理示意图

1—齿轮；2—齿条活塞；3—汽缸体；4—节流阀；5—油管；6—缓冲油缸

这种气动液缓冲结构，动作迅速平稳、结构紧凑、控制简单。此外，对中翻转时，转动惯量小、动作平稳可靠。该翻箱机也可用于具有高度差的双辊道翻转机上。

② 合箱机 合箱机的作用是将造好的上型与下芯后的下型合箱起来以便浇注。为了保证铸件尺寸精度的要求（不错箱），合箱精度必须充分保证。由于生产线上的铸型输送机有脉动和连续两种形式，合箱机也分为静态合箱机和动态合箱机两类。

图 2-52 所示为典型的静态合箱机的结构示意图。它用于脉动式高压造型自动生产线上，合箱机直接在停止时的输送小车上进行合箱。即当升降缸 10 动作，使升降导杆 11 上升，其上四个带叉杆 7 的液压推杆 8 同步伸出，托起上型，于是上箱伸缩边辊 5 退出，升降缸 10 下落使上型与输送小车上的下型箱进行合箱。在这种情况下合箱，要保证砂箱在小车上的定位，以及小车与合箱机之间的定位准确。这样就能保证分别处于上箱与下箱的合箱销与销孔

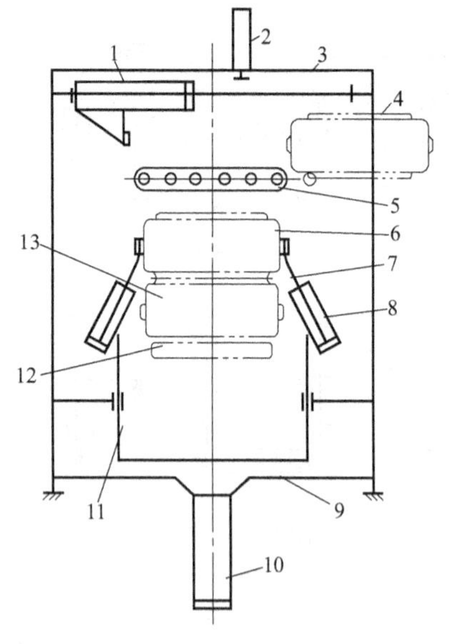

图 2-52 合箱机

1—接箱缓冲油缸；2—压箱缸；3—上支架；4,6—上型箱；5—伸缩边辊；7—叉杆；8—液压推杆；9—下支架；10—升降（油）缸；11—升降导杆；12—铸型输送机；13—下型箱

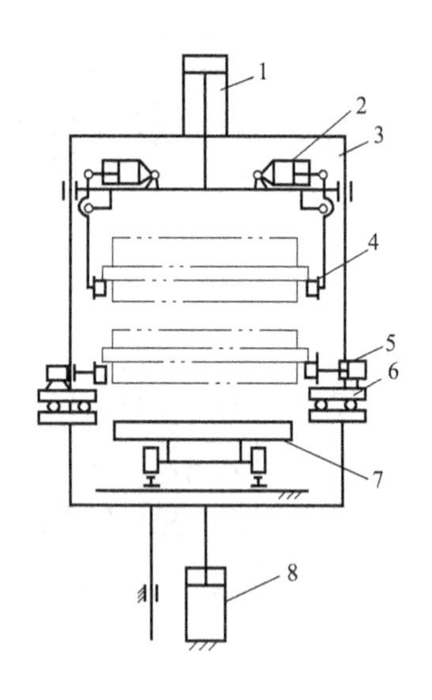

图 2-53 合落箱机

1—合箱汽缸；2—上箱机械手汽缸；3—四立柱；4—上箱边辊；5—下箱气动边辊；6—浮动机构；7—输送机小车；8—落箱汽缸

对准，从而保证合箱的精度。

这种合箱机也可以作落箱机用。如将下型先落到小车上就可用这种机构完成，所不同的只是它们安装的高度略有差别。同理该合箱机也可以在上、下箱进箱处作分箱机或进箱升箱机用。这就充分说明了生产线设计与布置的形式对辅助结构形式的影响，尤其是脉动式生产线对简化辅机种类并实现设备通用化都十分有利。

图 2-53 所示为用于普通铸造生产线上的合落箱机。由于铸型输送机是连续运动，因此合箱在小车上方的固定合箱辊道上进行。合箱机上的边辊与合箱辊道平齐，上型箱进入上箱边辊 4 后下落，依靠合箱销（在图上的纵向方向上）插入下箱定位销孔定位而进行合箱。为了合箱销对位顺利，下箱气动边辊 5 下有钢球支撑的浮动机构 6。当合好箱后，机械手 2 一边张开一边上升，直至回复原位。合好的砂箱由汽缸 8 带着下降，落到输送机小车 7 上，然后将边辊 5 退开、上升、还原。这种合箱机使合箱和落箱一并完成，故结构紧凑，占地位置小，在非自动生产线上使用比较合适。

③ 落箱机　落箱机的作用是将下型箱或合好的上、下型箱落到铸型输送机上，它的结构原理比较简单，可分上抓式和下托式两种，分别与合落箱机的上部和下部类似。升降机结构是由气压油缸或油缸驱动的，机械手基本上都由可动边辊组成。

④ 压铁机　压铁机的主要作用是对浇注前的铸型加压铁，当铸件凝固后取压铁并输送压铁。随着造型生产线的发展，压铁机也有很多形式。常用的有两种：一种是机械化或半自动化压铁机，定位及缓冲控制不太严格；另一种是自动压铁机，定位准确、缓冲良好。

图 2-54 所示是半自动化的顶杆式压铁机。加压铁机（见图 2-54 的左部）的工作过程是：顶杆 3 升起，举起压铁 11 离开边辊 8，然后下撞块 5 托起连杆机构 6，使边辊 8 翻开，接着升降缸 1 的活塞杆带动已托住压铁的顶杆下降，将压铁放到铸型上。继而上撞块 5 将连杆机构 6 压下，使边辊合拢还原。汽缸 12 推动挡压铁杠杆 13 的作用是防止压铁干扰，即通过 13 的动作只允许一块压铁进入工位。

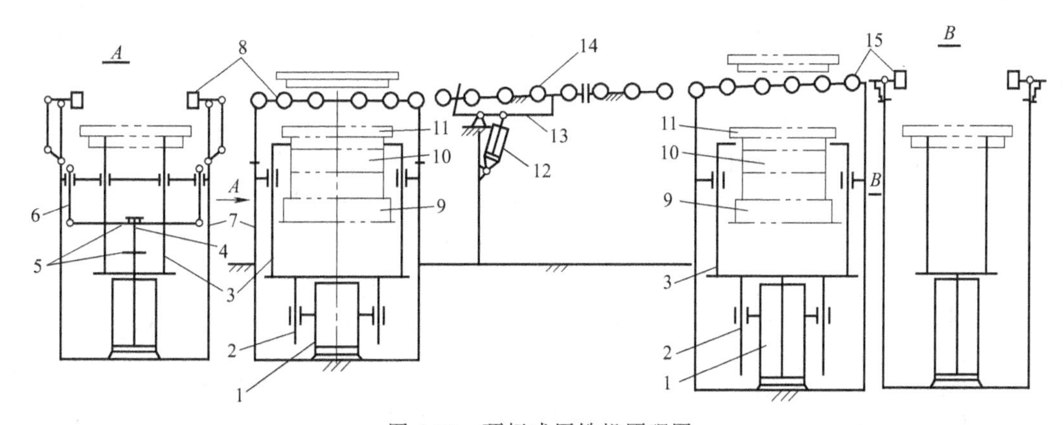

图 2-54　顶杆式压铁机原理图

1—升降缸；2—导向杆；3—顶杆；4—开合杆；5—上，下撞块；6—连杆机构；7—机架；8,15—张合辊道；9—铸型输送机；10—砂箱；11—压铁；12—汽缸；13—挡压铁杠杆；14—压铁输送辊道

取压铁机（见图 2-54 的右部）的工作过程为：升降缸升起顶杆 3，举起砂箱上的压铁，由压铁撞开边辊 15，并越过边辊，然后边辊靠弹簧复位立即还原合拢，待升降缸带动顶杆下降时，压铁落在边辊上，并沿有一定斜度的辊道 14 滑向放压铁机。

这种压铁机结构简单，动作平稳可靠，节省空间。但占有地坑，不便维修。

图 2-55 所示为抓取式压铁机结构示意，它实质上是一个可以平移、升降的机械手。该压铁机的输送辊道 12 呈 1°30′的斜度，便于压铁下滑而自动输送。但由此而导致辊道两端存在高度差，使取、放压铁机的升降行程不同。取压铁行程大，机械手的张合与升降必须分别由两个汽缸来完成；而放压铁行程小，只要一个汽缸即可完成张合与升降工作。

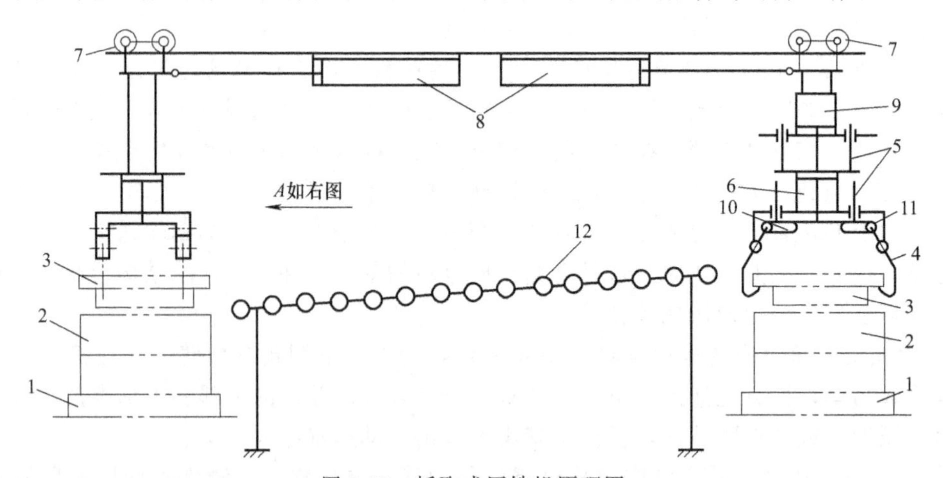

图 2-55 抓取式压铁机原理图

1—铸型输送机；2—砂箱；3—压铁；4—机械手；5—导杆；6—张合缸；7—走轮；8—平移（汽）缸；9—升降缸；10—导槽；11—小滚轮；12—压铁输送辊道

取压铁机的工作过程是：当铸型输送机的小车载着铸型及压铁到位时，取压铁机械手张合缸 6 的活塞上升，使机械手 4 抓起压铁。接着升降缸 9 动作，升起压铁机械手。右平移缸 8 带动机械手左移，碰走辊道上原来的压铁。到位后张合缸 6 下降，机械手张开，压铁落在辊道上。最后右平移缸 8 使机械手右移回到原位。

放压铁机的工作过程是：当铸型到位时，张合缸 6 的活塞下降，使机械手 4 张开，压铁便放到铸型上。此后左平移缸 8 带动机械手右移，张合缸 6 的活塞上升使机械手再抓起一块压铁，左平移缸 8 带动机械手左移到位，等待下一铸型到来。

由于抓取式压铁机架空安装在地面上，故该设备维修和清理方便，但其稳定性和刚度稍差，只适于小件生产线上使用。

⑤ 分箱机　分箱机的作用是将上、下砂箱分开，以便分别回送到造型机上使用。

一种常用的举升式分箱机的结构示意如图 2-56 所示。落砂后的上、下空砂箱进入分箱机的工作台 2 后，双级汽缸 1 将砂箱升起，分箱辊道 4 和 3 被顶开，待双级汽缸返回下降时，将砂箱分别落到分箱辊道 3 和 4 上，通过相连的上、下回箱辊道分送出去。该结构用于中、小机械化造型线上。其缺点是冲击和磨损较大。

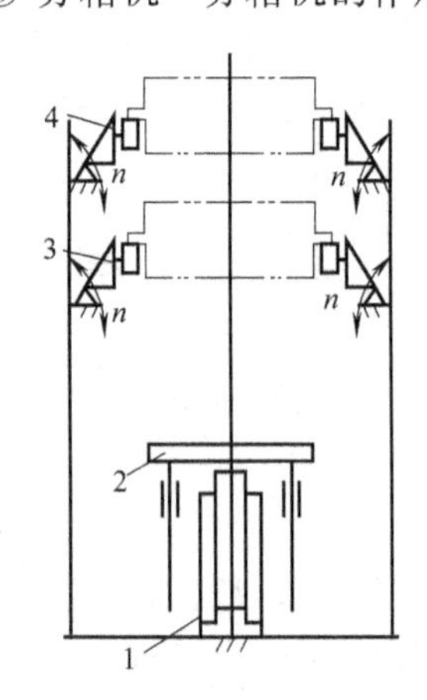

图 2-56 举升式分箱机

1—双级汽缸；2—工作台；3,4—分箱辊道

(3) 造型生产线举例

① 有箱射压造型线　图 2-57 是一条带自动下芯的射压造型生产线，采用连续式铸型输送机，用于大批大量生产，自动化程度高，生产率可达 200～240 型/h。

这条造型线的特点之一是把制芯也包括在生产线之内，而且下芯工作是自动进行的。生产线的各个机构都

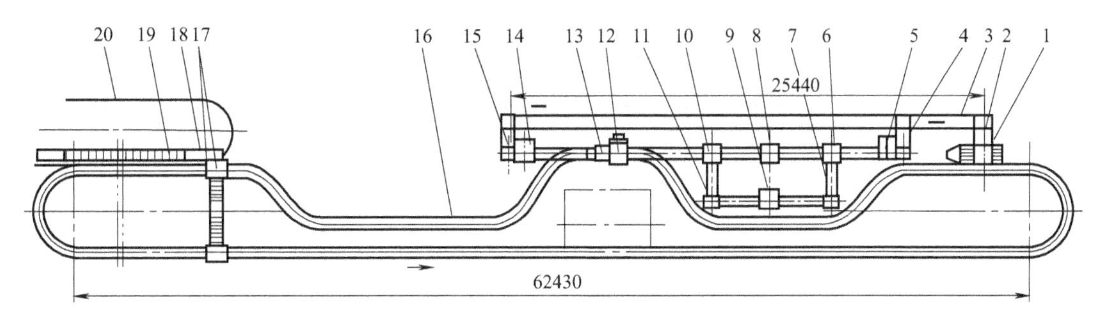

图 2-57　带自动下芯的有箱射压造型生产线

1—捅型机；2—分型机；3—回箱辊道；4,15—转向机；5—下型射压造型机；
6—合芯机；7—芯盒换向机；8—自动下芯翻转机；9—黏土砂射芯机；
10—开芯盒机；11—空芯盒翻转机；12—合型机；13—落箱机；
14—上型射压造型机；16—铸型输送机；17—加压铁机；
18—卸压铁机；19—浇注同步平台；20—浇注单轨

用无触点的电控制系统进行集中控制。

② 多触头高压造型线　图 2-58 是一条线内并联式多触头高压造型线，砂箱内尺寸为 1100mm×750mm×400/300mm，主要产品为汽缸盖、离合器壳、变速箱等。生产率最高可达 240 型/h。线上采用脉动式铸型输送机，配置一对二工位多触头高压造型机，分别造两种上下型。

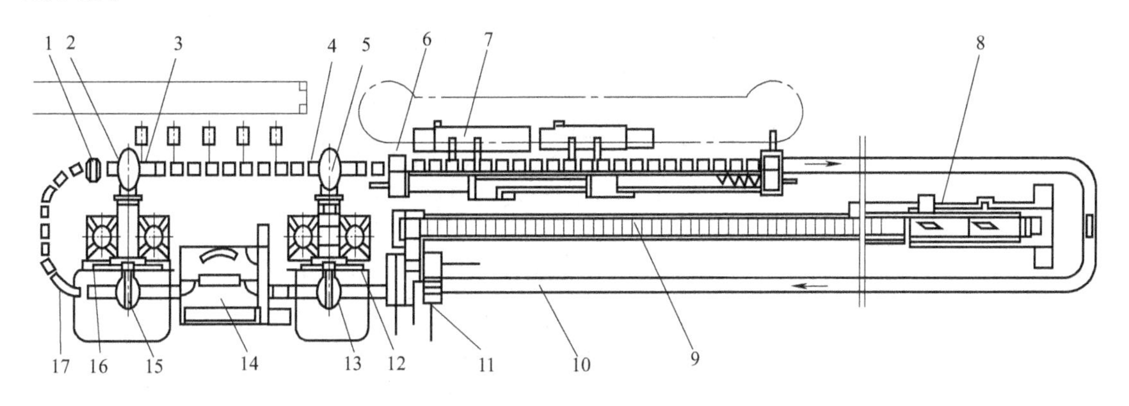

图 2-58　采用一对二工位主机的多触头高压造型生产线

1—小车台面清扫机；2—落箱机；3,4—翻箱机；5—合型机；6—加卸压铁机；
7—半自动浇注装置；8—振动落砂机；9—链板输送机；10—冷却罩；
11—铸型顶出装置；12,16—二工位多触头高压造型机；
13,15—换向机；14—控制室；17—脉动式铸型输送机

③ 气冲造型生产线　图 2-59 所示为气冲造型自动生产线，砂箱为 1250mm×900mm×350/350mm，生产率为 110～160 型/时。该线可以自动更换模板，适于多品种生产。

生产线为开放式布置，所用间歇式铸型输送机可以是小车或输送机，也可以是辊道式输送机。驱动形式，可为驱动小车、气动、液动柱杆或机动边辊等。

④ 转盘式亨特造型生产线　HMP-10 型转盘式亨特造型生产线如图 2-60 所示。其主机（HMP-10 型自动脱箱造型机）如图 2-61 所示，它由底板库 5、下箱翻转架 19、翻转油缸 20、推进油缸 21、加砂装置、压实机构、升降辊道 24、机架 17、气液压及控制系统等

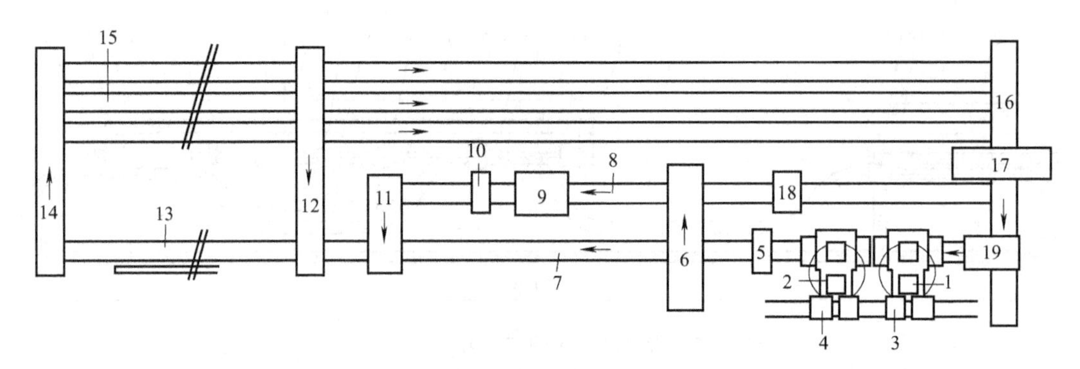

图 2-59　气冲造型自动生产线

1,2—造型机；3,4—往复式上、下模板小车；5—翻箱机；6—上型转运装置；7—下芯段；8—上型铸型段；9—钻通气孔装置；10—上型翻转机；11—合型机；12—压铁机；13—浇注段；14—转运装置；15—冷却输送机；16—转运装置；17—带机械手的振动落砂机；18—小车清扫机；19—砂箱清理机

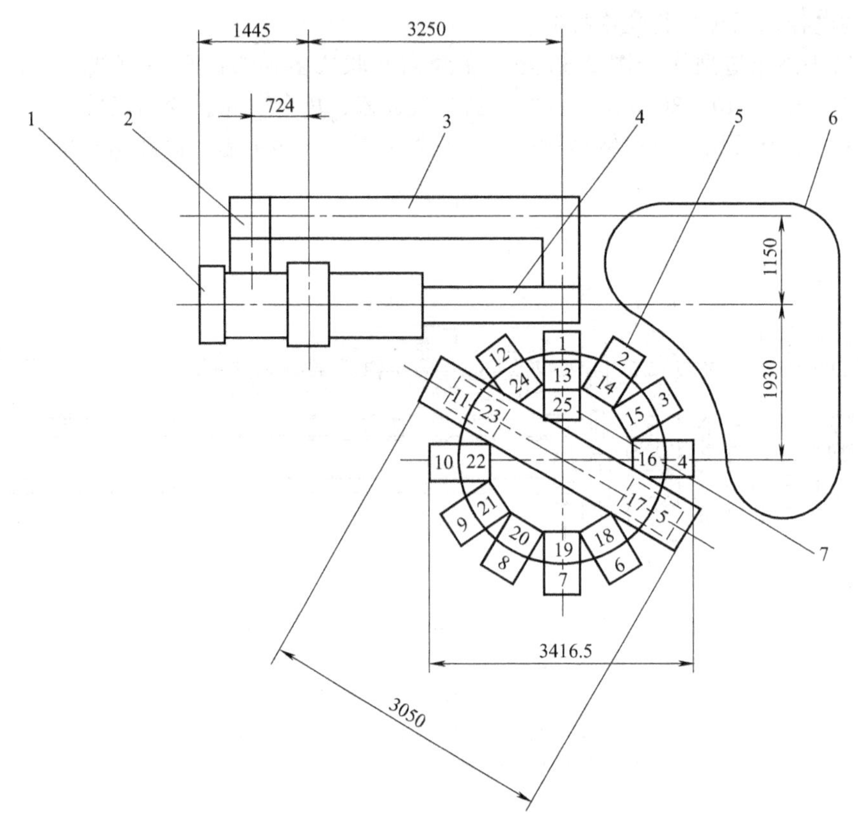

图 2-60　HMP-10 型转盘式亨特造型生产线

1—HMP-10 造型机；2—底板升降缸；3—底板回送装置；4—辊道输送机；5—转盘式浇注台；6—浇注轨道；7—落砂坑

组成。

该造型机有两个工位，下箱翻转工位和压实工位。在下箱翻转工位上将下箱 22 加砂、送入底板、夹紧并翻转 180°。在压实工位上，当下箱推入后，工作台升起，进行上箱加砂，上、下箱一起压实，上、下箱起模，退模板，下芯，合箱和脱箱等工作。待下一次推入下箱

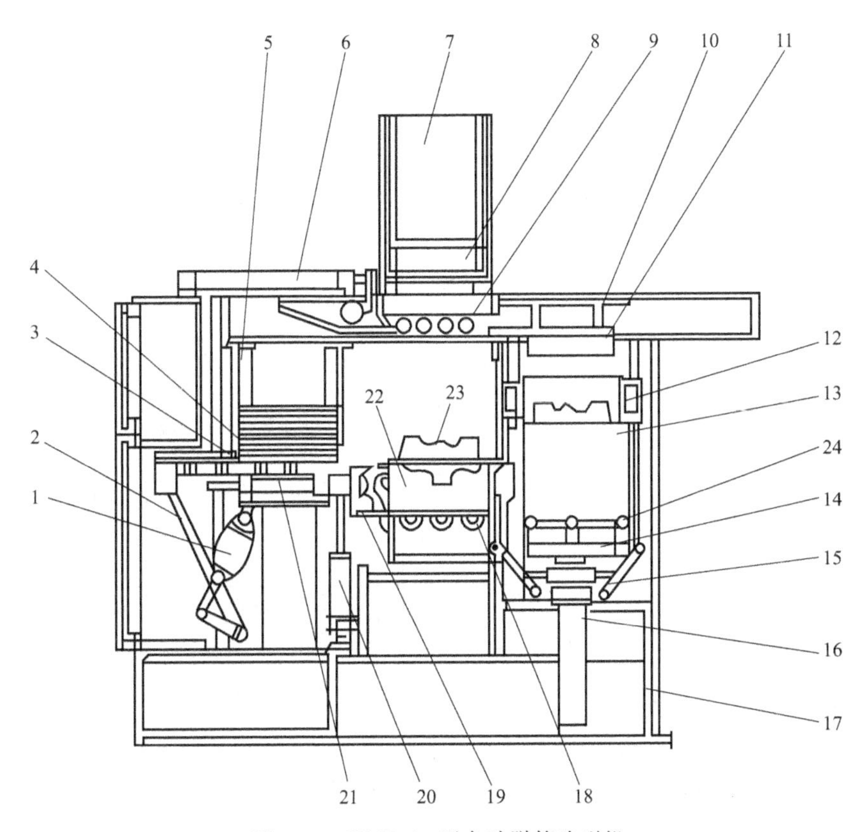

图 2-61　HMP-10 型自动脱箱造型机

1—底板推进缸；2—底板推进连杆；3—底板辊道；4—底板夹紧器；5—底板库；6—油缸；7—砂斗；8—定量斗；9—松砂器；10—小车；11—压头；12—上箱；13—挡块；14—工作台；15—定位杆；16—压实油缸；17—机架；18—底板夹紧辊道；19—翻转架；20—翻转油缸；21—下箱推进油缸；22—下箱；23—模板；24—升降辊道

时，铸型被推出上线，整个循环有 16 道工序，生产率约为 120 型/h。

该造型线呈典型的转盘式布置。在造型机上脱箱后的铸型，带着砂型底板通过辊道输送机 4 被送到转盘浇注台 5 的 1 位附近，再由转台上的气动推进器将铸型推至 1 位，并加上套箱压铁。同时，砂型底板在 1 位被挡回后，经底板回送装置 3 送还底板库回用。铸型在 2 至 4 位浇注，以后进入冷却工段。当它回转一圈再到 1 位时，取下套箱和压铁，同时被新入 1 位的铸型推至内圈 13 位上继续冷却。当它再转一圈后就被推到 25 位而进入地坑，经溜槽送至落砂机上落砂。如铸型较大时，还可经鳞板输送机进一步冷却后再行落砂。

该生产线除具有水平分型脱箱造型的一般特点外，还有下列特点：

a. 采用重力加砂，砂斗中还设有松砂器，保证型砂松散和均匀充填；

b. 紧实以压实为主，砂箱侧面的振动器起辅助紧实的作用；

c. 单机组线呈转盘布置，结构紧凑，占地面积小。但由于造型工序多，故生产率不高(约 120 型/h)，而且该生产线需要砂型底板及套箱，比较麻烦，只适用于小件的自动生产。

(4) 造型生产线的监控　下面以静压造型机组成的自动化造型生产线为例，介绍其主要的自动监测/检测参数，如表 2-4 所示。

表 2-4　造型线运行状态的自动检测

工序		检测内容	测定位置	测定目的	测定方法		重要性	实现性	数据处理		
									显示	保存	打印
造型前	每回	CB值,水分	加砂前	产品缺陷时的原因分析	自动	型砂性能测试仪	○	△	○	○	○
		型砂加入量	加砂前	防止过度加砂及砂不足	自动	砂重量测定仪	○	○	○	○	○
		脱模剂喷涂时间	脱模剂喷涂装置	喷涂量简易测定	自动	PC内部的计数器	△	○	○	○	△
		模型温度	模型	防止粘砂	自动	热电偶红外线测温仪	○	△	○	○	○
造型时		模型面传递压力	模型	型腔面的紧实力	自动	高灵敏度土压传感器	○	—	○	○	○
		气流升压时间、升压速度	贮气罐 造型室	监视铸型紧实力	自动	高响应压力传感器	○	○	○	○	○
		气流压力、压力波形	贮气罐 造型室	监视铸型紧实力	自动	高响应压力传感器	○	○	○	○	○
		压实力	压实液压缸	监视铸型紧实力	自动	压力传感器 压力变换器	○	○	○	○	○
		压实行程	压实油缸	监视砂型高度和CB值相关	自动	带编码的油缸 非接触式长度测定仪	○	△	△	△	△
		压实时间	压实油缸	监测压实油缸的动作时间	自动	PC内部的计数器	△	○	○	○	△
		造型机的循环时间	造型机	监测机器的整个运行时间	自动	PC内部的计数器	○	○	○	○	○
扎气孔	每型	刀具脱落、磨损监视	扎气孔机	防止气孔缺陷	自动	激光长度测定仪	○	△	△	△	—
铣浇口		铣刀磨损确认	铣浇口机	防止流动缺陷	自动	激光长度测定仪	○	△	△	△	—
铸型移动		砂箱/铸型的变形	浇注前	防止铸型浇注不良	自动	激光长度测定仪 激光透视识别传感器	○	△	△	○	—
合型	每次	是否错箱	合箱机	防止铸型浇注不良	自动	激光长度测定仪 激光透视识别传感器	○	△	△	△	—
台车移动		定位精度	台车	防止台车偏移	自动	激光长度测定仪	○	△	△	△	—
压铁		下降速度	取放压铁机	防止损坏铸型	自动	PC内部的计数器	△	△	△	△	—
浇注	每型	浇注重量 浇注温度 抬箱/漏箱	自动浇注机	防止浇注缺陷	自动	荷重传感器 热电偶 光电开关	○	○	○	○	○
冷却	每型	冷却时间	控制装置	确保生产效率 防止铸件变形	自动	PC内部的计数器	○	△	△	△	—

注：重要性、实现性栏中“○”表示高；“△”表示中；“—”表示低。
数据处理栏中“○”表示必要；“△”表示部分采用；“—”表示几乎不用。

2.4　制芯设备

制芯设备的结构形式与芯砂黏结剂及制芯工艺密切相关，常用的制芯设备有热芯盒射芯机、冷芯盒射芯机、壳芯机三类。

2.4.1 热芯盒射芯机

图 2-62 为 ZZ8612 热芯盒射芯机的结构示意图，主要由供砂装置、射砂机构工作台及夹紧机构、立柱机座、加热板及控制系统组成，依次完成加砂、芯盒夹紧、射砂、加热硬化、取芯等工序。

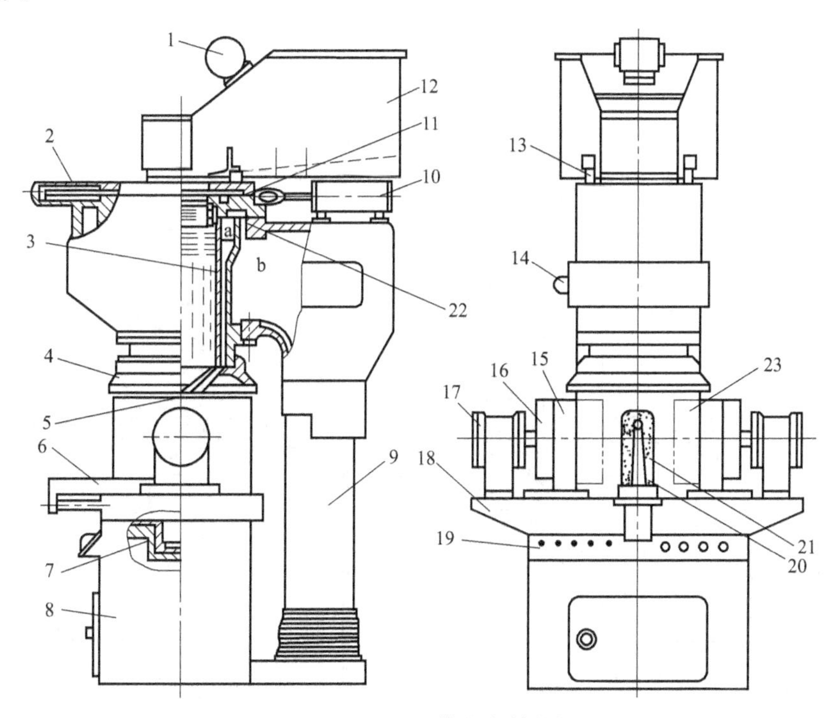

图 2-62　ZZ8612 热芯盒射芯机

1—振动电动机；2—闸板；3—射砂筒；4—射砂头；5—排气塞；6—气动托板；7—工作台及其升降汽缸；8—底座；9—立柱；10—闸板汽缸；11—闸板密封圈；12—砂斗；13—减振器；14—排气阀；15—加热板；16—夹紧器；17—夹紧汽缸；18—工作台；19—开关控制器；20—取芯杆；21—砂芯；22—环形薄膜阀；23—芯盒

① 加砂　当振动电动机 1 工作时，砂斗振动向射砂筒 3 加砂；振动电机停止工作时，加砂完毕。

② 芯盒夹紧　夹紧汽缸 17 推动夹紧器 16 完成芯盒的合闭，升降汽缸 7 驱动工作台上升完成芯盒的夹紧。

③ 射砂　加砂完毕后，闸板伸出关闭加砂口，闸板密封圈 11 的下部进气使之贴合闸板以保证射腔的密封。射砂时，薄膜阀 22 上部排气，压缩空气由 b 室进入助射腔 a，再通过射砂筒 3 上的缝隙进入射砂筒，完成射砂工作。

射砂完毕后，射砂阀关闭（22 上方充气），快速排气阀 14 打开排除射砂筒内的余气。

④ 加热硬化　加热板 15 通电加热，砂芯受热硬化。

⑤ 开盒取芯　加热延时后，升降汽缸 7 下降，夹紧汽缸 17 打开，取芯。

2.4.2 冷芯盒射芯机

(1) 冷芯盒射芯原理　冷芯盒射芯是指采用气体硬化砂芯，即射芯后，通以气体（如：

三乙胺、SO_2 或 CO_2 等气体)，使砂芯硬化。与热芯盒及壳芯相比，冷芯盒射芯不用加热，降低了能耗，改善了工作条件。

目前已有各种类型的冷芯盒机。冷芯盒射芯机的结构与热芯盒射芯机的结构相似。冷芯盒射芯机也可以在原有热芯盒射芯机上改装而成，只需增设一个吹气装置取代原有的加热装置。吹气装置主要是吹气板和供气系统。

射砂工序完成后，将射头移开，并将芯盒与通气板压紧，通入硬化气体，硬化砂芯。砂芯硬化后，再通过通气板通入空气，使空气穿过已硬化的砂芯，将残留在砂芯中的硬化气体(三乙胺，SO_2 等）冲洗除去。

(2) 冷芯盒射芯机结构　图 2-63 所示为 2.5kg 的冷芯盒射芯机，它由加砂斗 7、射砂机构 5、吹气机构 10、立柱 12、底座 1、硬化气体供气和管道系统等部件组成。

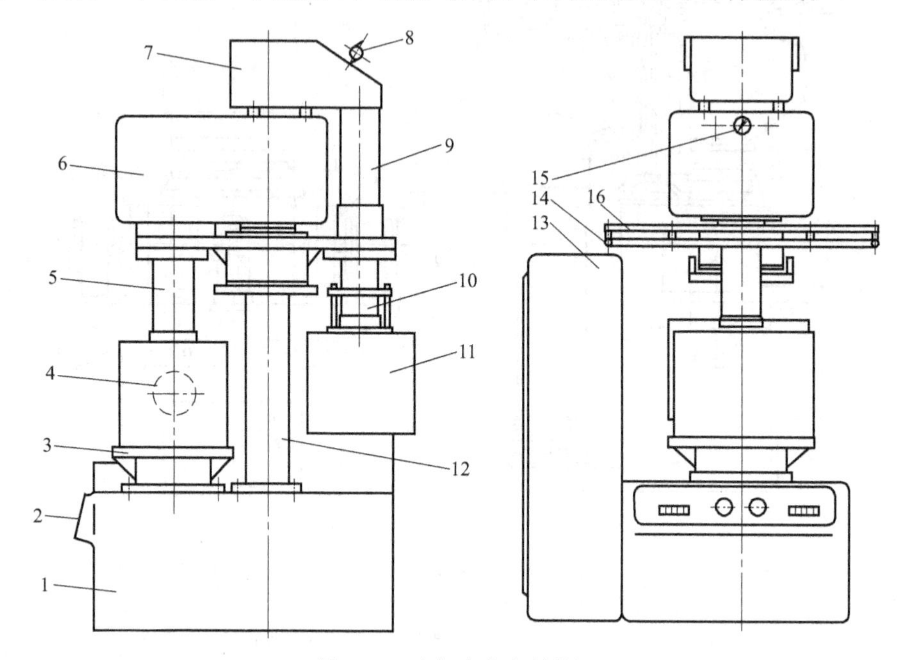

图 2-63　吹气冷芯盒射芯机

1—底座；2—控制板；3—工作台；4—抽风管；5—射砂机构；6—横梁；7—加砂斗；
8—振动电动机；9—加砂筒；10—吹气机构；11—抽气罩；12—立柱；
13—供气柜；14—旋转手轮；15—压力表；16—转盘

工作时，将置于工作台上的芯盒顶升夹紧，射砂后工作台下降；由手轮 14 将转盘 16 转动 180°，射砂机构可在砂斗下补充加砂；带抽气罩 11 的吹气机构 10，转至工作台上方，工作台再次上升夹紧芯盒，进行吹气硬化砂芯，经反应净化后，工作台再次下降，完成一次工作循环。

为了防止硬化气体的腐蚀作用，管道阀门系统均采取了相应的防护措施；同时为了避免硬化气体泄漏对环境的污染，还应有尾气净化装置。

2.4.3　壳芯机

(1) 壳芯机的工作原理　壳芯机基本上是利用吹砂原理制成的，其过程如图 2-64 所示，依次经过芯盒合拢、翻转吹砂加热结壳、回转倒出余砂硬化、芯盒分开取芯等工序。

壳芯是相对于实体芯而言的中空壳体芯。它以强度较高的酚醛树脂为黏结剂的覆膜砂、经加热硬化而制成。用壳芯所生产的铸件，由于砂粒细，故铸件表面光洁，尺寸精度高，芯

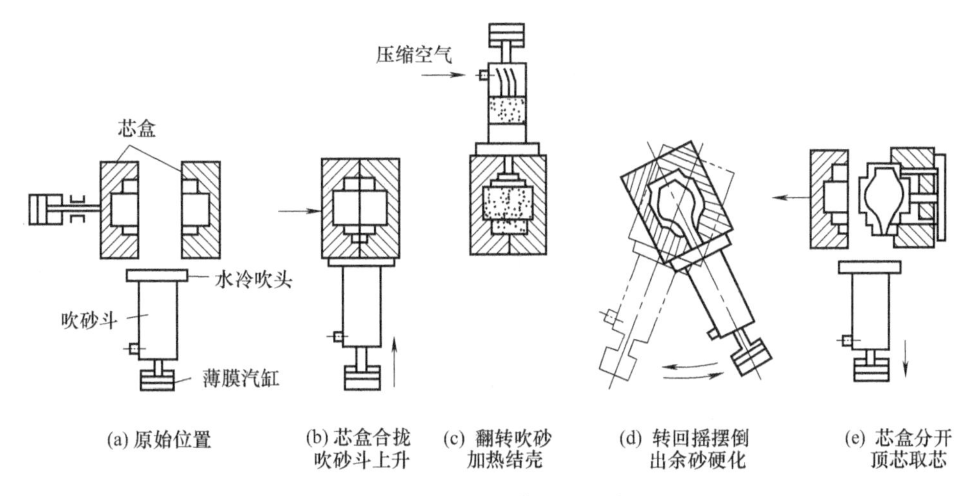

图 2-64　壳芯机工作原理示意图

砂用量少，降低了材料消耗；加之砂芯中空，增加了型芯的透气性和溃散性。所以壳芯在大型芯制造上得到广泛应用。

（2）K87 型壳芯机　K87 型壳芯机（如图 2-65 所示）为广泛使用的壳芯机，它由加砂装置、吹砂装置、芯盒开闭机构、翻转机构、顶芯机构和机架等组成。

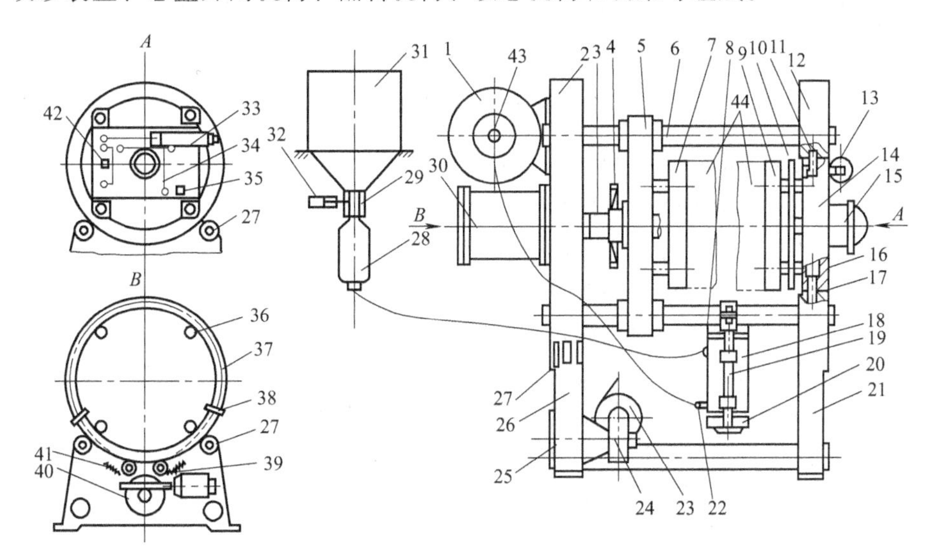

图 2-65　K87 型壳芯机结构原理图

1—贮气包；2—后转环；3—调节丝杆；4—手轮；5—滑架；6,36—导杆；7—后加热板；8—加砂阀；9—前加热板；10—顶芯板；11—门转轴；12—前转环；13,33—摆动汽缸；14—门；15—顶芯汽缸；16—门锁紧汽缸；17—门锁销；18—吹砂斗；19—导杆；20—薄膜汽缸；21—前支架；22—接头；23—制动电动机；24—蜗轮蜗杆减速器；25—离合器；26—后支架；27—托辊；28—送砂包；29—橡胶闸阀；30—合芯汽缸；31—大砂斗；32—闸阀汽缸；34—顶芯同步杆；35—挡块；37—链条；38—挡块；39—导轮；40—链轮；41—保险装置；42—机控连锁阀；43—吹砂阀；44—芯盒

① 开闭芯盒及取芯装置　两个半芯盒分别装在门 14 和滑架 5 之上的加热板 9 和 7 的上面。当门 14 关闭时，由汽缸 16 驱使门锁销 17 插入销孔中，从而使右半芯盒相对固定。左半芯盒由汽缸 30 驱动滑架 5 在导杆 6 上移动，执行芯盒的开闭动作，动作迅速可靠。滑架

的原始位置可根据芯盒厚度的不同，转动手轮 4 并通过丝杆 3 进行调整。

取芯时，由气动滑架先拉开左半芯盒，这时芯子应在右半芯盒上（由芯盒设计保证）。再使汽缸 16 动作拔出门锁销 17，随即摆动汽缸 33 动作将门打开。然后启动顶芯汽缸 15 通过同步杆 34 使顶芯板 10 平行移动，从而使顶芯板上的顶芯杆顶出砂芯。

② 供砂及吸砂装置　由于覆膜砂是干态的，流动性好，因此，采用了压缩空气压送的供砂装置，送砂包 28 上部进口处装有气动橡胶闸阀 29，下部出口与吹砂斗 18 上的加砂阀 8 相连。加砂阀是由一个橡皮球构成的单向阀，送砂时球被冲开，吹砂时又由吹气气压关闭，这种结构简单可靠。

吹砂时，吹砂斗 18 先由薄膜汽缸 20 顶起，使吹砂斗与芯盒 44 的吹嘴吻合。再由电动翻转机构翻转 180°，使吹砂斗转至芯盒的上部。然后打开吹砂阀 43，则压缩空气进入吹砂斗中将砂子吹入芯盒，剩余的压缩空气从斗上的排气阀排出。待结壳后，翻转机构反转 180°，使砂斗回到芯盒之下，进行倒砂，并使芯盒摆动以利于倒净余砂。最后翻转机构停止摆动，薄膜汽缸 20 排气使砂斗下降复原，吹砂斗上部还设有水冷却吹砂板，以防余砂受热硬化堵塞吹砂口。

③ 翻转及其传动装置　芯盒翻转主要是指电动机经过蜗轮减速器 24 驱动链轮链条带动前后转环 2 和 12，在托辊 27 上滚动 180°。芯盒的摆动（摆动角约 45°）是通过行程开关控制电动机正反转而实现的。为了防止过载，在链轮两侧设有扭矩限制离合器 25。当载荷过大时，摩擦片打滑，链轮停转。挡块 38 和保险装置 41 是在转动时分别起缓冲和保险作用的。

思考题及习题

1. 概述黏土砂紧实的特点及其工艺要求。
2. 型砂紧实度有哪几种测定方法？
3. 概述型砂的紧实常用方法及其特点。
4. 比较射砂、气冲、静压等型（芯）砂紧实方法的工作原理、特点和应用区别。
5. 比较弹簧微震机械与气垫微震机构的特点及区别。
6. 概述多触压头的优点及其应用。为什么高压造型机常采用多触压头？
7. 比较射芯机、壳芯机在机器结构、工作原理上的区别。
8. 简述射压造型机的基本形式及结构特点，它与射芯机有哪些异同？
9. 脱箱造型与无箱造型有何区别？对造型线的结构及其布置有何影响？
10. 简述造型线辅机的种类及其作用。

第3章　树脂砂与水玻璃砂造型设备及自动化

3.1　树脂砂、水玻璃砂紧实的特点及振动紧实台

3.1.1　树脂砂、水玻璃砂紧实的特点

树脂砂通常是由原砂、合成树脂黏结剂、固化剂等按一定的比例混合组成，混好的型（芯）砂经振动紧实和一定工艺条件、时间后，固化成铸型和砂芯。

水玻璃砂主要由原砂及水玻璃黏结剂按一定的比例混合组成。根据硬化方式的不同，水玻璃砂主要有CO_2硬化水玻璃砂、有机脂硬化水玻璃砂。CO_2硬化水玻璃砂是紧实后，往砂型（芯）通入CO_2气体而硬化；有机脂硬化水玻璃砂的混合及紧实过程与树脂砂完全相同，其中的有机脂是水玻璃砂的固化剂。

与黏土砂相比，树脂砂和水玻璃砂的流动性好，易于紧实；加之它们硬化后的强度更高，不需要非常高的紧实度。因此，树脂砂和水玻璃砂的紧实方法较为简单，普通的振动紧实加手工刮平即可满足树脂砂和水玻璃砂造型紧实的要求。所以用于水玻璃砂和树脂砂紧实的设备很简单，通常是振动紧实台。

3.1.2　振动紧实台

除了前面所述的气动振动台可用于树脂砂和水玻璃砂的造型紧实外，常用的树脂砂和水玻璃砂振动紧实台如图3-1所示。它利用两台振动电机激振，振动频率为47～50Hz，振幅约0.4～0.8mm，采用空气弹簧缓冲，也可以采用金属丝弹簧缓冲。

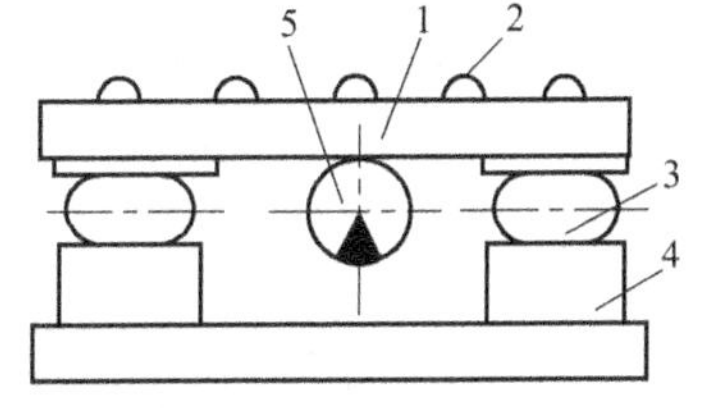

图3-1　振动紧实台

1—振实台；2—辊道；3—空气弹簧；4—底座；5—振动电动机

在如图3-1所示的振动紧实台中，充气时台面升起承接砂箱进行震实工作。造好型后，空气弹簧排气，栅床台面下降，辊道突出并承托砂箱，便于推出。这种振动台结构简单、操作方便、动力消耗小。并能调节充气压力，以改变空气弹簧的刚度，从而适应因砂箱大小引起的载荷变化。

在许多采用水玻璃砂生产的单位，为了获得一定的湿强度，常在水玻璃砂中加入一定量的黏土，形成黏土水玻璃砂。此时，可根据黏土的加入量，使用与黏土砂紧实类似的紧实方法。还有一些工厂采用射砂紧实的方式实施树脂砂及水玻璃砂的紧实造型制芯，可采用与制芯设备相同的紧实设备。

3.2　自硬树脂砂和自硬水玻璃砂生产线

自硬型（芯）树脂砂和水玻璃砂生产系统组成较为简单，基本上由混砂机、振动台、辊道输送机等组成，必要时配备翻转起模机和合箱机，形成自硬型（芯）生产线。小型（芯）制作采用球形混砂机；中大件型（芯）采用连续式混砂机。

图3-2是呋喃树脂自硬砂造型生产线。呋喃树脂砂由球形高速混砂机2混制后，经回转

皮带给料机 3 送至造型升降台的砂箱内造型。砂箱填满后与模板一起推至辊道 5 上进行硬化，硬化以后用吊车将砂箱起模吊走至合箱浇注处进行下芯与合箱。模板经电动平车 6 转运到辊道 7，进行清理，并用吊车将空砂箱放上，再送至驱动辊道 8 和电动平车 9 上，运至造型升降台处造型。该线的特点是设备结构简单，而且数量少。它用于生产 5t 以下的铸铁件。

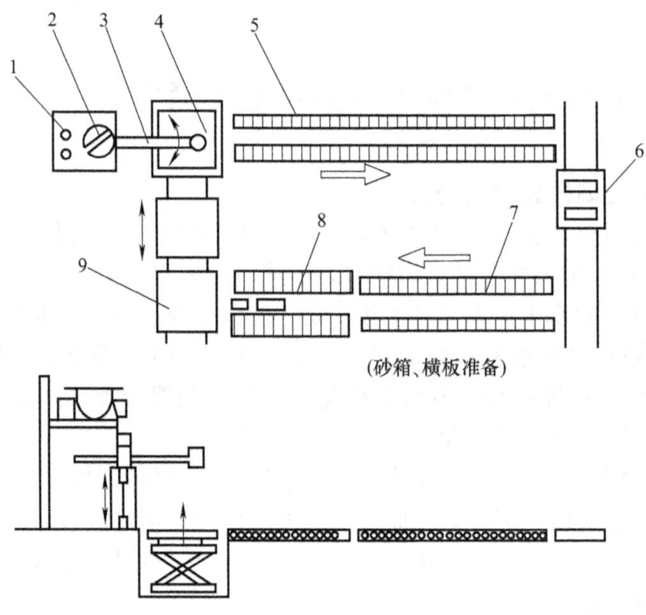

图 3-2　呋喃树脂自硬砂造型生产线

1—树脂砂固化剂容器；2—球形高速混砂机；3—回转皮带给料机；
4—升降工作台；5,7—辊道；6,9—电动平车；8—驱动辊道

图 3-3 是一种酯硬化水玻璃自硬砂的生产线（自硬树脂砂生产线类似）。它适合于批量生产，中大型生产规模。以连续混砂机为主体，配备起模翻转机、振实台，并配以机动或手动辊道等设施，组成机械化程度较高的生产线。

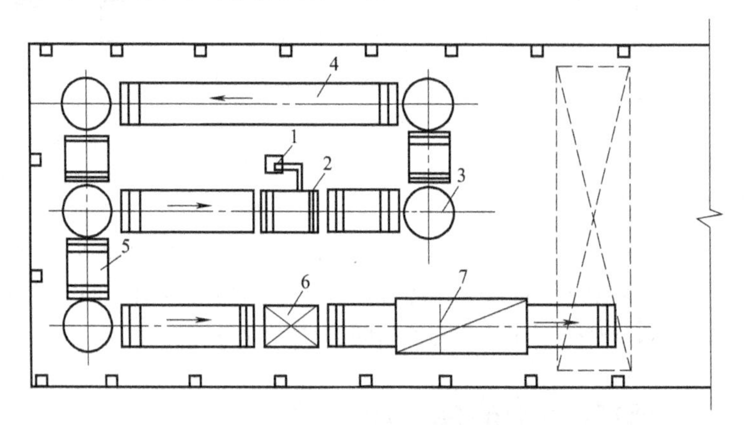

图 3-3　酯硬化水玻璃自硬砂的生产线平面布置图

1—混砂机；2—振实台；3—转台；4—辊道；
5—翻箱机；6—涂料机；7—烘炉

酯硬化水玻璃砂被称为第三代水玻璃砂，它与自硬树脂砂的工艺过程基本相同。它具有自硬树脂砂的性能和水玻璃砂的成本。其水玻璃加入量由 CO_2 硬化工艺的 6%～8%降至

3%～4%，落砂性能大大改善，是非常具有应用前景的新一代水玻璃砂工艺，尤其适于铸钢件的生产。酯硬化水玻璃砂工艺推广应用的关键是其旧砂再生回用问题的满意解决。

图 3-4 为年产 6000t 的自硬树脂砂生产线的平面布置图。整个布置中的基本工艺流程为旧砂再生及砂处理、造型（制芯）、浇注、冷却、落砂、清理。在砂的输送中，部分采用风力输送装置。经混砂机 20、23 混好的树脂砂直接加入振动台上的砂箱中振动紧实造型、硬化、起模。大件在地面下芯合箱、浇注，中、小件生产在由辊道输送机组成的开放式生产线上进行，并配有翻转式合箱机。芯砂用球形混砂机 27 混制成，制芯由辊道输送机组成制芯线完成。由于树脂砂溃散性好，所有铸件均在一起落砂（打箱），再由抛丸清理机进行清理。旧砂就分别送入再生系统再生回用。该生产线工艺流程合理，布置紧凑，生产效率高。

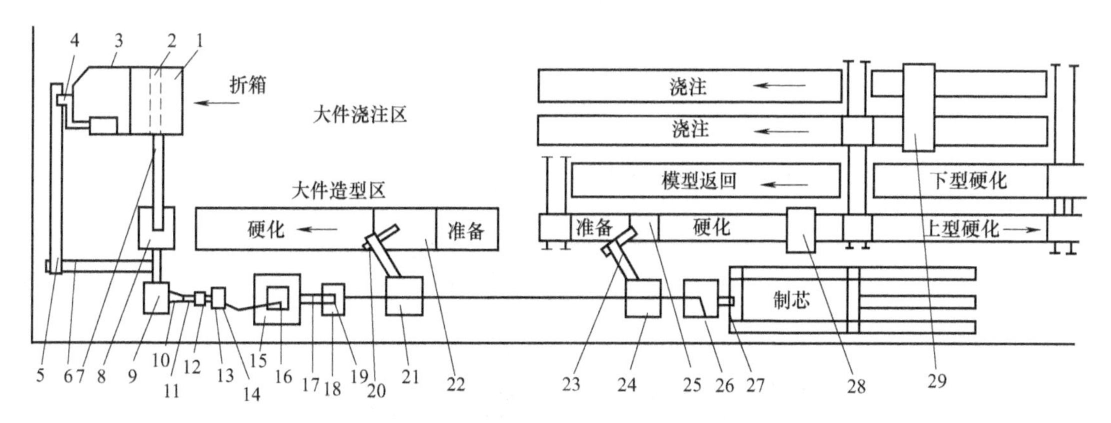

图 3-4　月产 500t 的树脂砂生产系统的平面布置图

1—落砂机；2,4—振动输送机；3—抛丸清理机；5,6,7—带式输送机；8—回收砂斗；9—旧砂破碎机；10—振动槽；11,17—斗式提升机；12—磁分离机；13—装料斗；14—再生机；15—再生砂斗；16—微粉分离器；18—砂温调节器；19—气力输送机；20,23,27—混砂机；21,24,26—砂斗；22,25—振动台；28—翻转起模机；29—翻转合箱机

总体来看，自硬树脂砂和自硬水玻璃砂的生产线布置相对简单，造型线上的设备较少，该类工厂或车间的主要设备在旧砂处理及回用再生工部，详见本书的第 4 章节介绍。

3.3　CO_2 硬化水玻璃砂生产线

3.3.1　普通 CO_2 水玻璃砂生产线

CO_2 吹气硬化的水玻璃砂通常是采用手工造型或振击式造型机造型和制芯。型芯的搬运方式小件用手工搬运，大件用行车吊运。混砂机大多采用辗轮式混砂机，根据产品种类、生产规模、场地大小等实际情况决定生产设备和工装的选用。图 3-5 为国内常见的 CO_2 水玻璃砂平面布置图。

国外的 CO_2 工艺使用简单的生产线，常用连续式混砂机组成机械化生产线。图 3-6 是由 St. Pancas 工程有限公司设计的 CO_2 吹气水玻璃砂铸造生产线，它由两条造型线组成：一条直线型和一条曲线型。两条造型线共用一台连续式混砂机（出砂量 74kg/min）。直线型造型线主要用于重量超过 100kg 的型芯，曲线型造型线主要用于批量较大的型芯。该生产线的特点是一个半循环系统，芯盒和砂箱在斜坡辊道上靠重力推进。该生产线结构简洁、效率高、易于操作。

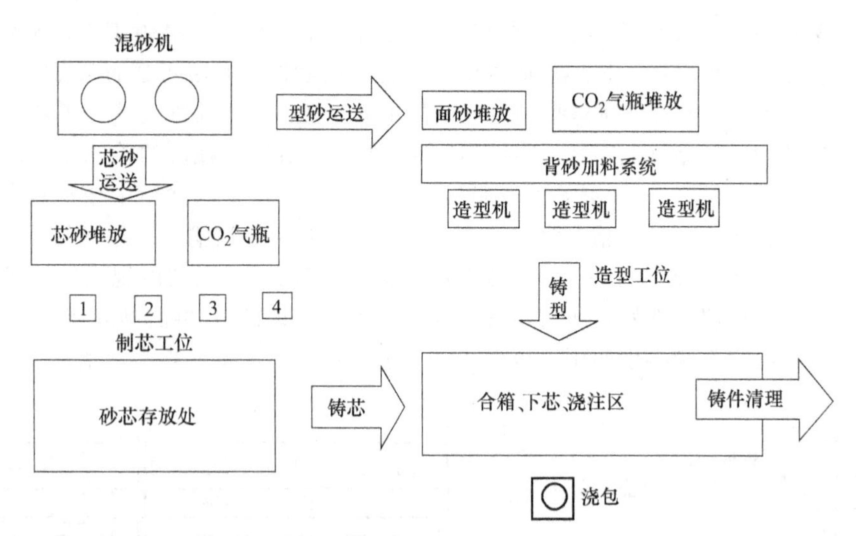

图 3-5　CO_2 水玻璃砂常用工序平面布置示意图

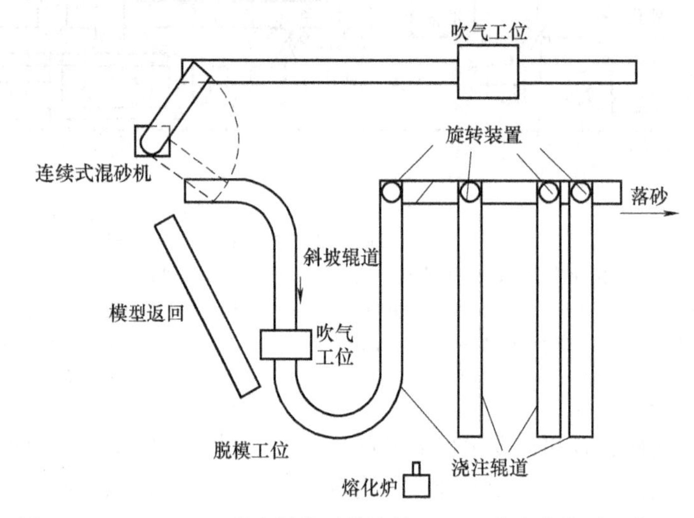

图 3-6　St. Pancas 工程有限公司设计的 CO_2 工艺生产线平面布置图

3.3.2　VRH-CO_2 水玻璃砂生产线

VRH-CO_2 水玻璃砂又称真空 CO_2 水玻璃砂，它是在水玻璃砂紧实后、CO_2 硬化前，对砂型芯进行抽真空，以减少 CO_2 气体进入的压力、提高 CO_2 的硬化效率。其中的 VRH-CO_2 真空硬化装置是 VRH-CO_2 硬化法的核心设备。其工作原理是：当砂型（芯）进入真空室后，抽到一定的真空度后砂型（芯）在负压状态下，通入 CO_2 气充填到砂粒间隙中并均匀扩散，使砂型得到硬化。故真空硬化装置中，抽真空系统和通入 CO_2 气体装置是该设备的主要组成单元。

图 3-7 为一小型真空硬化装置结构简图。真空硬化装置由硬化室、真空系统、硬化气（CO_2）贮罐、电控系统四部分组成。真空硬化室一般做成可升降的箱柜，升降方式有汽缸提升式和机械提升式两种。对于大型铸型，也可做成通过式，真空室开门，铸型通过辊道进入，再关门密闭。更简单的还有砂箱式（以铸造砂箱作为真空室）和定量式（把具有气密性的塑料薄膜罩在铸型上抽真空）。铸型进出硬化室通常在手动或机动辊道上进行。真空系统包括真空泵、过滤器、真空管路和冷却水系统，真空泵通常采用油压式、往复式或水环式。

表 3-1 为 VRH-CO_2 真空硬化装置的主要技术规格。硬化室的尺寸可根据用户要求确定。

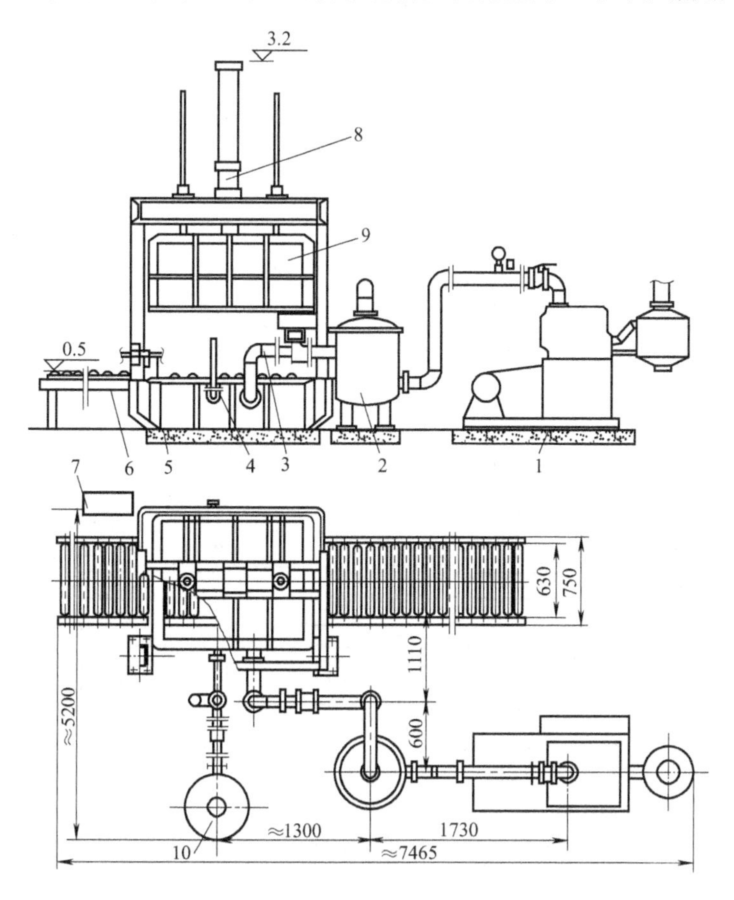

图 3-7　小型真空硬化装置结构简图

1—真空泵；2—过滤器；3—真空管路系统；4—CO_2 管路系统；5—压缩空气管路系统；6—非机动辊道；7—电控箱；8—提升机构；9—真空室；10—CO_2 气罐

表 3-1　VRH-CO_2 真空硬化装置主要技术规格

型　　号	ZZ-1	ZZ-1.5	ZZ-2	ZZ-3	ZZ-5	ZZ-7.5	ZZ-10
真空室容积/m^3	1	1.5	2	3	5	7.5	10
真空室基本尺寸/m×m×m(长×宽×高)	1.3×1.1×0.7	1.6×1.2×0.8	1.8×1.4×0.8	2.0×1.8×0.85	2.5×2.2×0.9	3.0×2.5×1.0	3.2×2.8×1.1
生产周期/min	5	5	5	6	8	10	15
空载时最大真空度/kPa	2～3						
功率/kW	7.5	13	13	22	37	55	74
压缩空气耗量/(m^3/h)	2	4	8	10			
冷却水流量/(m^3/h)	2.5	3	4	5	6	7	9
设备重量/t	2.5	3	3.5	5.5	10	16	24
生产厂家	机械部一院、保定铸机、北京市机电院、齐河铸机						

真空硬化装置的工作程序如下：

真空室升起 $\xrightarrow{\text{铸型运入}}$ 真空室落下密闭 $\xrightarrow{\text{真空阀打开}}$ 抽真空（≤3kPa 真空阀关闭）$\xrightarrow{CO_2\text{阀打开}}$ 充 CO_2 硬化气体（充气压力 2～3kPa，充气时间≤15s）⟶ 保压（20～40s）$\xrightarrow{\text{放气阀打开}}$ 解除真空 ⟶ 真空室上升 $\xrightarrow{\text{铸型运出}}$ 第二周期开始

VRH-CO_2 法多用于批量生产，一般将真空硬化装置布置在造型线中。图 3-8 为年产锰钢铸件 1500t 的 VRH-CO_2 法造型线实例。代表铸件毛重 1.25t，外形尺寸为 5922mm×480mm×176mm，采用两班制工作，设计生产率 4 型/h，上、下型分别在两条线上进行，真空硬化室尺寸为 9000mm×2000mm×900mm。造型线采用直线开放式布置，全线分 5 个工位，分别完成模板准备、加砂、紧实、真空硬化、起模等工作。翻箱、修型及上涂料在紧靠造型线的车间场地上进行。真空硬化室为贯通式结构，有效容积为 15m³。

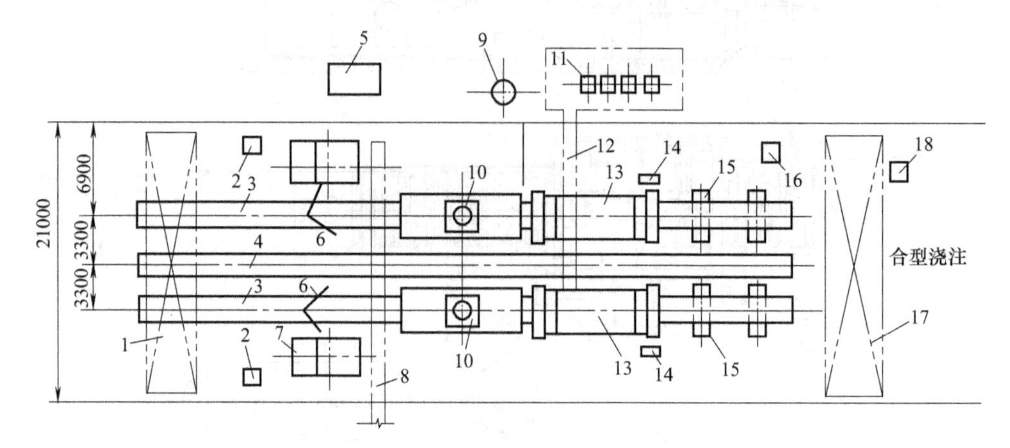

图 3-8 年产锰钢铸件 1500t 的 VRH-CO_2 法造型生产线平面图

1—桥式起重机；2—水玻璃罐；3—机动辊道；4—模板返回机动辊道；5—除尘器；6—连续式混砂机；7—保温砂斗；8—新、旧气力输送管道；9—CO_2 贮罐；10—砂型紧实机；11—真空泵；12—抽真空管道；13—真空硬化箱；14—总控制盘；15—起模机；16—液压站；17—桥式起重机（20t/5t）；18—翻箱机

思考题及习题

1. 简述水玻璃砂、树脂砂的造型紧实特点及其设备种类。

2. 概述树脂砂生产线的特点。为什么说旧砂再生回用是树脂砂生产线的关键？

3. 简述水玻璃砂的硬化方法种类。在真空 CO_2 吹气硬化水玻璃砂工艺中，抽真空的目的是什么？

第4章　造型材料处理及旧砂再生设备

4.1　造型材料处理及旧砂再生设备概述

造型材料种类繁多，不同的型砂种类，其组成各不相同，处理方式、工艺过程、处理装备等均不相同。各种型砂通常都由原砂、黏结剂、辅加物等组成，其原材料常需经烘干、过筛、输送等过程进入生产设备单元，其旧砂常需要回用或再生处理。因此，造型材料处理设备包括原材料处理和旧砂再生回用处理两大部分，主要设备有烘干过筛设备、旧砂的回用（或再生）处理装备、混砂装备、搬运及辅助装备等。旧砂回用装备的主要功能是去除旧砂中的金属屑、杂质灰尘、降温冷却及贮藏等；再生装备主要用于化学黏结剂砂（树脂砂和水玻璃砂等），其作用是去除包覆在砂粒表面的残留黏结剂膜；而混砂装备则是完成砂、黏结剂及附加物等的称量和混制，获得满足造型要求的高质量型砂。

不同的型砂种类处理方式大不相同，一个组成比较简单的黏土旧砂处理系统如图4-1所示。

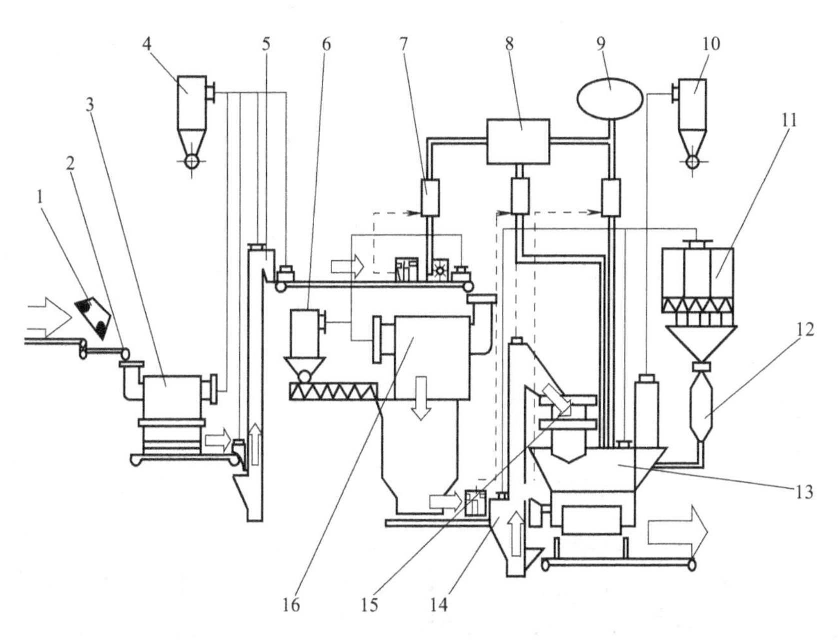

图4-1　黏土旧砂处理设备系统

1—磁选机；2—带式输送机；3—旋转式筛砂机；4,6,10—除尘器；5,14—斗式提升机；7—加水装置；8—水压稳定装置；9—水源；11—附加物贮料桶；12—气力输送机；13—混砂机；15—砂定量装置；16—旧砂冷却滚筒

现代铸造工厂或车间，自动化程度越来越高。因此，除砂处理本体设备外，检测与控制设备越来越多、越来越复杂。以黏土砂为例，砂处理回用系统自动控制的重点是旧砂冷却即旧砂温度的检测与控制。为了提高旧砂的冷却效率，国内外普遍采用增湿冷却方法。其原理

是将水加入到热的旧砂中，水吸热汽化带走砂的热量使砂温降低。因此在自动化的旧砂回用系统中须设置型砂温度传感器、水分传感器、加水装置、搅拌装置、除尘装置等。而型砂混制系统的自动化重点则是型砂性能的控制。其主要控制对象是以型砂紧实率为中心的型砂性能在线检测装置、水分检测装置、加水装置等。

4.2 新砂烘干设备

目前常用的新砂烘干设备有热气流烘干装置、三回程滚筒烘（干）炉、振动沸腾烘干装置。

4.2.1 热气流烘干装置

常用的热气流烘干装置如图 4-2 所示。由给料器 2 均匀送入喉管 4 的新砂与来自加热炉的热气流均匀混合。在输送管道 5 中，砂粒受热后其表面水分不断蒸发而烘干。烘干的砂粒从旋风分离器中分离出来，存于砂斗备用（图中未绘出）。从分离器 6 的顶部排出的含尘气流经旋风除尘器 7 和泡沫除尘器 8 两级除尘，再经风机 10 和带消声器 11 的排风管排至大气。由于风机装在尾端起抽吸作用，故该装置又称风力吸送装置。

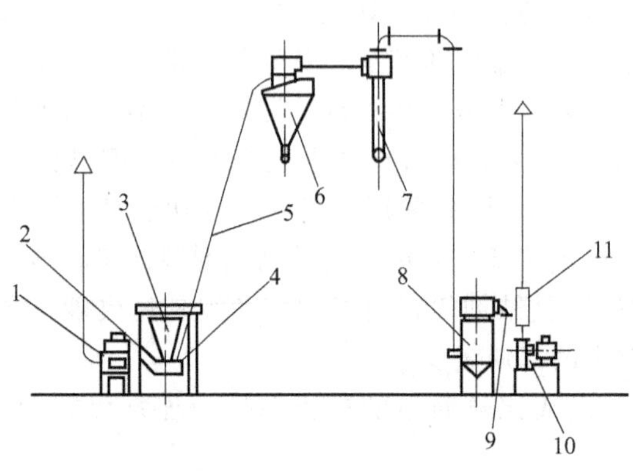

图 4-2　热气流烘干装置

1—加热炉；2—给料器；3—砂斗；4—喉管；5—输送管道；6—旋风分离器；7—旋风除尘器；8—泡沫除尘器；9—滤水装置；10—风机；11—消声器

4.2.2 三回程滚筒烘炉

三回程滚筒烘炉（如图 4-3 所示）主要由燃烧炉和烘干滚筒组成。它以煤或碎焦炭为燃料，由鼓风机将热气流吸入烘干滚筒，与湿砂充分接触，将其烘干。烘干滚筒由三个锥度为 1∶10 及 1∶8 的大小不同的滚筒套装组成，在内滚筒、中滚筒与外滚筒间，用轴向隔板组成许多小室。滚筒由四个托轮支撑，其中

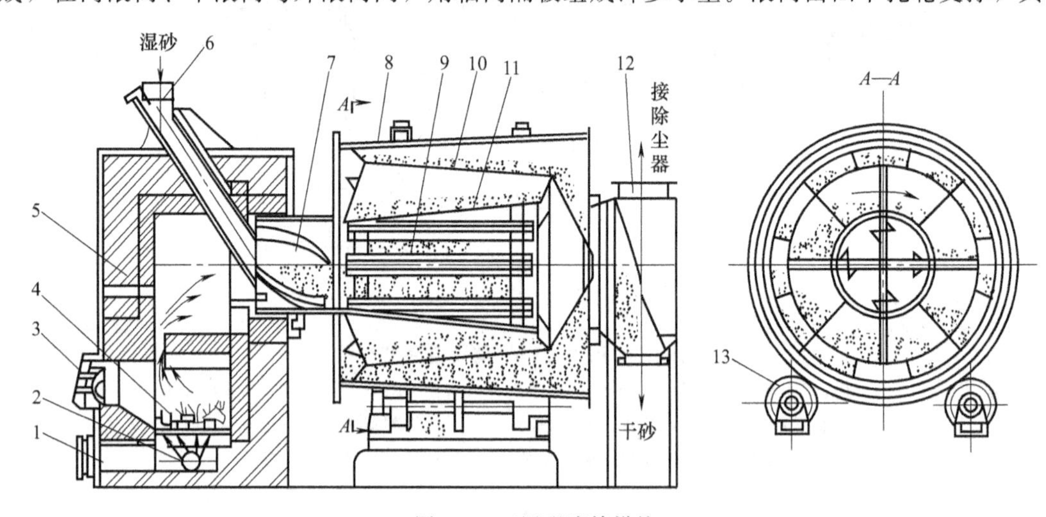

图 4-3　三回程滚筒烘炉

1—出灰门；2—进风口；3—操作门；4—炉箅；5—炉体；6—进砂管；7—导向筋片；8—外滚筒；9—举升板；10—中滚筒；11—内滚筒；12—漏斗；13—传动托轮

两个托轮是主动轮，靠摩擦传动使滚筒旋转。工作时，湿砂均匀地加入进砂管，由滚筒端部充的导向筋片将砂送入内滚筒中，举升板将其提升，然后靠自重下落，与热气流分接触，进行热交换。湿砂在举升、下落的同时，沿滚筒向其大端移动，然后落入中滚筒的各小室中，砂子在小室中反复翻动，与热气流继续接触，最后又落入外滚筒的各个小室中，继续进行烘干。烘干后的砂子由滚筒右端卸出。

在这种烘干装置中，砂子的烘干行程并不短，但由于滚筒是套装组成的，所以它占地面积小、结构紧凑、热能利用率高。

此外，还有一种振动沸腾烘干装置，它由振动输送机加热风系统组成。由于散热大、噪声大、使用受到限制，不作赘述。

4.3　黏土砂混砂机

黏土砂混砂机种类繁多，结构各异。按工作方式分，有间歇式和连续式两种；按混砂装置可分为辗轮式、转子式、摆轮式、叶片式、逆流式等。

混砂机对混制黏土砂的要求是：将各种成分混合均匀；使水分均匀湿润所有物料；使黏土膜均匀地包覆在砂粒表面；将混砂过程中产生的黏土团破碎，使型砂松散。

4.3.1　辗轮式混砂机

辗轮式混砂机如图 4-4 所示。它由辗压装置、传动系统、刮板、出砂门与机体等部分组成。

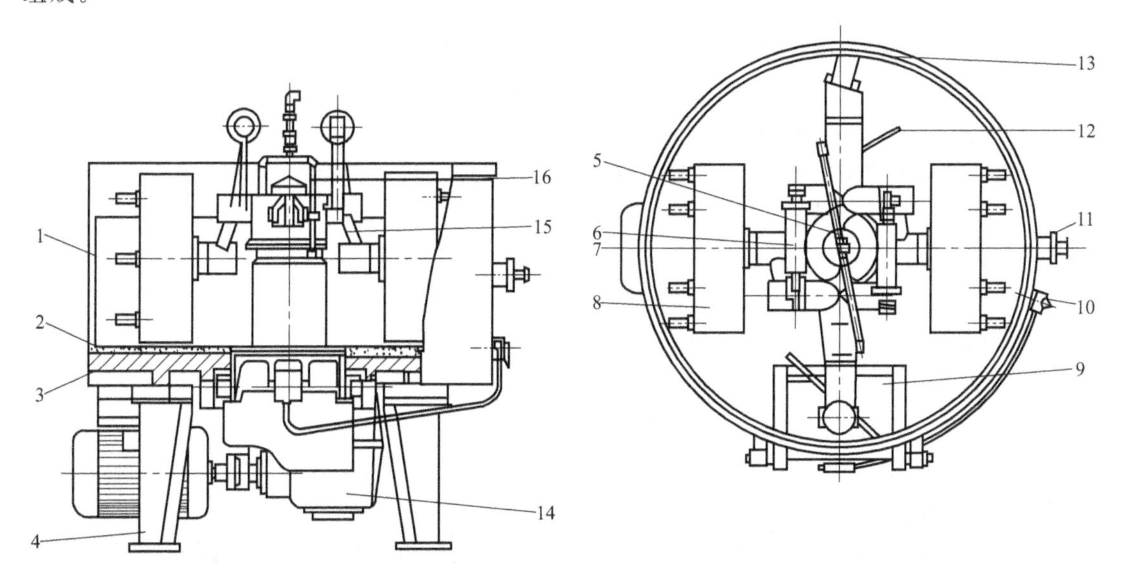

图 4-4　辗轮式混砂机结构图

1—围圈；2—辉绿岩铸石；3—底盘；4—支腿；5—十字头；6—弹簧加减压装置；7—辗轮；8—外刮板；9—卸砂门；10—气阀；11—取样器；12—内刮板；13—壁刮板；14—减速器；15—曲柄；16—加水装置

传动系统通过混砂机主轴以一定转速带动十字头旋转，辗轮和刮板就不断地辗压和松散型砂，达到混砂目的。

(1) 辗轮的运动分析及作用　设辗轮为均质刚体；辗轮轴线与混砂机的主轴轴线相交于 O 点（图 4-5）；辗轮半径为 r；辗轮宽度为 B；轮心 C 点绕主轴的回转半径为 R；过 C 点垂直辗轮的横对称面为无滑动的纯滚动面。

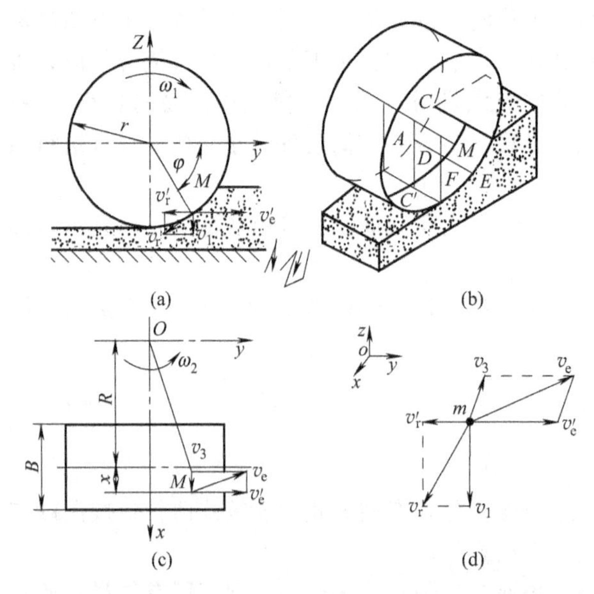

图 4-5 辗轮的运动分析

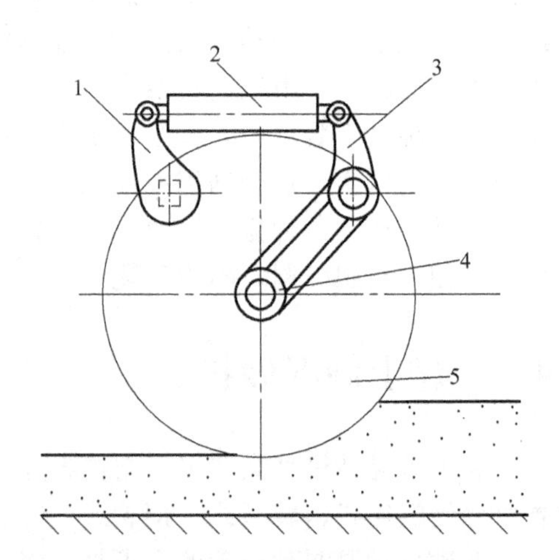

图 4-6 弹簧加减压装置安装图

1—支架；2—弹簧加减压装置；3—曲柄；4—辗轮轴；5—辗轮

① 以角速度 ω_2 绕混砂机主轴公转产生的牵连运动，其牵连速度为：

$$v_e=\omega_2 OM=\omega_2\sqrt{(R+x)^2+(r\cos\phi)^2} \tag{4-1}$$

② 以角速度 ω_1 绕辗轮轴自转所产生的相对运动，其相对速度为：

$$v_r=r\omega_1=R\omega_2 \tag{4-2}$$

③ 由于 v_e 在 x、y 轴上的投影为：v_3、v'_e；v_r 在 y、z 轴上的投影为 v'_r、v_1；所以 M 点［如图 4-5（b）所示，M 点是 DE 上任意一点，DE 是与型砂相接触的辗轮面上的任意一条索线］的速度可表示为：

垂直方向（z 轴）：$v_1=R\omega_2\cos\phi$

水平方向（y 轴）：$v_2=v'_e-v'_r=\omega_2[R(1-\sin\phi)+x]$

辗轮轴向（x 轴）：$v_3=\omega_2 r\cos\phi$

M 点的绝对速度为：$v_m=\sqrt{v_1^2+v_2^2+v_3^2}$

即，在辗轮上的任一点的速度，都是由三个分速度合成的。这三个分速度表示了辗轮的三种运动，从而形成了对型砂的三种作用：垂直方向的辗压作用，水平方向的搓研作用；辗轮轴向的拖抹作用。

（2）刮板的作用　刮板的作用是对型砂进行搅拌混合和松散作用。刮板的混砂作用在混砂初期较为明显；而在混砂的后期，刮板的作用以松散砂为主。刮板对混砂的作用不容忽视，因为没有刮板，辗轮就不能发挥作用，而且刮板使型砂愈松散，辗轮的碾压作用才愈显著。

（3）辗轮的弹簧加减压装置　为了强化辗轮混砂机的混砂过程，可提高主轴转速和增加碾压力（即辗轮的重量），使单位时间内辗压和松散型砂的次数增加。但这些措施是与辗轮的重量和尺寸相矛盾的，为解决这一问题，人们设计了辗轮弹簧加减压装置，它的安装情况如图 4-6、图 4-7 所示。支架固定在十字头上，而曲柄和支架上端铰接着弹簧加减压装置，在曲柄下端的辗轮轴上装着辗轮。

弹簧加减压装置如图 4-7 所示。其工作原理如下。

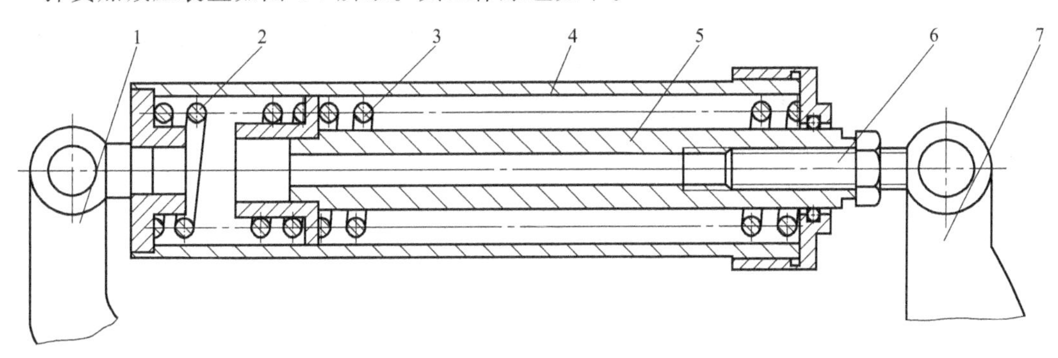

图 4-7　弹簧加减压装置

1—支架；2—减压弹簧；3—加压弹簧；4—套筒；5—拉杆活塞；6—调节螺栓；7—曲柄

空载时，辗轮自重使曲柄沿逆时针方向转动，拉杆活塞左移，压缩减压弹簧，直至辗轮自重与减压弹簧力平衡，辗压力等于零。

混砂时，辗轮在压实砂层时被抬高，曲柄顺时针方向转动，减压弹簧伸长，加压弹簧受到压缩，弹簧力经过曲柄和辗轮对砂层产生一附加载荷。

因此，弹簧加减压装置的优点如下。

① 在减轻辗轮自重的情况下，利用弹簧加减压装置保证一定的辗压力。因此可以适当增加辗轮宽度，扩大辗压面积；也可以提高主转速度，加快混砂过程。

② 辗压力随砂层厚度自动变化，加砂量多或型砂强度增加，则辗压力增加；加砂量少或在卸砂时，辗压力也随之降低。这不但符合混砂要求，而且可以减少功率消耗和刮板磨损。

4.3.2　辗轮转子式混砂机

在辗轮式混砂机的基础上，去掉一个辗轮，增加一个混砂转子，便发展成一种辗轮转子式混砂机，如图 4-8 所示。

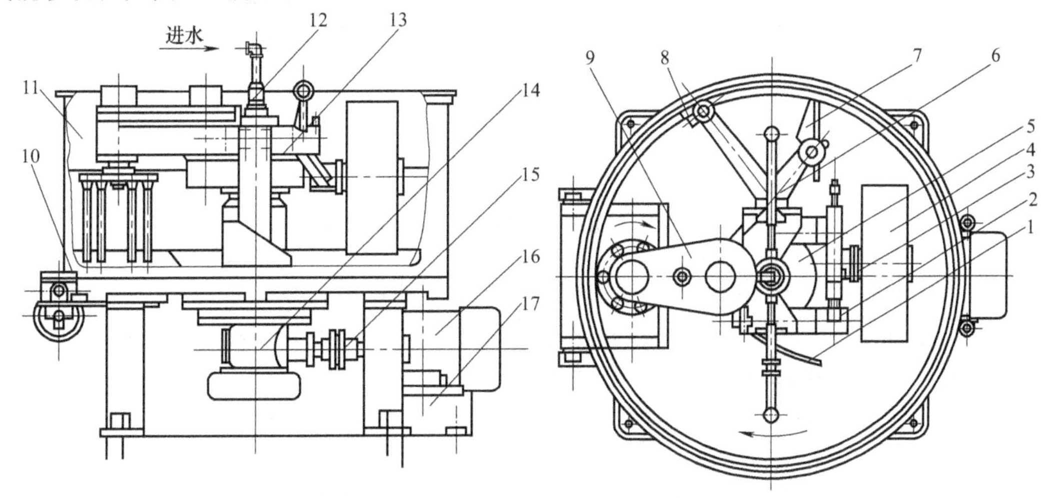

图 4-8　辗轮转子式混砂机

1—内刮板；2—曲臂；3—弹簧加压机构；4—辗轮；5—十字头；6—刮板臂；7—外刮板；8—壁刮板；9—混砂转子机构；10—卸砂门；11—机体；12—加水机构；13—混碾机构；14—减速器（摆线针轮）；15—弹性联轴器；16—电动机；17—电机座

这种混砂机的混砂装置由辗轮、混砂转子与刮板组成。内、外刮板将混合料喂送到辗轮底下，辗压后的型砂再被刮板翻起，正好进入转子运动的轨迹范围内，经转子的剧烈抛击，便将辗压成块的型砂打碎和松散，并使砂流强烈地对流混合和相互摩擦，从而达到最佳的混砂效果。辗轮转子混砂机兼有弹簧加压的辗轮式和转子式混砂机的各种优点，它是目前国内较完善并且较先进的高效混砂机。

4.3.3 转子式混砂机

转子式混砂机依据强烈搅拌原理设计，是一种高效、大容量的混砂装备。其主要混砂机构是高速旋转的混砂转子，转子上焊有多个叶片。根据底盘的转动方式有底盘固定式、底盘旋转式两类。如图 4-9 所示，当转子或底盘转动时，转子上的叶片迎着砂的流动方向，对型砂施以冲击力，使砂粒间彼此碰撞、混合，使黏土团破碎、分散；旋转的叶片同时对松散的砂层施以剪切力，使砂层间产生速度差、砂粒间相对运动，互相摩擦，将各种成分快速地混合均匀，在砂粒表面包覆上黏土膜。

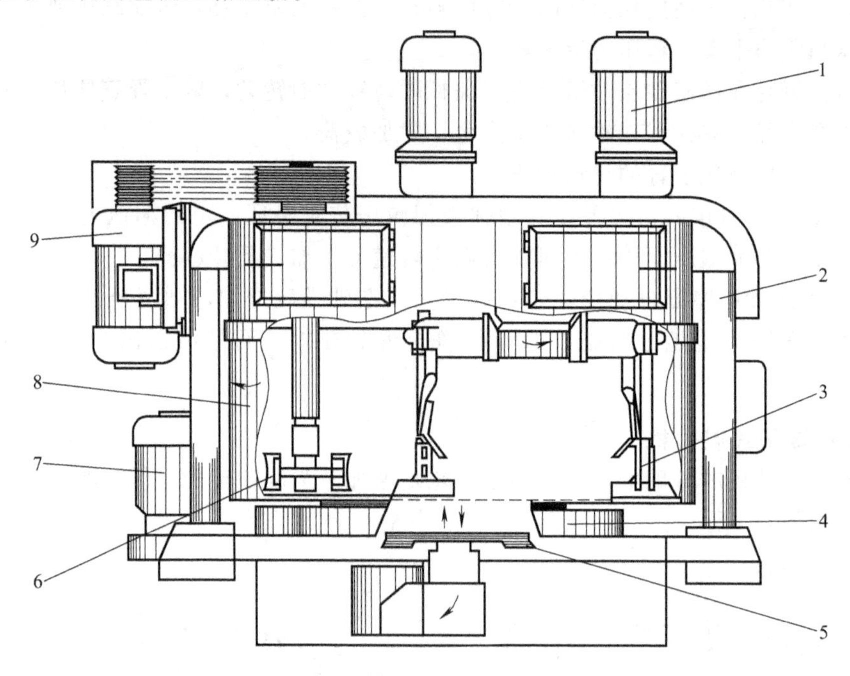

图 4-9　转子式混砂机示意图

1—刮板混砂器电动机；2—机架；3—刮板混砂器；4—大齿圈；5—卸砂门；6—混砂转子；7—底盘转动电动机；8—围圈；9—混砂转子电动机

与常用的辗轮式混砂机相比，转子式混砂机有如下特点。

① 辗轮混砂机的辗轮对物料施以辗压力，而转子混砂机的混砂器对物料施加冲击力、剪切力和离心力，使物料处于强烈的运动状态。

② 辗轮混砂机的辗轮不仅不能埋在料层中，而且要求辗轮前方的料层低一些，以免前进阻力太大。转子混砂工具可以完全埋在料层中工作，可将能量全部传给物料。

③ 辗轮混砂机主轴转速一般为 25～45r/min，因此两块垂直刮板每分钟只能将物料推起和松散 50～90 次，混合作用不够强烈。高速转子的转速为 600r/min 左右，使受到冲击的物料快速运动，混合速度快，混匀效果好。

④ 辗轮使物料始终处于压实和松散的交替过程，转子则使物料一直处于松散的运动状

态，这既有利于物料间穿插、碰撞和摩擦，也减轻混砂工具的运动阻力。

⑤ 转子混砂机生产效率高，生产量大。

⑥ 转子混砂机结构简单，维修方便。

国内研制开发的 S14 系列转子混砂机如图 4-10 所示。它的底盘 8 和围圈 5 是固定的，主电机 9 和减速器 10 均安装在底盘下面，驱动主轴套 11 旋转。主轴套的顶端装有流砂锥 3，侧面安装两层各 4 块均布的刮板，上层是短刮板 13，下层的长刮板 7 与底盘接触，长刮板外侧装有壁刮板。在围圈外侧上部的对称位置安装转子电动机，在转子轴上则安装 3 层均布叶片，下面两层是上抛叶片，上面一层是下压叶片。混砂时，长刮板铲起并推动物料在底盘上形成水平方向上的环流；而且由于离心力的作用，物料在环流的同时也从底盘中心向围

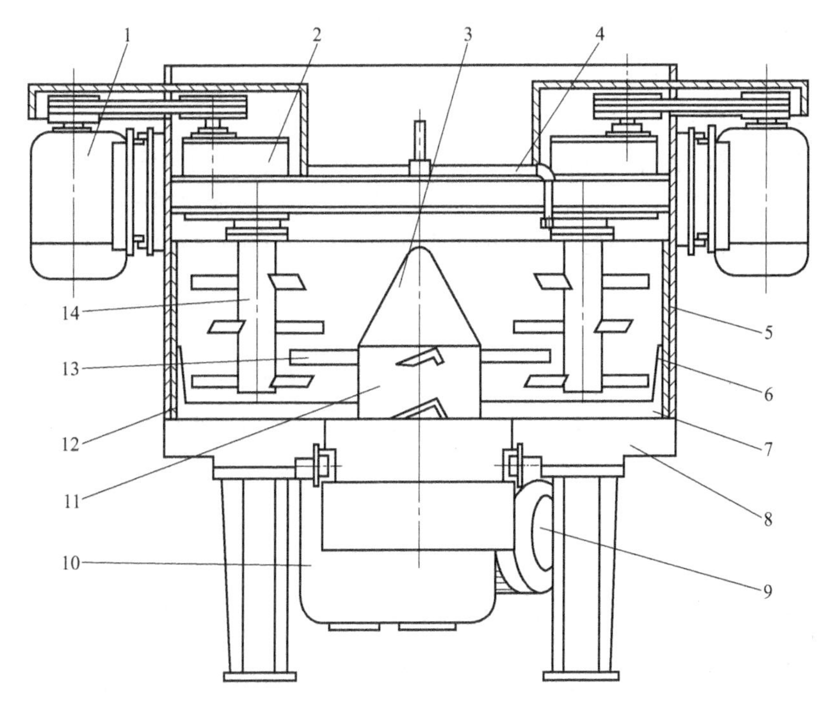

图 4-10　S14 系列转子混砂机

1—转子电动机；2—转子减速器；3—流砂锥；4—加水装置；5—围圈；6—壁刮板；7—长刮板；8—底盘；9—主电动机；10—减速器；11—主轴套；12—内衬圈；13—短刮板；14—混砂转子

圈运动。旋转的叶片则对水平环流的物料施以冲击力，上抛叶片使物料抛起，下压叶片使物料下压。如此综合作用使物料在盆内迅速得到均匀混合。

目前，在大量生产的现代化铸造车间或工厂，转子式混砂机的应用越来越广泛。

4.3.4　摆轮式混砂机

摆轮式混砂机工作原理如图 4-11 所示。由混砂机主轴驱动的转盘上，有两个安装高度不同的水平摆轮，以及两个与底盘分别成 45°和 60°夹角的刮板。摆轮可以绕其偏心轴在水平面内转动，刮板的夹角与摆轮的高度相对应。围圈的内壁和摆轮的表

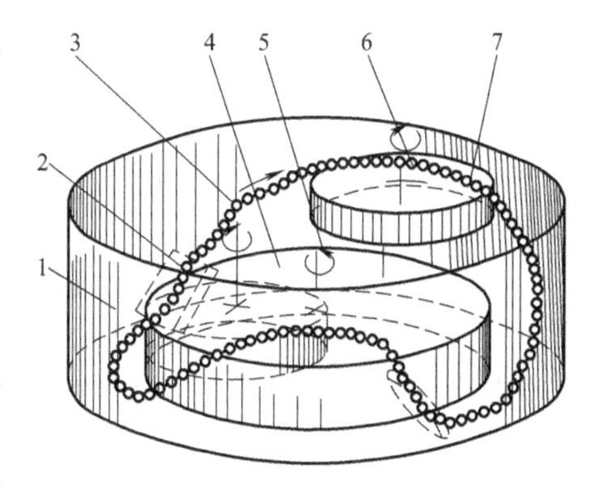

图 4-11　摆轮式混砂机工作原理图

1—围圈；2—刮板；3—砂流轨迹；4—转盘；5—主轴；6—偏心轴；7—摆轮

面均包有橡胶。当主轴转动时，转盘带动刮板将型砂从底盘上铲起并抛出，形成一股砂流抛向围圈，与围圈产生摩擦后下落。由于这种混砂机主轴转速比较高，摆轮在离心惯性力的作用下，绕其垂直的偏心轴摆向围圈，在砂流上压过，辗压砂流，压碎黏土团。由于摆轮与砂流间的摩擦力，摆轮也绕其偏心轴自转。在摆轮式混砂机中，由于主轴转速、刮板角度与摆轮高度的配合，型砂受到强烈的混合、摩擦和辗压作用，混砂效率高。

但摆轮式混砂机的混砂质量不如辗轮式混砂机。

4.4 树脂砂、水玻璃砂混砂机

常用于树脂砂、水玻璃砂的混砂机有双螺旋连续式混砂机和球形混砂机两种。

4.4.1 双螺旋连续式混砂机

双螺旋连续式混砂机的结构如图 4-12 所示。它通常由两个并列的水平螺旋混砂装置 1 和一个垂直的快速混砂装置 5 组成，整个混砂装置可以围绕机身上的轴转动。

该机采用较先进的双砂三混工艺，即树脂（或水玻璃）及固化剂先分别与砂子在两水平螺旋混砂装置中预混，再全部进入垂直的锥形快速混砂装置中；高速混合而成，并直接卸入砂箱或芯盒中造型与制芯。

4.4.2 球形混砂机

球形混砂机的结构如图 4-13 所示，主要由转轴 1、球形外壳 2、搅拌叶片 3、反射叶片 4 与卸料门 5 构成。卸料门一般放置在下球体上，便于迅速而彻底地卸料。

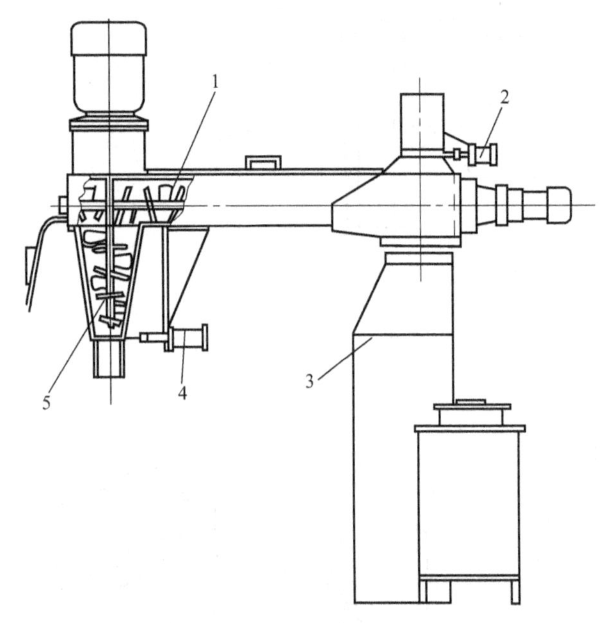

图 4-12 双螺旋连续式混砂机

1—螺旋混砂装置；2,4—闸门汽缸；3—机身；5—快速混砂装置

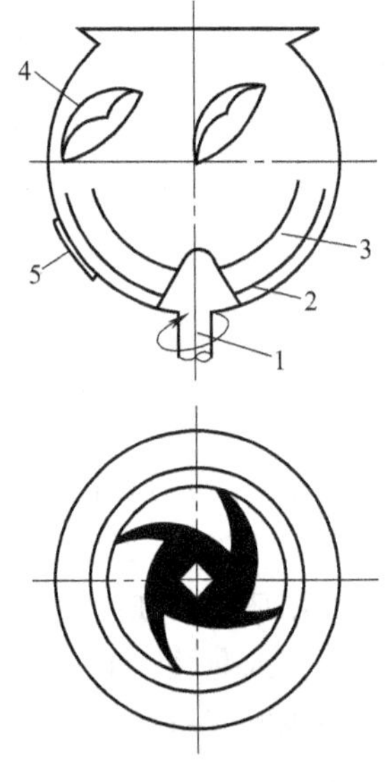

图 4-13 球形混砂机示意图

1—转轴；2—球形外壳；3—搅拌叶片；4—反射叶片；5—卸料门

原材料从混砂机上部加入后，在叶片高速旋转的离心力作用下，向四周飞散，由于球壁的限制和摩擦，混合料沿球面螺旋上升，经反射叶片导向抛出，形成空间交叉砂流，使混合料之间产生强烈的碰撞和搓擦，落下后再次抛起。如此反复多次，达到混合均匀和树脂膜均

匀包覆砂粒的目的。

该机的最大特点是效率高，一般只要 5～10s 即可混好，结构紧凑，球形腔内无物料停留或堆积的“死角”区，与混合料接触的零部件少，而且由于砂流的冲刷能减少黏附（或称自清洗的作用），因此可减少人工清理。

4.5　黏土旧砂处理设备

黏土旧砂处理设备种类及形式繁多，常有磁分离设备、破碎设备、筛分设备、冷却设备等。

4.5.1　磁分离设备

磁分离的目的是将混杂在旧砂中的断裂浇冒口、飞边、毛刺与铁豆等铁块磁性物质去除。常用的磁分离设备如表 4-1 所示，按结构形式可分为磁分离滚筒、磁分离皮带轮和带式磁分离机三种；按磁力来源不同，磁分离设备可分为电磁和永磁两大类。

表 4-1　常用的磁分离装置

项目＼类别	SA92 型电磁皮带轮（S91 型电磁分离滚筒）	S97 型永磁皮带轮（滚筒）	带式磁分离机
结构简图	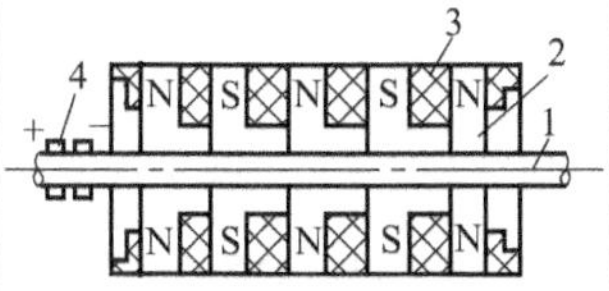 1—轴；2—铁芯；3—线圈；4—电刷	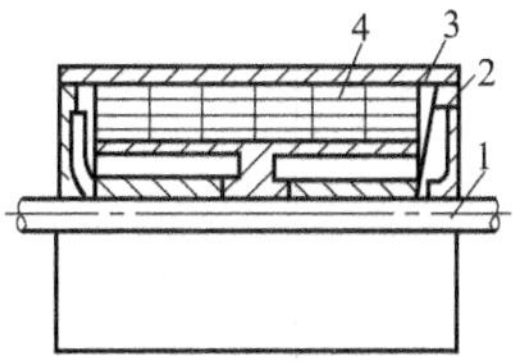 1—轴；2—端盖；3—滚筒；4—永磁块	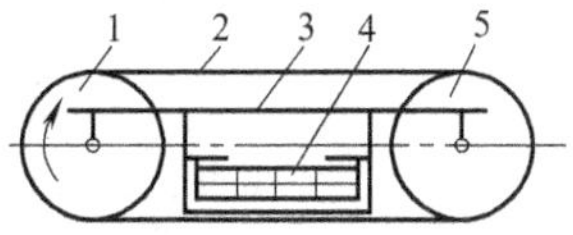 1—传动滚筒；2—胶带；3—支架；4—磁系；5—从动滚筒
原理	通过电刷向线圈通以直流电，使铁芯形成电磁铁，所产生的磁力线通过铁料而导通，便达到吸料的目的，外加筒壳即成电磁分离滚筒	在滚筒内用永磁体装配成磁系，分布角 150°； 永磁皮带轮的磁系呈圆周分布 360°	用永磁体装配成磁系
应用	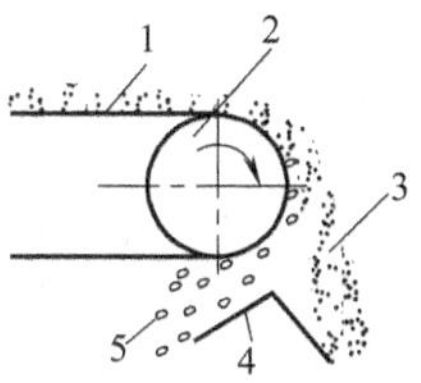 1—带式输送机；2—电磁皮带轮；3—砂子；4—溜槽；5—杂铁料	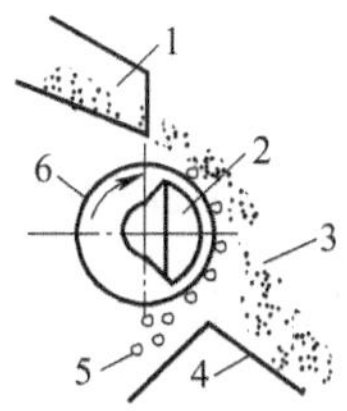 1—给料器；2—磁系；3—砂子；4—溜槽；5—杂铁料；6—滚筒	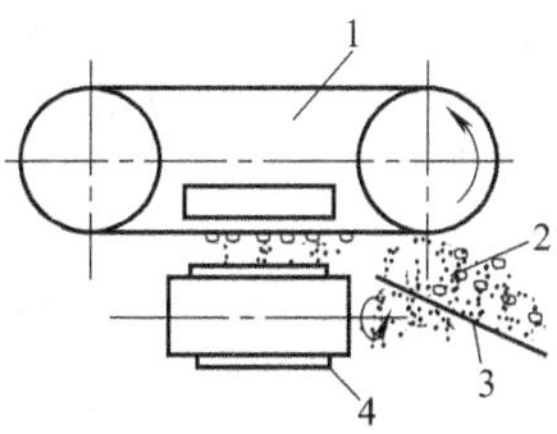 1—带式磁分离机；2—杂铁料；3—溜槽；4—带式输送机

4.5.2　破碎设备

对于高压造型、干型黏土砂、水玻璃砂和树脂砂的旧砂块，需要进行破碎。常用的砂块破碎机，如表 4-2 所示。

表 4-2 常用的旧砂块破碎机结构及原理

名称	结构	原理	使用范围	特点
辊式破碎机	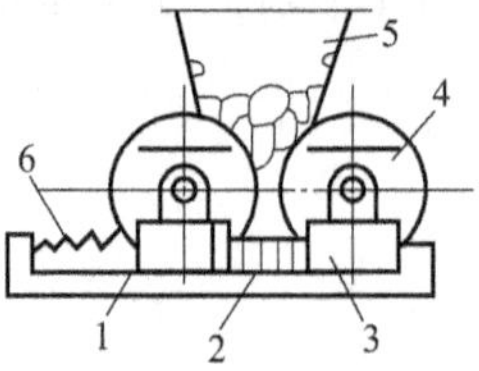 1—活动轴承座；2—调节垫片；3—固定轴承座；4—轧辊；5—加料斗；6—弹簧	砂块被相同旋转的轧辊轧碎	各种干砂破碎	结构庞大，效率不高，使用较少
双轮破碎松砂机	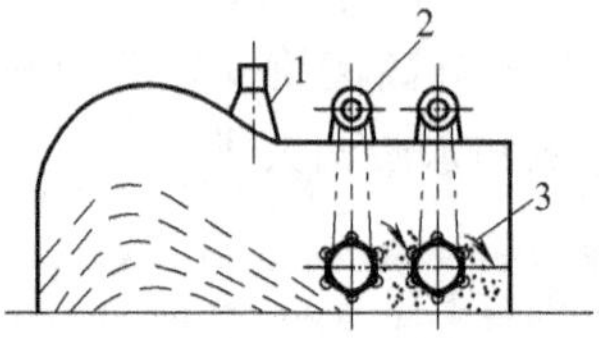 1—防尘罩；2—电动机；3—破碎轮	砂块经过同向、同速旋转的两笼形破碎轮，由后轮抛向前轮，受撞击而破碎	用于黏土潮模砂破碎和松砂	结构简单，使用方便
振动破碎机	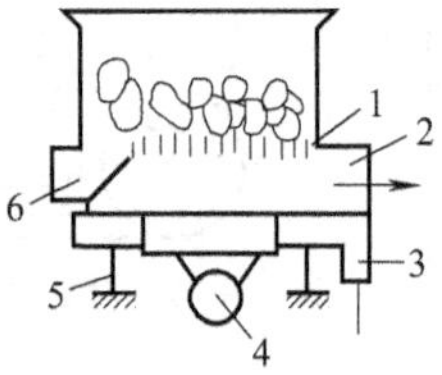 1—格栅；2—废料口；3—砂出口；4—振动电机；5—弹簧；6—异物出口	物料在振动惯性力作用下，受振击、碰撞和摩擦而破碎	用于树脂砂砂块破碎	振动破碎，不怕卡死，使用可靠
反击式破碎机	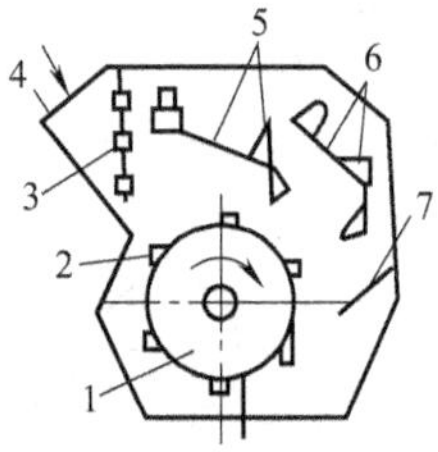 1—转子；2—条刃破碎锤；3—挡料链条；4—进料口；5，6—两级反击板；7—挡料板	砂块在带条刃破碎锤 2 与两级反击板之间，被敲击、碰撞而破碎	干型、水玻璃砂型及树脂砂型等的砂块破碎	结构较复杂，磨损后维修量大，使用不多

4.5.3 筛分设备

旧砂过筛主要是排除其中的杂物和大的团块，同时通过除尘系统还可排除砂中的部分粉尘。旧砂过筛一般在磁分离和破碎之后，可进行 1～2 次筛分。常用的筛砂机有滚筒筛砂机、振动筛砂机等，如表 4-3 所示。

表 4-3　常用筛分设备

名　　称	结构及原理	特　　点
滚筒筛砂机	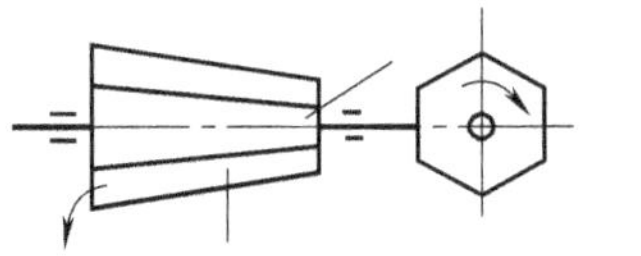 (a)多角筛 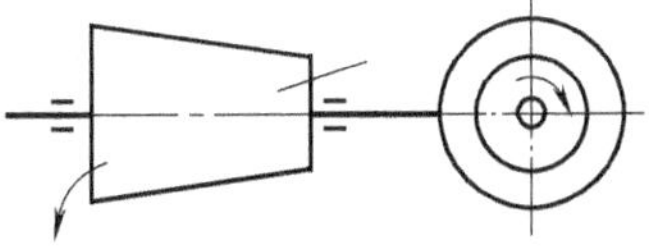 (b)圆筒筛	有圆筒筛和多角筛两种。圆筒筛是在旋转过程中进行筛分，砂子在筛面上滚动，过筛效率较低；多角筛过筛时，部分砂子具有跌落筛面的运动，过筛效率提高。 该类筛砂机，结构简单，维护方便；但筛孔易堵塞、过筛效率低
滚筒破碎筛砂机	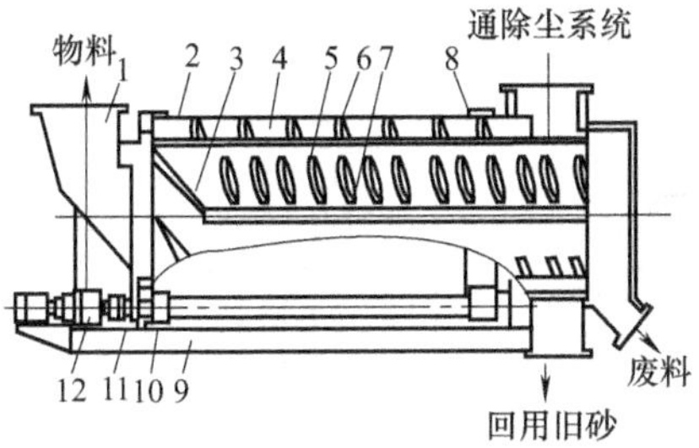 通除尘系统　物料　废料　回用旧砂 1—进料口；2—外滚筒；3—分配叶片；4—内滚筒；5，6—输送叶片；7—提升叶片；8—导轨；9—机架；10—托轮；11—导轮；12—传动装置	与滚筒筛砂机结构相似，但是筛网上安装了输送叶片 5、6 和提升叶片 7。这些叶片既能将物料向前输送，又能将物料带到滚筒上方靠自重跌落下来，实现筛分和破碎的双重功能。该类破碎筛砂机结构紧凑，使用效果较好
振动筛砂机	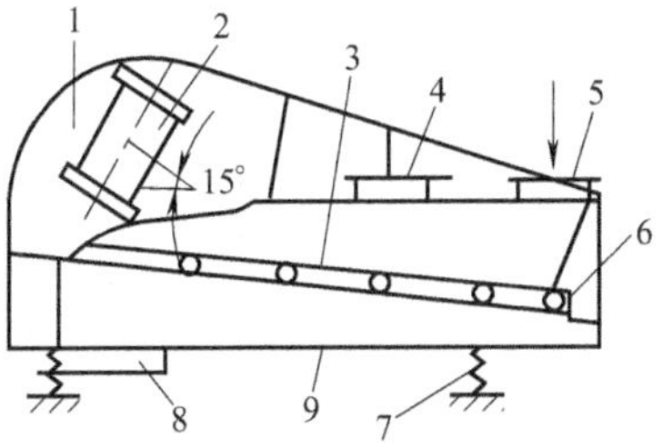 1—支承墙板；2—振动电机；3—筛网；4—除尘口；5—加砂口；6—筛网张紧器；7—弹簧；8—卸砂口；9—输送槽	由振动电机、筛体、弹簧系统三大部分组成，筛体结构上分上下两层，上层为筛网，下层为输送槽。该类筛砂机，结构简单、体积小、生产率高，且工作平稳，具有筛分和输送两种功能，适应性强，目前被广泛采用

4.5.4　冷却设备

（1）常见的旧砂冷却设备　铸型浇注后，高温金属的烘烤使旧砂的温度增高。如用温度较高的旧砂混制型砂，水分不断蒸发，型砂性能不稳定，造成铸件缺陷。为此，必须对旧砂实施强制冷却。目前普遍采用增湿冷却方法，即用雾化方式将水加入到热旧砂中，经过冷却装置，使水分与热砂充分接触，吸热汽化，通过抽风将砂中的热量除去。常用的旧砂冷却设备有双盘搅拌冷却、振动沸腾冷却、冷却提升等，如表 4-4 所示。

表 4-4 常用的旧砂冷却设备

名　称	结构及原理	特　点
冷却提升	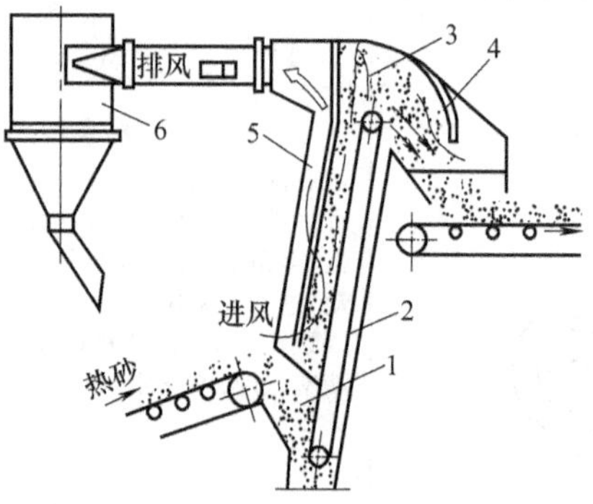 1—受料口；2—提升带；3—调节板；4—卸料口；5—进、排风通道；6—分离器	旧砂从进料口进入后，被带有许多棱条的橡胶提升，大部分砂卸出，约有 1/3 的砂子被调节板 3 挡回撒落下来。旧砂在提升和回落过程中，与由壳体上进入的冷空气充分接触，以对流形式换热使旧砂冷却。该设备兼有提升、冷却旧砂的双重作用，占地面积小，布置方便，但冷却效果不太理想
振动沸腾冷却	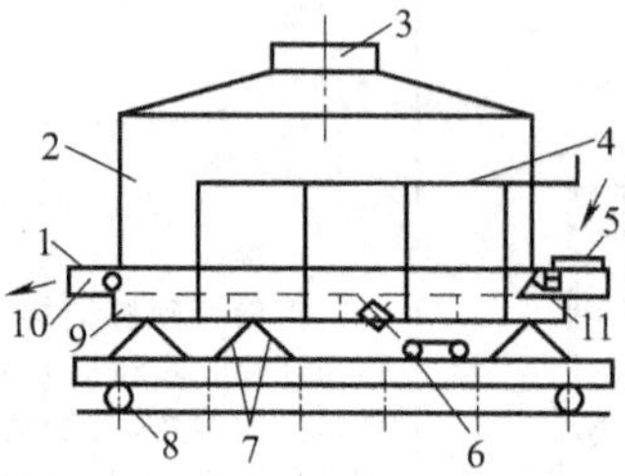 1—振动槽；2—沉降室；3—抽风除尘口；4—进风管；5—进砂口；6—激振装置；7—弹簧系统；8—橡胶减振器；9，10，11—余砂、出砂和进砂活门	增湿后的旧砂从进砂口 5 进入沸腾床，振动的作用使砂粒在孔板上呈波浪式前进，形成定向运动的砂流。从孔板下部鼓入的空气穿过砂层，形成理想的叉流热交换。该设备生产效率高、冷却效果好，但噪声较大，要求振动参数的设置严格
双盘搅拌冷却	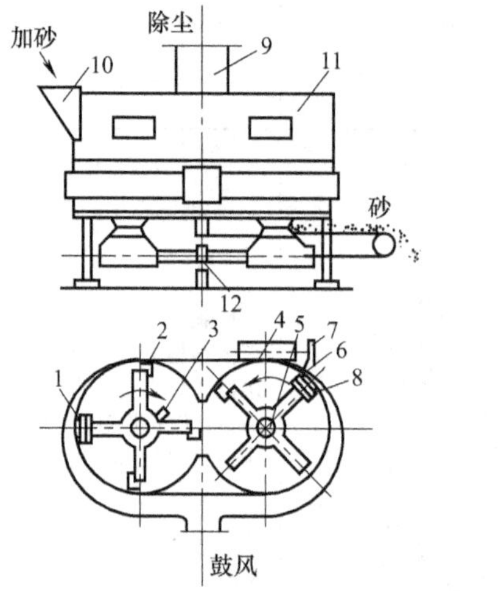 1—风带；2—外刮板；3—内刮板；4—摆动式出砂门；5—主轴；6—平衡重；7—操纵杠杆；8—壁刮板；9—抽尘口；10—加砂口；11—冷却罩；12—驱动装置	经过磁选、增湿、过筛的旧砂由加料口均匀加入，在刮板的作用，一面翻腾搅拌，一面按 8 字形路线在两个盘上反复运动。在搅拌过程中，冷空气吹向旧砂，冷却空气与热砂充分接触进行热交换，使旧砂冷却。 该冷却设备同时起到增湿、冷却、预混三重作用，冷却效果较好。且体积小、重量轻、工作平稳，噪声小，应用日益广泛

(2) 其他新型旧砂冷却装备

① 回转冷却滚筒　在自动化造型生产线中，型砂使用及循环的频率很高，浇注后型砂温度升高。如用温度过高的旧砂混制型砂将造成型砂性能下降，引发铸件缺陷。因此，必须对旧砂进行充分冷却。图 4-14 所示为一种大规模生产线上常见的回转式旧砂冷却滚筒，它将铸件落砂、旧砂冷却等工艺结合在一起，是一种旧砂冷却效率较高的设备。

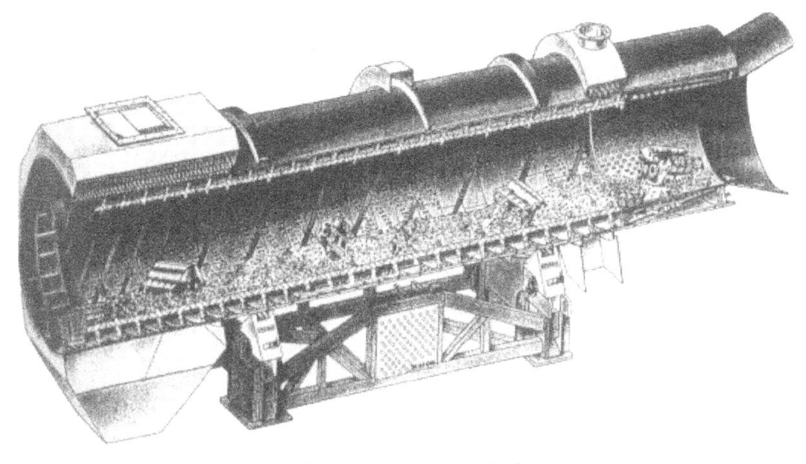

图 4-14　回转冷却滚筒

回转冷却滚筒内胆沿水平方向有一倾斜角，壁上焊有筋条。型砂入口处设有鼓风装置；筒体内设有测温及加水装置。滚筒体由电机带动以匀速转动。其工作原理是：振动给料机向滚筒内送入铸件和型砂的混合物。滚筒旋转时会带着铸件和型砂上升，铸件/型砂升到一定高度后因重力作用而下落，和下方的型砂发生撞击。铸件上黏附的型砂因撞击而脱落；砂块因撞击而破碎。与此同时，设在滚筒内的砂温传感器检测型砂温度；加水装置向型砂喷水；鼓风机向筒内吹入冷空气。在筒体旋转过程中，水与高温型砂充分接触，受热汽化后的水蒸气由冷空气吹出。因内胆倾斜，连续旋转的筒体会使铸件/型砂向前运动。最后铸件和已冷却的型砂由滚筒出口处分别排出。该机具有冷却效果好，噪声小，粉尘少，操作环境好的优点。其缺点是仅适合于小型铸件，不能用于大型铸件。

为获得比较理想的冷却效果，加水装置一般采用雨淋式。为防止铸件因激冷而产生裂纹，加水装置一般设在筒体的中间部位。自动加水的控制方法主要有：检测筒体出口处的砂温；检测粉尘气体的温度；预先设置砂/铁比与加水量的关系；在筒体中间抽取少量型砂测温。

② 旧砂振动提升冷却设备　近年来，在我国出现并采用了集冷却与垂直提升于一体的旧砂振动提升冷却设备，常用在树脂自硬砂、水玻璃自硬砂及消失模铸造的砂处理系统中，其结构如图 4-15 所示。其工作原理是：当两台交叉安装的振动器同步旋转时，其不平衡质量将产生惯性振动力，惯性力的水平分力互相抵消，合成为使输送塔绕自身轴进行扭转振动的力偶，而垂直分量使输送塔体上下振动，输送槽上任一点的合成振动方向与槽面成一夹角，物料从槽面跃起，按抛物线飞行一段距离再落下，这样就使物料不断地沿槽面跳跃前进。槽的底部有许多小孔，压缩空气通过这些小孔进入砂粒中，使热砂得到冷却。因此，该设备可以起冷却器和提升机的双重作用，它占地少、粉末少、噪声小、维修量少、物料对设备的磨损小、生产率可调（3～20t/h），是一种较好的冷却提升设备。

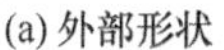

(a) 外部形状

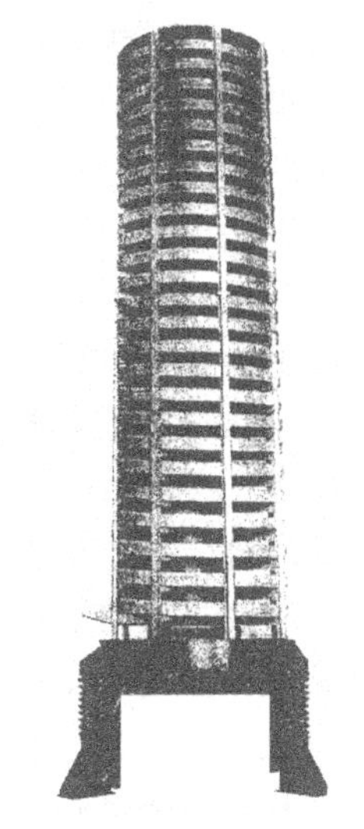

(b) 内部结构

图 4-15　振动提升冷却设备

4.6 旧砂再生设备

4.6.1 旧砂回用与旧砂再生

旧砂回用与旧砂再生是两个不同的概念：旧砂回用是指将用过的旧砂块经破碎、去磁、筛分、除尘、冷却等处理后重复或循环使用。而旧砂再生是指将用过的旧砂块经破碎、并去除废旧砂粒上包裹着的残留黏结剂膜及杂物，恢复近于新砂的物理和化学性能代替新砂使用。

旧砂再生与旧砂回用的区别在于：旧砂再生除了要进行旧砂回用的各工序外，还要进行再生处理，即去掉旧砂粒表面的残留黏结剂膜。如果将旧砂再生过程分为前处理（旧砂去磁、破碎）、再生处理（去掉旧砂粒表面的残留黏结剂膜）、后处理（除尘、风选、调温度）三个工序，则旧砂回用相当于旧砂再生过程中的前处理和后处理。即：旧砂再生等于“旧砂回用”＋“去除旧砂粒表面残留黏结剂膜”的再生处理。

另外，回用砂和再生砂在使用性能上有较大区别，再生砂的性能接近新砂，可代替新砂作背砂或单一砂使用；回用砂表面的黏结剂含量较多，通常作背砂或填充砂使用。

旧砂种类及性质的不同，对旧砂回用及再生的选择有很大的影响。黏土旧砂，由于其中的大部分黏土为活黏土，加水后具有再黏结性能，故大部分黏土旧砂可进行重复回用，黏土旧砂可以进行回用处理，即：黏土旧砂经过破碎、磁选、过筛等工序去除其杂质，经过增湿、冷却降低其温度，达到成分均匀，再用于混制型砂。对于靠近铸件的黏土旧砂，因其黏土变成了死黏土，故必须进行再生处理。而对树脂旧砂、水玻璃旧砂、壳型旧砂等化学黏结剂旧砂，通常必须进行去除残留黏结剂膜的再生处理，才能代替新砂作单一砂或背砂使用；其回用砂通常只能代替背砂或填充砂使用。

对旧砂进行再生回用，不仅可以节约宝贵的新砂资源，减少旧砂抛弃引起的环境污染，还可节省成本（新砂的购置费和运输费），具有巨大的经济和社会效益。旧砂再生已成为现代化铸造车间不可缺少的组成部分。

4.6.2 旧砂再生的方法及选择

旧砂再生的方法很多，根据其再生原理可分为干法再生、湿法再生、热法再生、化学法再生四大类。

干法再生是利用空气或机械的方法将旧砂粒加速至一定的速度，靠旧砂粒与金属构件间或砂粒互相之间的碰撞、摩擦作用再生旧砂。干法再生的设备简单、成本较低；但不能完全去除旧砂粒上的残留黏结剂，再生砂的质量不太高。

干法再生的形式多种多样，有机械式、气力式、振动式等，但干法再生机理都是“碰撞—摩擦”，碰撞—摩擦的强度越大，干法再生的去膜效果越好，同时砂粒的破碎现象也加剧。除此之外，旧砂的性质、铁砂比等对干法再生效果也有很大影响。

湿法再生是利用水的溶解、擦洗作用及机械搅拌作用，去除旧砂粒上的残留黏结剂膜。对某些旧砂的再生质量好，旧砂可全部回用；但湿法再生的系统较大、成本较高（需对湿砂进行烘干），有污水处理回用问题。

热法再生是通过焙烧炉将旧砂加热到800～900℃后，除去旧砂中可燃残留物的再生方法。再生有机黏结剂的旧砂效果好、再生质量高；但能耗大、成本高。

化学法再生，通常是指向旧砂中加入某些化学试剂（或溶剂），把旧砂与化学试剂（或溶剂）搅拌均匀，借助化学反应来去除旧砂中的残留黏结剂及有害成分，使旧砂恢复或接近新砂的物理化学性能。对某些旧砂，其化学再生砂的质量好，可代替新砂使用；但因成本较高，应用受限制。

各种旧砂由于其性能和要求不同，可使用不同的再生方法。各种黏结剂旧砂用不同再生方法的效果如表 4-5 所示。

表 4-5　各种黏结剂旧砂用不同再生方法的效果

再生方法 / 黏结方法			干法		湿法	热法	化学法
			机械式	气动式			
无机的	黏土黏结		A	A	A	B	
	水玻璃黏结	CO_2 硬化	B	B	A	C	A
		酯硬化	C	C	A	C	C
有机的	树脂黏结	冷固化	A	A	C	A	
		热固化	C	C	C	A	

注：A—再生容易；B—再生不易；C—再生困难。

4.6.3　典型再生设备的结构原理及使用特点

典型再生设备的结构及原理如表 4-6 所示。

表 4-6　典型再生机的结构及原理

分类	形式	结构示意图	原理及特点	使用情况
机械式	离心冲击式	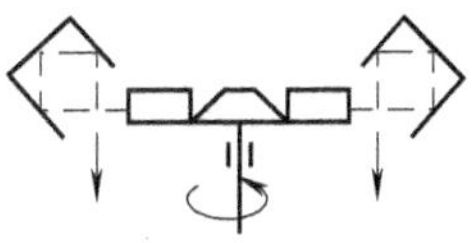	在离心力的作用下，砂粒受冲击，碰撞和搓擦而再生 结构简单，效果良好，每次除膜率约 10%～15%	适于呋喃树脂砂再生
	离心摩擦式	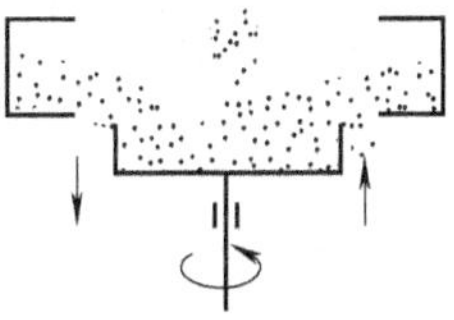	与上类同，只是以搓擦为主，比上略为逊色，每次脱膜率约 10%～12%	适于呋喃树脂砂再生
	振动摩擦式	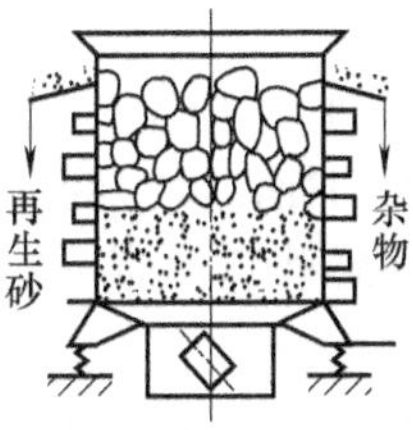 再生砂 杂物	使砂粒利用振动和摩擦而再生，该类再生脱膜率相对较小，约 10%	使用效果与旧砂性能有关
气力式	垂直气力式	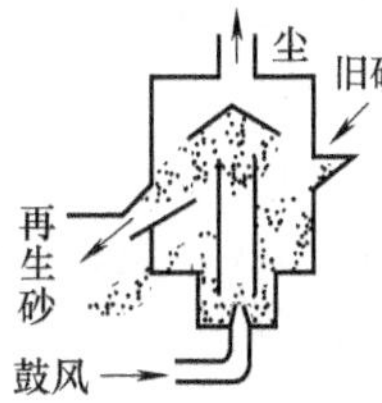 尘 旧砂 再生砂 鼓风	利用气流使砂粒冲击和摩擦而再生 结构简单，多级使用，能耗和噪声大	适于呋喃树脂砂和黏土砂再生

续表

分类	形式	结构示意图	原理及特点	使用情况
气力式	水平气力式		原理同上，多级使用，结构比垂直式紧凑，能耗和噪声均有改善	适于黏土砂再生
湿法	叶轮搅拌式		利用机械搅拌擦洗再生	适于黏土砂、水玻璃砂再生
	旋流式		利用水力旋流擦洗再生	适于黏土砂、水玻璃砂再生
热法	倾斜搅拌式		使树脂膜烧去而再生但结构较复杂	适于树脂覆膜砂和自硬砂再生
	沸腾床式		沸腾燃烧是比较先进的，有利提高燃烧效率，改善再生效果	适于树脂覆膜砂和自硬砂再生

由于干法再生旧砂系统相对简单，故被广泛采用。目前大量应用的旧砂干法再生设备包括离心冲击式再生机、垂直气力式再生机和振动破碎式再生机等。

（1）离心撞击式再生机　离心撞击式再生机如图 4-16 所示。其工作原理是利用高速旋转叶轮产生的离心力的作用，将加入的旧砂粒流，抛向撞击环，经几次撞击后向下抛出，此过程中旧砂粒相互撞击、摩擦，使得旧砂表面的惰性膜被脱除而再生。砂流的流动路线如图 4-17 所示。

（2）离心摩擦式再生机　离心摩擦式再生机的原理及结构如图 4-18、图 4-19 所示，它与离心撞击式再生机相似。主要区别在于，它将再生叶轮改成了再生转盘，再生力主要是摩擦力，故而得名。再生转盘将砂粒抛至边缘产生摩擦，然后上行至固定环的砂流与在转角上的积砂产生摩擦，被抛至顶面，又产生一次撞击摩擦。由于砂粒在回转盘内圈形成密相，产生砂层与砂粒相互摩擦，再流向外圈固定环，它内部也形成砂层，使得砂粒在两部分均形成砂层，导致砂粒间多次摩擦，提高了再生效果。该类再生机，对质量较差的原砂不易发生破碎，但对具塑性膜旧砂也有较好的再生效果。

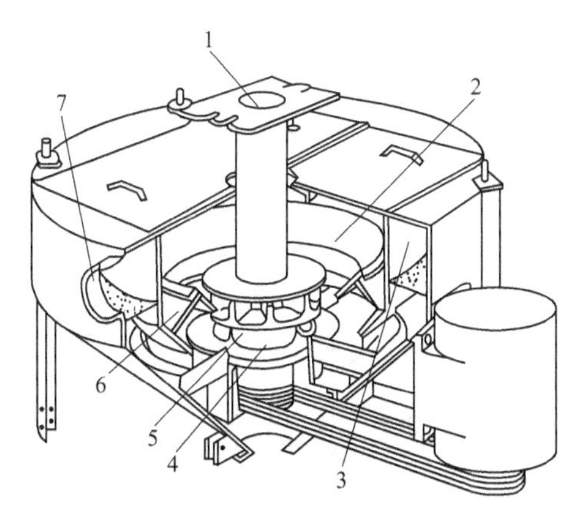

图 4-16 离心撞击式再生机

1—加砂器；2—反击环；3—通风道；4—转轴部件；5—转子；6—撞击环；7—粉尘出口

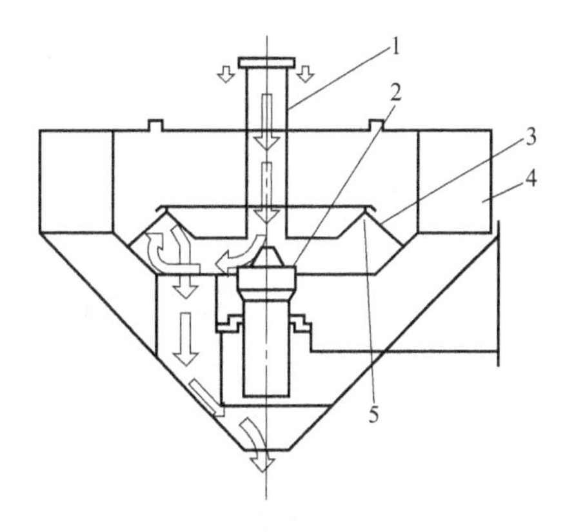

图 4-17 砂流经过几次撞击排出

1—导砂管；2—回转盘；3—冲击环；4—通风道；5—反击环

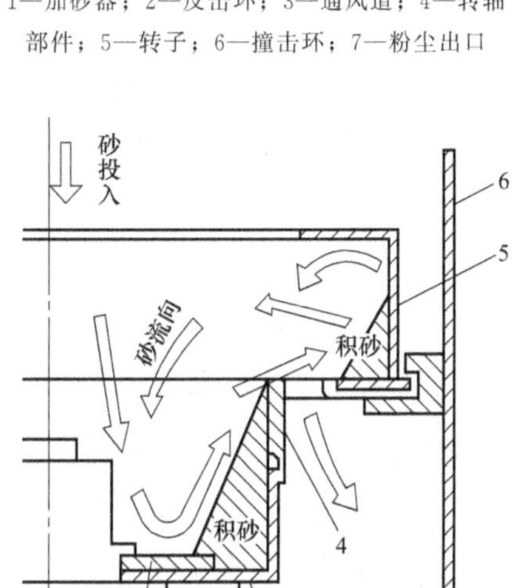

图 4-18 离心摩擦式再生机工作原理图

1—回转盘衬；2—风翼；3—回转盘；4—回转盘边缘；5—固定环；6—外壁

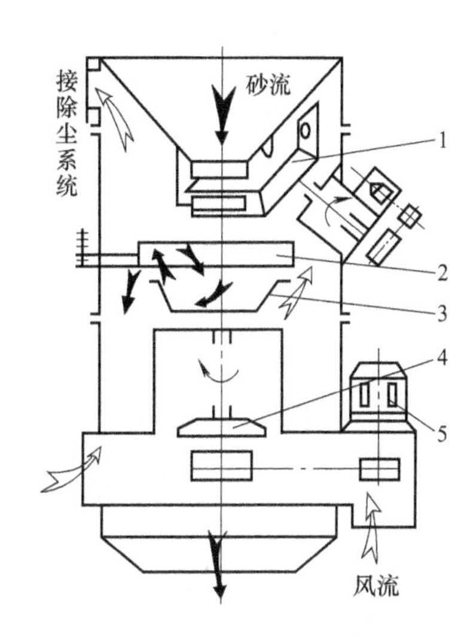

图 4-19 离心式摩擦再生机

1—旋转定量布料；2—反击圈；3—再生盘；4—风叶；5—电机

(3) 垂直气力式再生机　垂直气力式再生机的原理如图 4-20 所示，其动力除用高压鼓风机外，还有用压缩空气。工作过程为：由高压风机来的气流由下部经喷嘴 4 进入混合室造负压，把旧砂粒带入吹管 6 中，砂气两相流加速冲击顶盖上形成砂层，相互撞击与摩擦，在吹管中也有相互摩擦作用，旧砂粒因惰性膜剥离而再生。

图 4-21 是两级气流再生原理图。旧砂粒由加入口进入一级，经再生后一般进入第二级再生。为提高砂粒清洁度，由调整板调节，可再次返入一级，延长再生时间，但这样会降低生产率，可调整调节板在全部或部分返回二级之间加以选择。

(4) 振动破碎式再生机　图 4-22 为具有破碎再生、筛分、除尘及除金属块的振动破碎式再生机，金属杂物的去除由顶部的振动电机反转自动完成。

图 4-23 为多功能破碎再生机，它集破碎、再生、筛分、冷却、螺旋输送向上排出、去除金属杂物及除尘等多种功能于一体，是一种高效率的再生设备。

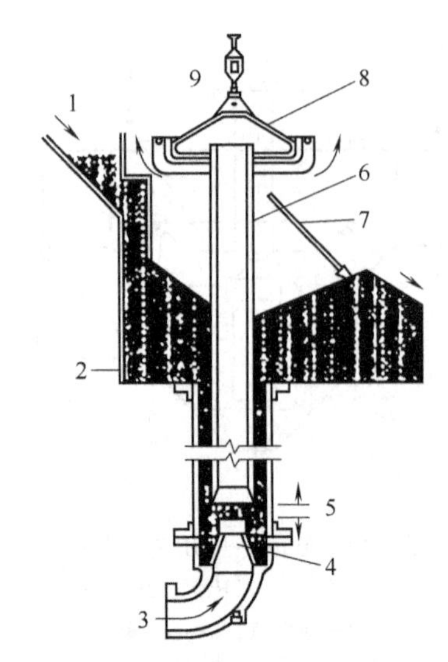

图 4-20 竖吹式再生机原理图

1—旧砂入口；2—贮砂室；3—高压气入口；4—喷嘴；5—喉口；6—吹管；7—调整板；8—顶盖；9—细粒

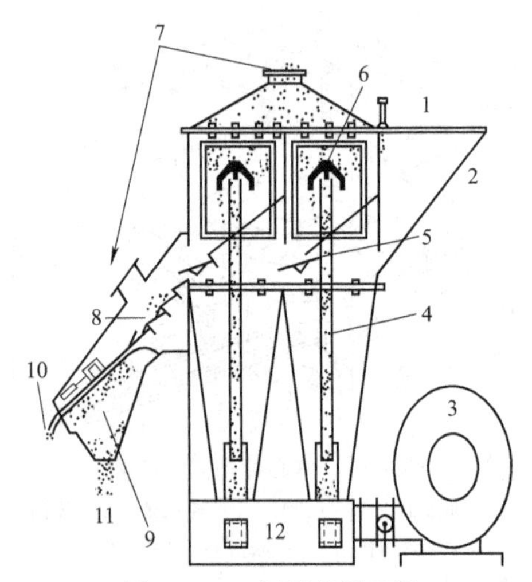

图 4-21 二级再生原理图

1—旧砂入口；2—加料槽；3—风机；4—吹管；5—导砂板；6—顶盖；7—除尘口；8—除尘斜槽；9—分选筛；10—废料出口；11—再生砂出口；12—稳压空气室

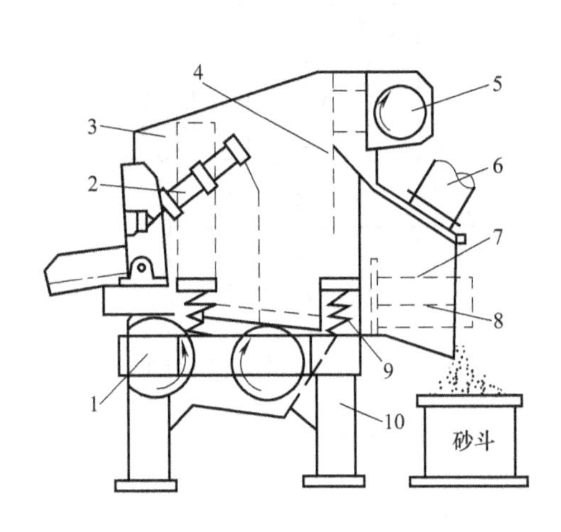

图 4-22 具破碎再生筛分除尘再生机

1—振动电机；2—开门装置；3—后墙板；4—格筛；5—反转电机；6—抽风口；7—栅格；8—筛网；9—弹簧；10—机座

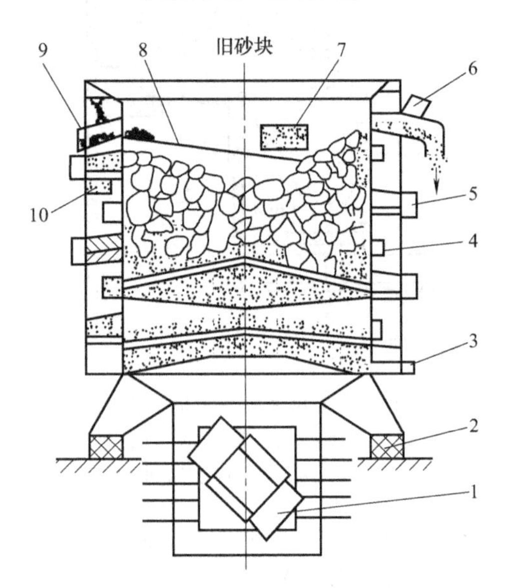

图 4-23 多功能破碎再生机

1—振动电机；2—减振垫座；3—冷却水排出口；4—砂团输送螺旋；5—带冷却再生砂输送螺旋；6—抽风口；7—砂团返回口；8—内螺旋；9—排除金属物斜槽；10—冷却水入口

振动破碎式再生机的再生力相对较弱，对旧砂的脱膜率相对较低，适于再生具有脆性残留膜的自硬树脂旧砂。

4.6.4 再生砂的后处理

旧砂再生过程通常分为：预处理（去磁、破碎）、再生处理（去除旧砂粒上的残留黏结剂膜）、后处理三个工序。预处理和再生处理工艺设备前面已作了介绍，再生砂的后处理一般包括风选除尘和调温。

再生砂的风选除尘原理较为简单，通常是将再生砂以“雨淋”或“瀑布”的方式通过一风选（或风选仓），靠除尘器去除再生砂中的灰尘和微粒。

砂温调节器如图 4-24 所示，它主要是利用砂子与冷（热）水管的直接热交换，来调节再生砂的温度。为了提高热交换效率，在水管上设有很多散热片；同时为了保证调温质量，通过测温仪表和料位控制器等监测手段，自动操纵加料和卸料。对于自硬型的树脂砂或水玻璃砂，型砂的硬化时间和硬化速度对砂温的波动较为敏感，一般应根据天气的变化和硬化剂的种类，将砂温调节在一定的范围内。

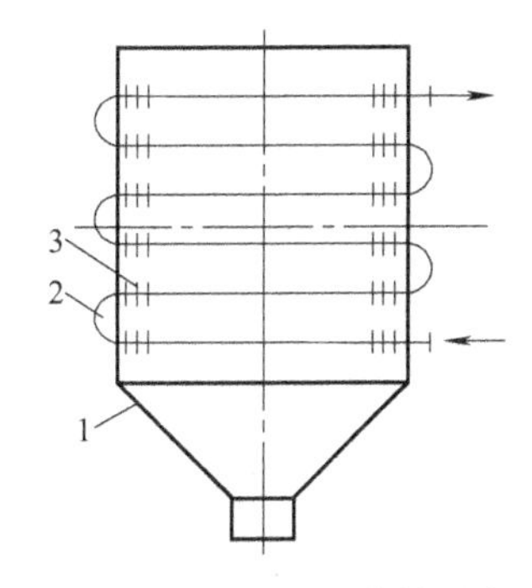

图 4-24　砂温调节器结构示意图
1—壳体；2—调节水管；3—散热片

4.6.5　典型的旧砂的干法再生系统

（1）自硬树脂旧砂的干法再生系统　图 4-25 是我国使用最多的自硬树脂旧砂的干法再生系统。浇注冷却后的自硬砂型经落砂机 2 落砂，旧砂用带式输送机 1 送入斗式提升机 3 提升并卸入回用砂斗 4 贮存。当进行再生时，首先由电磁给料机 5 将旧砂（主要是砂块）送入破碎机 6。破碎后的旧砂卸入斗式提升机 7 提升，在卸料处由磁选机 8 除去砂中铁磁物（如铁豆、飞边、毛刺等）再经筛砂机 9 除去砂中杂物，过筛的旧砂存于旧砂斗 10 中，再经斗式提升机 11 送入二槽斗 12，并控制卸料闸门将旧砂适量加入再生机 13 中进行再生。合格的再生砂经斗式提升机 14 送入风选装置 15，风选后的再生砂卸入砂温调节器 16 中，使再生砂的温度接近室温，最后由斗式提升机 18 装入贮砂斗 19 备用。

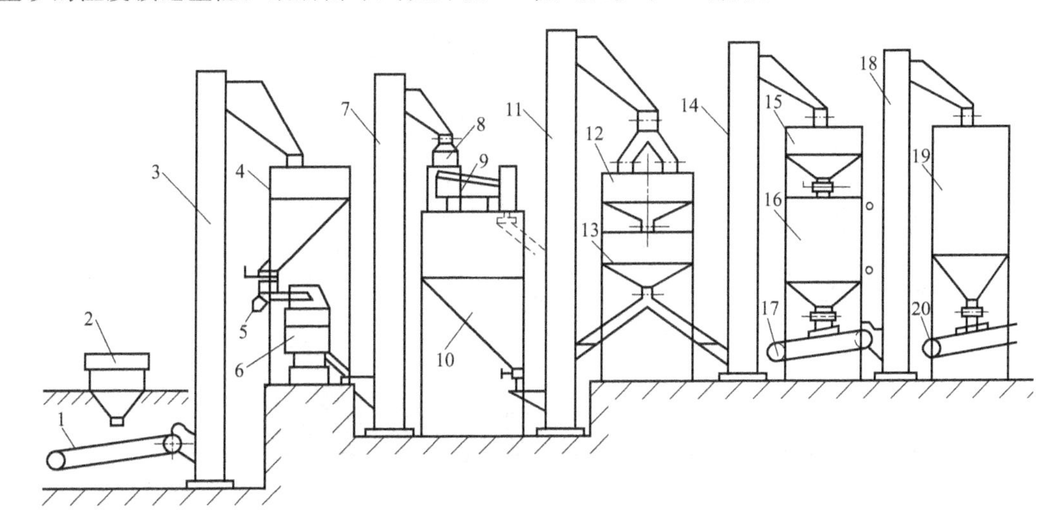

图 4-25　自硬树脂旧砂的干法再生系统
1,17,20—带式输送机；2—落砂机；3,7,11,14,18—提升机；4—回用砂斗；
5—电磁给料机；6—破碎机；8—磁选机；9—筛砂机；10—旧砂斗；12—二槽斗；
13—再生机；15—风选装置；16—砂温调节器；19—贮砂斗

如果一次再生循环的再生砂质量不合工艺要求，可以进行两次循环再生，甚至三次循环再生。这只要控制再生机下部的卸料岔道，让再生砂进入斗式提升机 11，即可循环再生。

该系统的破碎机采用振动式破碎机，再生机采用离心冲击式再生机。工作可靠，再生效果良好，旧砂再生率可达95%，并使树脂加入量从原来的1.3%～1.5%降到0.8%～1.0%，铸件质量提高，成本降低15%～20%。但系统较复杂，结构庞大，投资大。

（2）水玻璃旧砂干法再生系统　图4-26所示是我国自行研究开发的水玻璃旧砂干法再生系统。该系统采用机械法（球磨）预再生和气流冲击再生的组合再生方案，并根据水玻璃旧砂的特点，在气流再生前对旧砂粒进行加热处理。再生工艺较为先进。但其再生砂通常仍只能用作背砂或填充砂，要实现再生砂作面砂或单一砂的目标仍比较困难。

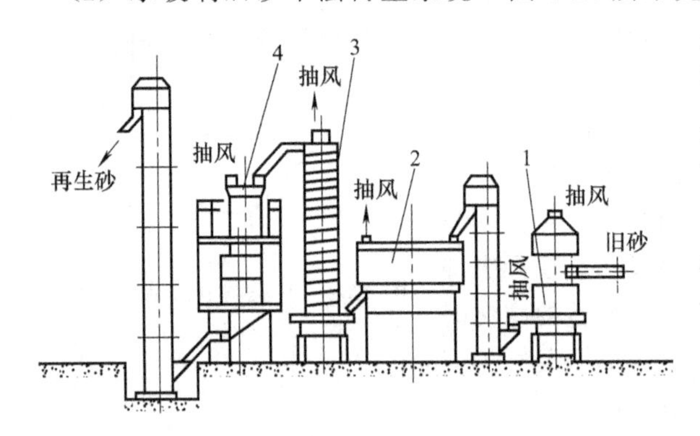

图4-26　水玻璃旧砂干法再生系统
1—振动破碎球磨再生机；2—流化加热器；3—冷却提升筛分机；4—风力再生机

水玻璃旧砂可以采用干法再生、湿法再生及化学法再生，但采用哪种工业方法最佳（再生砂的性能与价格比最好），学术界和企业界仍有争议。详细介绍可参照有关研究论文或专著，最新的研究结果表明，水玻璃旧砂采用干法回用（作背砂或填充砂）、湿法再生（作面砂或单一砂）的综合效果最好。

（3）气流式再生系统　图4-27为四室气流式再生系统。旧砂经筛分、磁分、破碎等预处理后，由提升机送入贮砂斗，以一定量连续供给再生机；再经四级气流冲击再生后，获得再生砂。

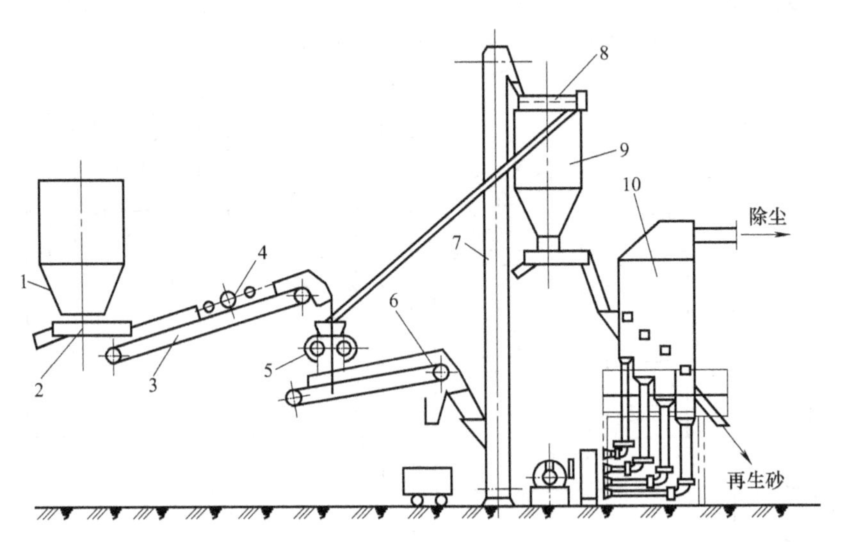

图4-27　气流式再生系统
1—旧砂斗；2—给料机；3—带式输送机；4—带式磁分离机；5—破碎机；6—电磁带轮；7—提升机；8—振动筛；9—砂斗；10—四室式气力撞击再生装置

该系统的特点是：结构简单、工作可靠、维修方便，可适用于各种铸造旧砂，根据旧砂的性质和生产率要求，选择适当的再生室数量和类型；但动力消耗大，对水分的控制较严格。

（4）壳型旧砂的热法再生系统　图4-28是由立式沸腾炉组成的热法再生系统，可用于壳型旧砂等有机类黏结旧砂的再生，生产率约为2t/h。其工艺过程是：落砂后的旧砂，经

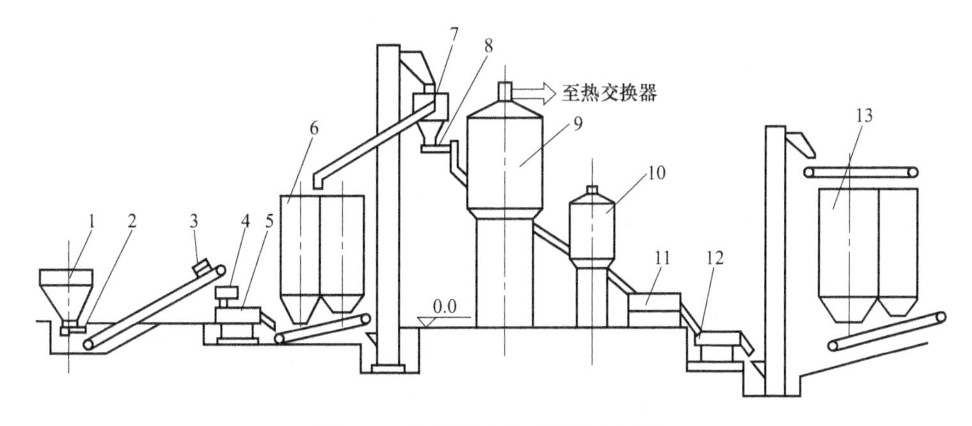

图 4-28　壳型旧砂的热法再生系统

1—砂斗；2—振动给料机；3—带式磁分离机；4—破碎机；5—振动筛；
6—中间斗；7—溢流料斗；8—振动给料机；9—立式沸腾焙烧炉；
10—沸腾冷却室；11—二次沸腾冷却床；12—振动筛；13—再生砂贮砂斗

过磁选、破碎、筛分后，进入沸腾炉，在 750℃温度下进行焙烧，烧去有机黏结剂，出来的砂子先经过一次喷水沸腾冷却后，再进行第二次沸腾床冷却，使再生砂温度冷却到 80℃左右，通过筛选送至贮砂斗。

(5) 水玻璃旧砂湿法再生系统　图 4-29 是瑞士 FDC 公司开发的一种处理水玻璃旧砂的湿法再生系统。它将磁选、破碎设备同水力旋流器与搅拌器串联在一起，系统具有落砂、除芯、铸件预清理、旧砂再生、回收水力清砂用水五个功能。砂子的回收率达 90%，水回收率达 80%，是一个较完整紧凑的湿法再生系统。

实践和研究表明，水玻璃旧砂采用湿法再生系统较好，由我国自行研制开发的新型水玻璃旧砂湿法再生工艺及设备系统采用双级强擦洗再生工艺，具有耗水量小（吨再生砂耗水 2～3t)、脱膜率高（Na_2O 除去率为 85%～95%)、污水经处理后循环使用等特点，是再生水玻璃旧砂的理想系统。

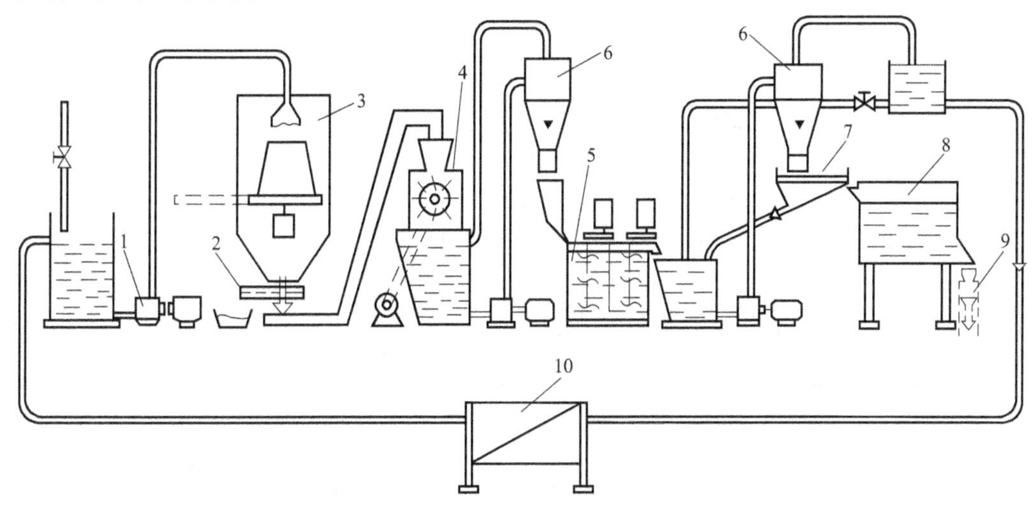

图 4-29　水玻璃旧砂湿法再生系统

1—供水设备（高压泵)；2—磁铁分离器；3—水力清砂室；4—破碎机；5—搅拌再生机；
6—水力旋流器；7—振动给料机；8—烘干冷却设备；9—气力压送装置；10—澄清装置

4.7 砂处理辅助设备

砂处理系统的辅助设备有输送设备、给料设备、定量器等，详见表 4-7、表 4-8。

表 4-7 主要的运输设备

名　称	结构原理图	作用及特点
带式输送机	1—主动轮；2—橡胶带；3—托辊；4—从动轮	1. 主要由橡胶带及其传动装置构成，结构简单，工作平稳可靠，布置灵活 2. 可以水平（或倾斜）输送颗粒料、块料，运输适应性广 3. 缺点是构成运输系统时，比较庞大，材料消耗大，一次投资大
斗式提升机	1—主动轮；2—提升斗；3—传送带；4—从动轮	1. 由带料斗的胶带（或链带）及其传动装置构成，结构紧凑，占地小 2. 用于垂直输送干颗粒或小块料 3. 但湿料易粘斗，不宜采用
螺旋输送机	1—电动机；2—联轴器；3—槽体；4—螺旋叶片	1. 利用旋转的螺旋叶片推进物料进行运输，也可作定量器使用，结构紧凑，占地小，可以封闭运输，灰尘少，主要用于粉状材料运输，也可输送小块料 2. 缺点是单位功率消耗大，槽体及叶片磨损大
振动输送机	1—激振器；2—槽体；3—摆杆； 4—减振架；5—减振弹簧	1. 利用槽体的振动而使物料达到输送的作用。结构形式较多，图为偏心摆杆式振动输送机 2. 可输送颗粒及小块料，也可作给料器用 3. 结构较简单，使用方便可靠
气力吸送装置	1—吼管；2—输料管；3—旋风分离器； 4—除尘器；5—泡沫除尘器；6—蝶形阀； 7—排风管；8—风机；9—星形锁气器	1. 利用尾部风机（或真空泵）抽风的负压，使物料（粉料或粒料）在管道中悬浮运动而进行输送。如果用热风可作烘干装置使用 2. 输送管道化，布置灵活，结构简单，扬尘少，不占地面位置，一次投资少 3. 动力消耗大，磨损大，维修频繁，噪声大，要消声处理
气力压送装置	1—截止阀；2—发送器；3—增压器； 4—输送管；5—卸料器；6—贮料斗	1. 利用压缩空气的压力输送型砂，实现了型砂输送管道化，水分不易蒸发 2. 占地位置小，一次投资少 3. 管道较易堵塞和磨损

表 4-8　砂处理系统中常用的给料设备及定量器

名　　称	结构原理图	作用及特点
带式给料机	1—料斗；2—可调闸板；3—罩壳；4—带式输送机	1. 结构原理与带式输送机相同，仅受料段托辊数较多 2. 给料均匀，使用方便可靠 3. 可以水平或倾斜安装 4. 但结构比较复杂
电磁振动给料器	1—槽体；2—电磁振动器；3—减振器	1. 电磁给料器与电磁振动输送机类似。适于于粒料或小块料给料。给料均匀，也可作定量器使用 2. 结构紧凑，使用方便可靠 3. 电器控制较复杂，有噪声
圆盘给料器	1—砂斗；2—调整圈；3—转盘；4—刮板	1. 利用旋转的圆盘使自动倾塌其上的物料经刮板作用实现均匀给料 2. 结构比较简单，工作平稳，可靠，调节方便 3. 体积庞大，对黏性材料使用方便
箱式定量器	1—定量箱体；2—砂斗；3—固定格栅；4—活动格栅；5—汽缸；6—杠杆	1. 利用箱体容积定量，比较方便可靠 2. 为了迅速而均匀卸料，采用格栅卸料门，可以气动操纵 3. 用于混砂机上的大砂斗定量加料
电子称量斗	1—荷重传感器；2—定量斗；3—格栅闸门；4—汽缸；5—气阀；6—控制器；7—显示仪表；8—控制给料器	1. 与炉料称量所用的电子秤类似 2. 用荷重传感器检测重量，可用仪表显示，便于自动控制

4.8 砂处理系统的自动化

砂处理系统的自动化包括自动控制和自动检测两部分。砂处理设备的自动控制与其他设备的自动控制相同；砂处理设备的自动检测内容包括旧砂温度、旧砂和型砂水分、料位检测，黏土混砂的自动检测与控制等。

4.8.1 旧砂增湿自动调节装置

如图 4-30 所示，热的旧砂由带式输送机送入料斗 1，经振动给料器 3 送到带式输送机 4，开关 5 发出输送带上有无热砂的信号。检测头 6 和 7 分别测出旧砂的温度和含水率，并将相应的电信号送入运算器。同时将砂量和要求旧砂冷却后的温度给定值送入运算器。运算

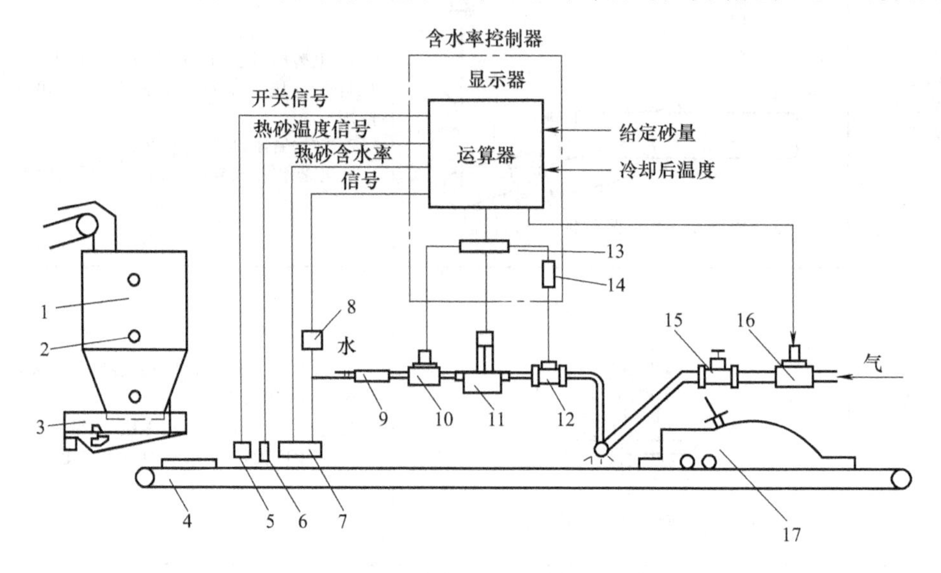

图 4-30 热砂冷却增湿控制自动化装置

1—旧砂斗；2—料位计；3—给料器；4—带式输送机；5—开关；6—温度检测头；7—型砂含水率检测头；8—高频发生器；9—过滤器；10—电磁水阀；11—电动调节阀；12—涡轮流量计；13—电动执行器；14—变换器；15—减压阀；16—电磁气阀；17—双轮松砂机

器将这些数据进行处理，得出增湿所需水量，并发出电信号由电动执行器 13 操纵电动调节阀 11 控制增湿水的流量。涡轮流量计 12 将实测的水量反馈入控制器，以校正电动调节阀 11。增湿水用压缩空气均匀地喷洒在热砂上，然后由双轮松砂机 17 将砂抛散均匀，送至冷却提升机或沸腾冷却机通风冷却。

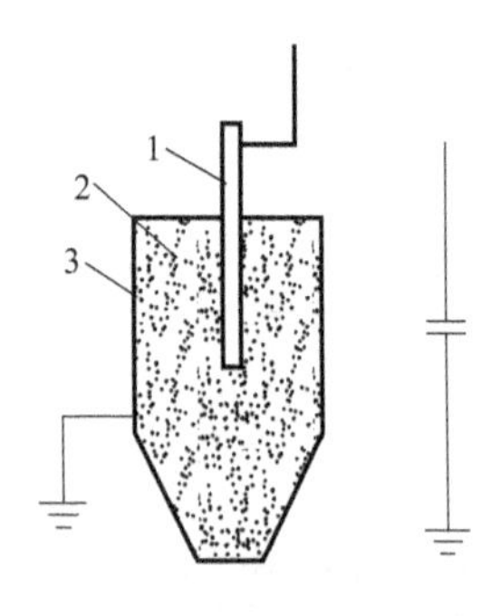

图 4-31 电容法水分控制仪的原理图

1—探头（电容器的一极）；2—旧砂（电介质）；3—砂斗（电容器的另一极）

4.8.2 电容法水分控制仪

电容法水分控制仪的原理如图 4-31 所示。因为松散物料的介电常数与水分有关，型砂中的砂粒、黏土和煤粉等物质的介电系数都很小，一般在 1.5～5.0 之间，而水的介电系数为 81，相对较大；且根据实验知道，含水物质的介电子数与其含水量之间存在线性关系。根据这一原理，用探头与砂斗壁作为电极器的两极，通过电容量的变化，就可比较准确地测量出旧砂的含水量。电容

器的探头通常是插在混砂机的定量斗中，对每批料都进行检测，测量比较准确，所以型砂水分比较稳定。这种仪器使用效果良好，但价格较高。

4.8.3　黏土混砂的自动控制及在线检测

黏土混砂过程在线控制的自动化及检测是近年来砂处理装备中最引人瞩目的研究领域。型砂中的水分是影响型砂质量的关键要素，型砂紧实率是反映型砂性能的重要指标。因此混砂的自动检测及控制多以水分及紧实率的测量及控制为中心进行。目前已实用化的控制方式及测量方法可归纳如表4-9所示。

表4-9　混砂自动控制装置的控制方法

测量参数	控制方式	测定方法	受控介质
水分 水分＋砂温	下次混料预测控制	电阻法 电容法 红外线法	水
体积密度 体积密度＋水分 体积密度＋水分＋砂温	下次混料预测控制	荷重传感器 ＋ 电容法	水
紧实率、剪切强度、抗压强度	下次混料预测控制	专用测定装置	水 黏土
紧实度	本次混料反馈控制	专用测定装置	水 时间
紧实率	本次混料反馈控制	专用测定装置	水 时间

自动化造型生产线上，型砂性能的稳定性非常重要。一般的铸造企业设有专业的型砂性能实验室，测量从生产现场采取的型砂的紧实率、抗压强度、透气性、水分等性能参数，进而对混砂中所需水、黏土、煤粉、新砂等的加入量进行调整和控制。但该方法有严重的滞后性，无法满足自动化生产的及时需要。因此人们开发了型砂性能在线检测系统，如图4-32所示。它可安装在混砂装备的出口处或型砂输送带的侧旁，通过采样器摄取已混制的型砂进入检测系统的砂筒中，砂筒上装有水分检测电极和透气性测量压力传感器。型砂进入装料筒后，料筒上端入口被汽缸驱动的盖板密封，料筒下方的汽缸驱动压板上移，紧实型砂。系统此时可测量型砂试样的水分、透气性及紧实率。随后盖板左移，紧实汽缸将试样顶出，抗压强度测量用汽缸动作，将砂型试样压碎，测其抗压强度值。测量的型砂数据可及时反馈给混砂装备，控制混砂参数。亦可存贮在计算机内，以日报表、周报表、月报表的形式输出，作为砂处理系

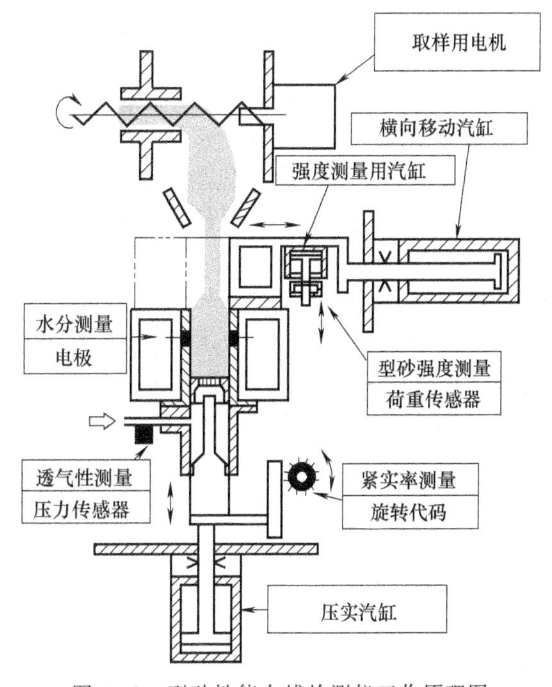

图4-32　型砂性能在线检测仪工作原理图

统生产管理的重要资料保存。

以紧实率为控制参数的混砂自动控制装置与型砂性能在线检测结合的控制系统如图4-33所示。其工作原理为先测定混砂前旧砂温度、水分等参数，确定初次加水量。然后由型砂性能在线检测仪测混砂机中砂的水分、温度、紧实率，并与设定目标值比较，由此确定二次加水量。经过反复数次混合和测量，逐渐逼近预期目标值后即可出料。

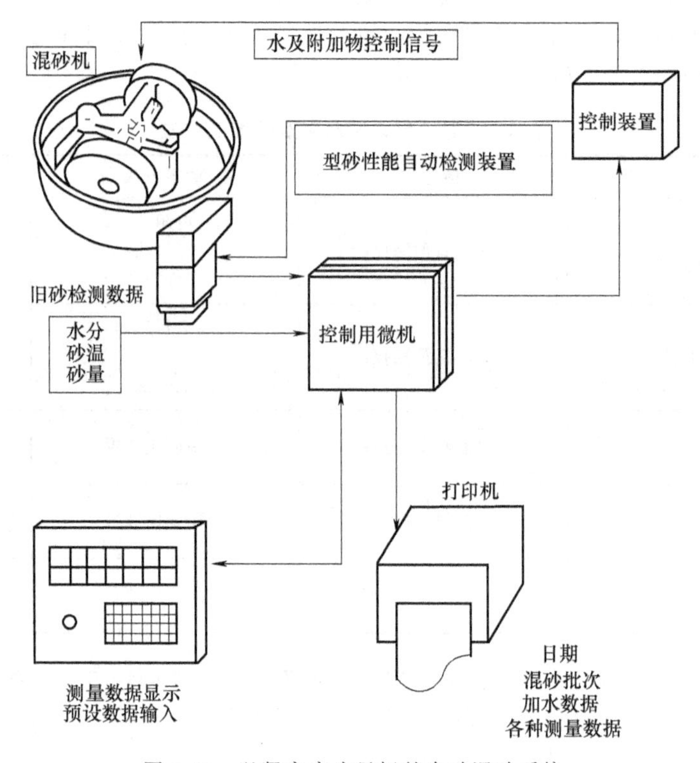

图 4-33 以紧实率为目标的自动混砂系统

4.8.4 砂处理系统的自动检测/监测

砂处理系统的组成复杂，它包括旧砂处理、型砂混制等。而一个运行可靠的自动化砂处理系统需要大量的数据检测/监测及控制。表 4-10 列出了国外某企业采用的自动化砂处理系统（和静压造型线配套）中混砂装备的监测内容、测定方法及数据处理方式。

表 4-10 混砂装备的自动检测及处理方法

工序		检测内容	测定位置	测定目的	测定方法		重要性	实现性	数据处理		
									显示	保存	打印
混砂	常检	混砂机的电流使用电力	混砂机控制柜	混砂状态监视	自动	电流计 3 相电度计	△	△	△	△	—
	每20 s	CB值，水分，砂温	混砂机	混砂过程监视 CB控制 水分控制	自动	型砂性能测试仪	○	△	△	△	—
	每批次	旧砂重量，新砂重量，添加剂重量	料斗	型砂成分监视	自动	料斗比例	○	○	○	○	—
		加水量	加水装置	水分控制	自动	荷重传感器	○	△	○	○	—

续表

工序		检测内容	测定位置	测定目的	测定方法		重要性	实现性	数据处理		
									显示	保存	打印
混砂	每批次	混砂完毕时的CB,水分,砂温,透气性,强度	混砂机	型砂性能测量	自动	型砂性能测试仪	○	○	○	○	○
		混砂机下料斗砂量	料斗	混砂开始判定监测砂量及停留时间	自动	杠杆式料位计	△	○	△	—	—
		混砂时间监测	混砂机控制柜	砂量不足、上一工序异常、型砂性能异常检测	自动	PLC 内部计数器	○	○	○	○	—

注：○—高；△—中等；— —低。

思考题及习题

1. 概述黏土混砂机的种类及特点。
2. 比较辗轮式混砂机与转子式混砂机，在混砂机构和混砂原理上的不同。
3. 简述辗轮式混砂机中，弹簧加减压机构工作原理及作用。
4. 砂处理系统的自动化应主要包括哪些内容？简要说明其工艺过程。
5. 阐述旧砂再生的目的及意义。旧砂再生有哪些方法？概述它们的特点及应用范围。
6. 旧砂为什么要冷却？常用的旧砂冷却方法及设备有哪些？
7. 概述水玻璃砂、树脂砂混砂机的种类及结构特点。
8. 简述黏土混砂的自动控制及在线检测的主要指标及其作用。

第 5 章　铸造熔炼设备及控制

熔化是金属液态铸造成型的首要环节，其任务是提供高质量的金属液体。根据合金材料可选择不同的金属熔化方法，如：铸铁合金广泛采用冲天炉熔化、铸钢常用电弧炉或感应电炉熔炼、铝合金常用电阻炉或油气炉熔化等。金属的熔化装备一般应包括三大部分：熔化炉、辅助装备（如配料加料装备等）、浇注装备。本节首先介绍铁合金熔化用冲天炉、感应电炉熔炼装备及其自动化，然后介绍自动浇注装备及其应用。

5.1　冲天炉熔化

5.1.1　冲天炉熔化系统组成

冲天炉是铸造车间获得铁水的主要熔炼设备，其典型结构如图 5-1 所示。它由炉底、炉体和炉顶三部分组成。炉底起支撑作用，炉体是冲天炉的主要工作区域，炉顶排出炉气。冲天炉的熔化过程如下：空气经鼓风机升压后送入风箱，然后由各风口进入炉内，与底焦层中的焦炭发生燃烧反应，生成大量的热量和 CO、CO_2 等气体。高温炉气向上流动，使底焦面上的第一批金属炉料熔化。熔化后的液滴在下落过程中被进一步加热，温度上升（达 1500℃以上）。高温液体汇集后由出铁口放出；而炉渣则由出渣口排出。

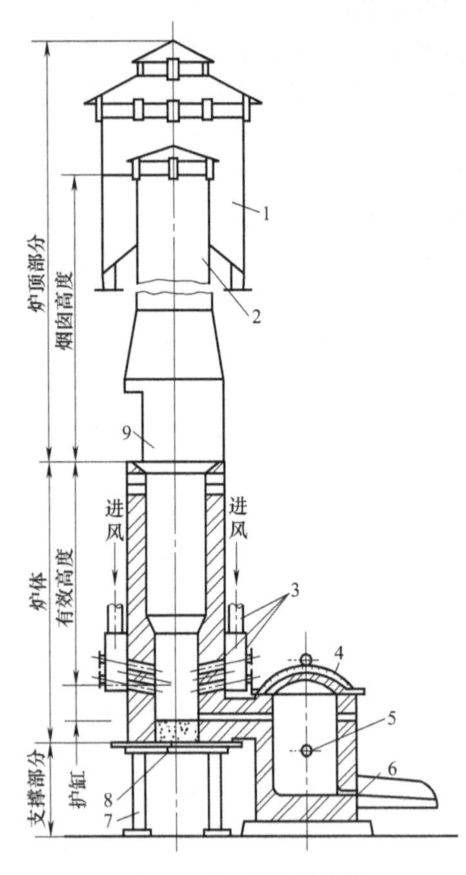

图 5-1　冲天炉结构简图

1—除尘器；2—烟囱；3—进风通道；4—前炉；5—出渣口；6—出铁口；7—支腿；8—炉底板；9—加料口

一个典型（简易型）的冲天炉熔化系统组成如图 5-2 所示。它由鼓风机、加料机、冲天炉、除尘器、循环水池、引风机等组成。

为提高冲天炉内空气的燃烧效率，常将空气加热后再送入冲天炉内，称为热风冲天炉。图 5-3 为一热风冲天炉的装备实例。冲天炉炉气由排风口被引入到热交换器的燃烧塔 4 中燃烧，产生高温废气。高温废气由上至下进入热交换器 5；由二台主风机 11 输入的冷空气则从下至上进入交换器，和高温废气发生能量交换，预热后的热空气由进风管送入冲天炉炉内。废气由右侧管道进入冷却塔 7 冷却。如果热空气温度过高，则打开电磁阀 6，使高温废气的一部分不经过热交换直接进入冷却塔，从而稳定热空气温度。因此该装备具有如下特点：①一个热风装置配两台冲天炉；②设置有金属热交换器，由燃烧塔 4 和交换器 5 组成；③燃烧塔设有火焰稳定装置和冷却装置；④热风温度稳定、波动小。

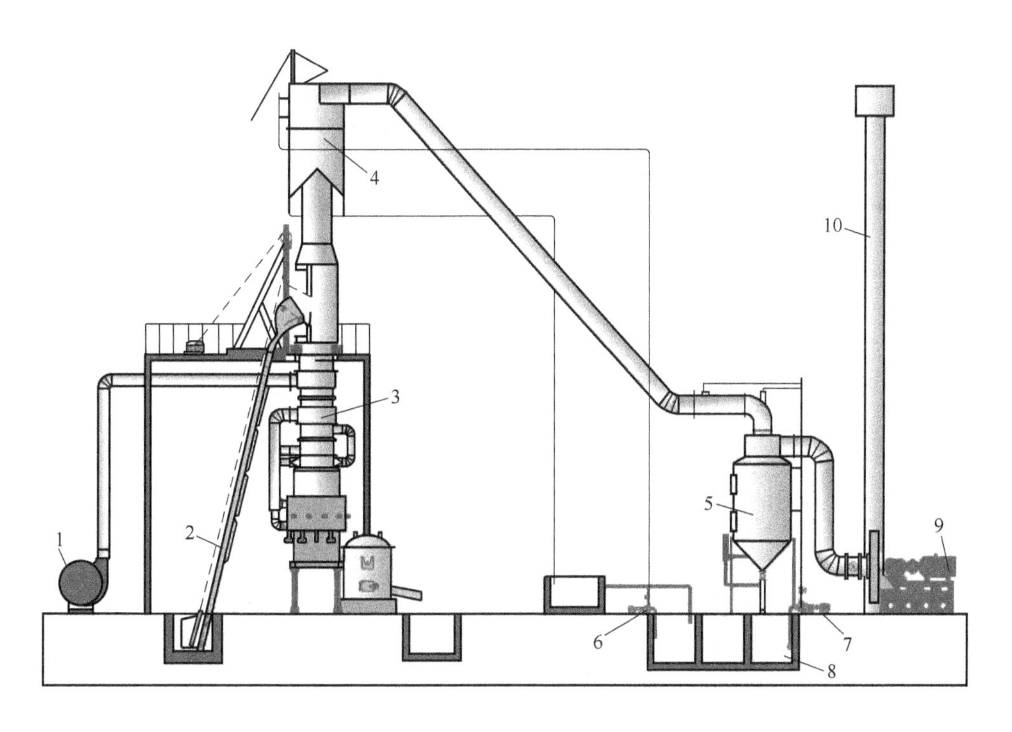

图 5-2　一个简易型冲天炉熔化系统组成全图

1—鼓风机；2—加料机；3—热风冲天炉；4—除尘罩；5—除尘器；6—一级水泵；
7—二级水泵；8—循环水池；9—引风机；10—烟囱

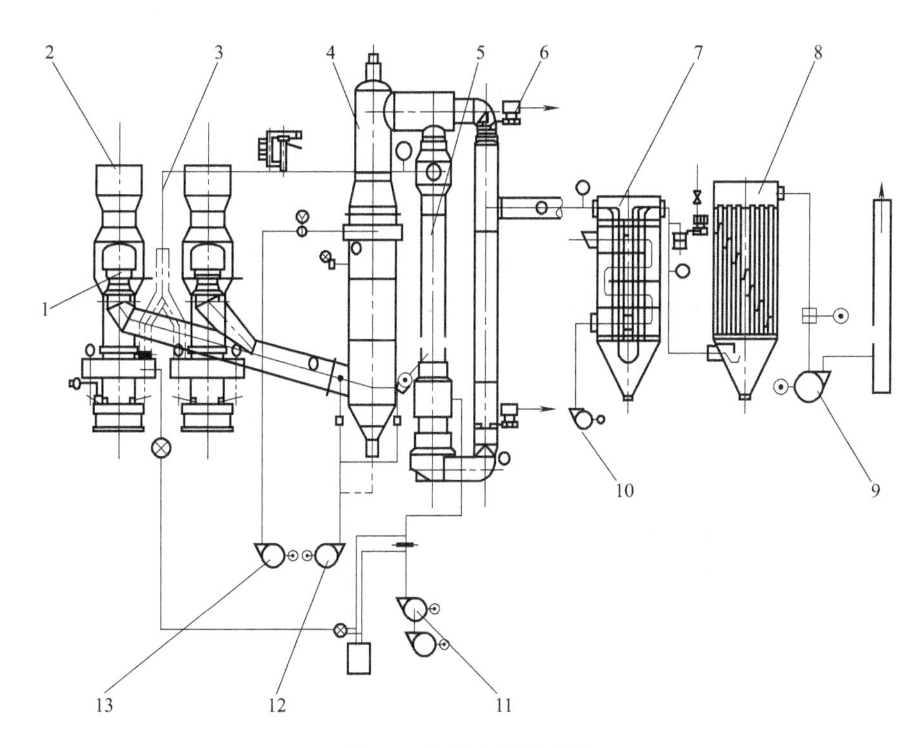

图 5-3　热风冲天炉实例

1—排风口；2—冲天炉；3—进风管；4—燃烧塔；5—热交换器；6—电磁阀；7—冷却塔；
8—除尘器；9—抽风机；10,13—冷却风机；11—主风机；12—燃烧用风机

5.1.2 称量配料装置

炉料主要包括金属料（生铁、回炉料、废钢等）、焦炭和石灰石等。不同的炉料采用不同的称量配料装置。对于焦炭和石灰石等常用电子磅秤直接称量，振动给料机输送；而金属料则采用电磁秤配料。电磁秤的结构原理如图 5-4 所示。它一般安装在行车上，可往返于料库和加料车之间，完成吸料、定量、搬运和卸料工作。它主要由电子秤、电磁吸盘及控制部分组成。

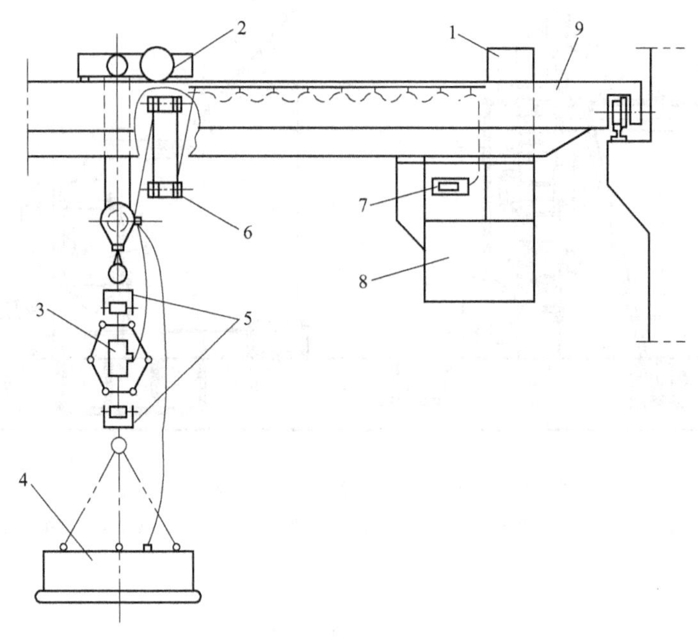

图 5-4 电磁秤的结构原理

1—控制屏；2—小车卷扬机构；3—荷重传感器；4—电磁吸盘；5—万向挂钩；6—滑轮卷电缆装置；7—电子秤；8—驾驶室；9—行车

电磁吸盘的结构原理如图 5-5 所示。它是在铸钢的钟盖内设有电磁线圈，下面用锰钢的非磁性底板盖住。当线圈内通电时，产生电磁力，吸住铁料，铁料在吸附状态下搬运，断电去磁则卸料。电磁吸盘的吸力与线圈的电流、匝数及被吸材料的性质和块度等有关。电磁吸盘的吸力 P（N）可用下公式计算，即：

$$P=\frac{2\times10^{-8}}{S}\times\frac{IN}{\frac{l}{\mu S}+\frac{l_0}{\mu_0 S_0}} \tag{5-1}$$

式中 μ——铁料的磁导率，H/m；

S——铁料的横截面积，m^2；

l_0——磁路中气隙的总长度，m；

μ_0——气隙的磁导率（$\mu_0=1$）；

S_0——磁路上气隙的横截面积，m^2；

l——减去 l_0 的磁路总长度，m；

I——线圈的电流，A；

N——线圈匝数。

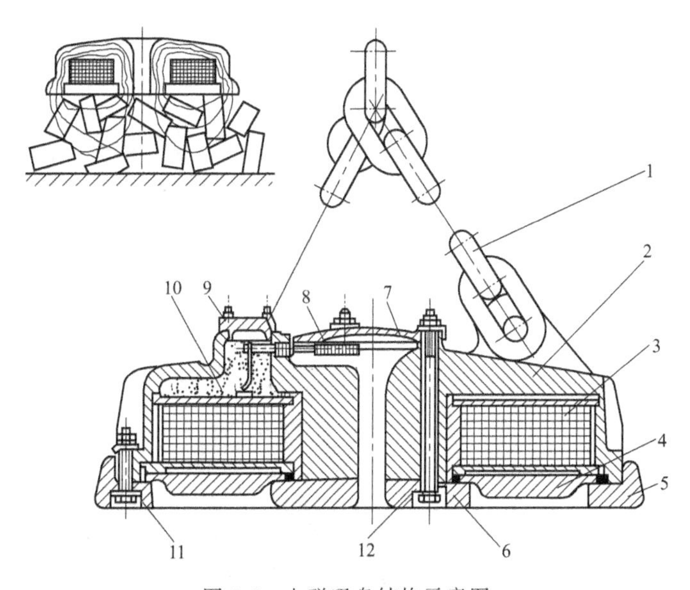

图 5-5 电磁吸盘结构示意图

1—链条；2—钟罩；3—线圈；4—非磁性底板；5—外磁极；6—内磁极；
7—盖板；8—软导线；9—注胶盖板；10—96 号油；11,12—紧固螺钉

电子秤的基本原理是利用荷重传感器因载荷变化而产生的应变信号大小来计算出载重量。控制部分为计算机控制，可根据前一次的称量误差在下一次称料时予以自动补偿。

5.1.3 加料装置

配料工序完成后，由加料系统完成加料工作，加料系统通常又包括加料主机、加料桶、料位控制系统等。

（1）加料主机　常见的加料机有爬式加料机和单轨式加料机两种。

图 5-6 为一种常见的爬式加料机结构简图。料桶 2 悬挂在料桶小车支架的前端，料桶小车两侧装有行走轮，可以沿机架 3 的轨道行走。加料时，卷扬机 4 以钢丝绳拉动料桶小车从下端的地坑内上升至加料口。然后小车上的支架将料桶伸进冲天炉炉内，这时料桶的桶体受炉壁上的支承托住，而小车的两个后轮进入轨道的交叉，被向上拉起。于是小车支架绕前轮轴旋转，支架前端向下运动，将底门打开，把料装入炉内。卸料完毕，卷扬机放松钢丝绳，料桶因自重下落返回原始位置。爬式加料机动作比较简单、速度快、操作方便，易于实现自动化，用于中、大型冲天炉批量生产。使用时，应特别注意安全，防止断绳引起的人身或机械事故。

常见的单轨加料机如图 5-7 所示。它结构简单、投资少、操作方便，主要由单轨吊、活动横梁、料桶等组成。可以是一台加料机供两台冲天炉（如图所示），也可以是一台加料机供一台冲天炉。该类加料机，每次加料需要进行多次动作，不易实现自动化，需要加料平台，一般适用于小型冲天炉的生产。

（2）加料桶

① 单轨加料机料桶　单轨加料机上的料桶如图 5-8 所示。桶底由吊杆 1（位于料桶两侧）的升降通过连杆 3 执行开闭。加料时料桶进入炉体中，钢丝绳卷扬机反转，料桶搁置在炉体中相应的凸块或吊钩支架 5 上。随即料重自行打开桶底，卸完料后钢丝绳卷扬机正转，提起吊杆关闭桶底。料桶在卷扬机的驱动下，驶出冲天炉体（如图 5-7 所示），进行下一次加料工作。

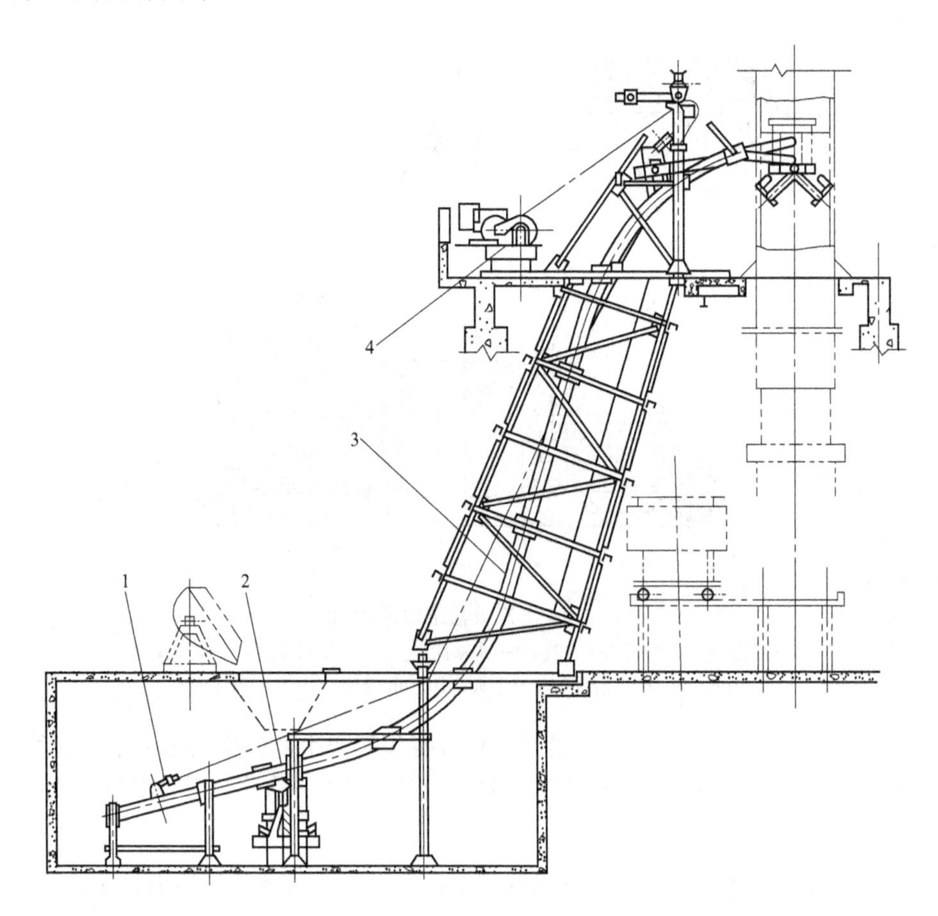

图 5-6 爬式加料机

1—料桶小车；2—料桶；3—机架；4—卷扬机

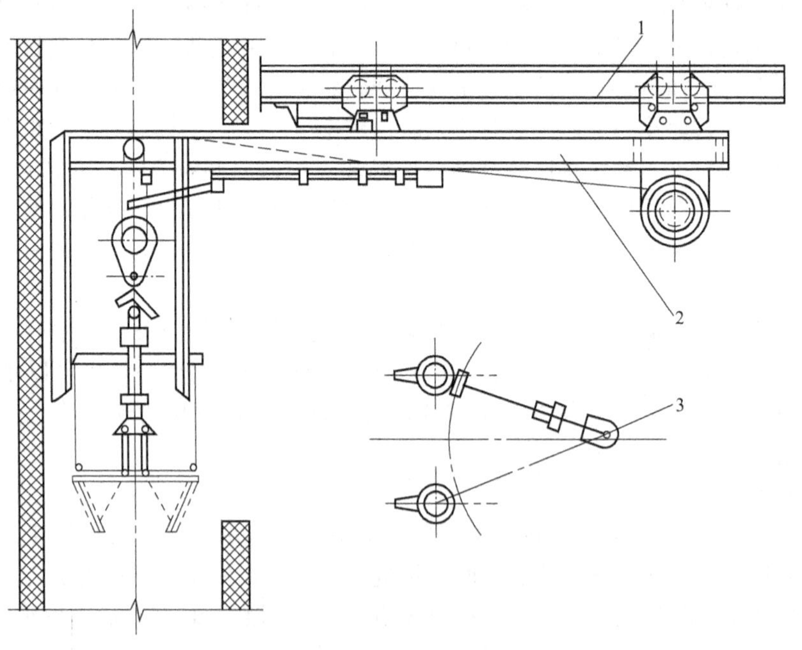

图 5-7 单轨加料机

1—单轨吊；2—活动横梁；3—立柱

② 爬式加料机料桶　用于爬式加料机的常用料桶有撞杆式料桶（见图 5-9）和后轮翘起式料桶（见图 5-10）两种。

撞杆式料桶的特点是利用碰撞脱钩而使桶底打开，结构比较简单。双门同时打开加料，较为均匀。当小车回到最低位置时，料桶落位即可关闭桶底。

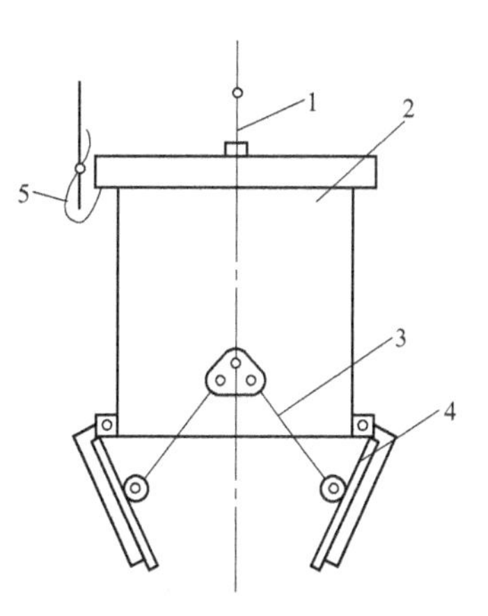

图 5-8　单轨加料机料桶

1—吊杆；2—料桶；3—连杆；4—桶底；5—吊钩支架

后轮翘起式料桶的典型结构如图 5-10 所示。小车在加料机轨道中运行时，支承料桶的内车架 3 被操纵桶底开闭机构的外车架 6 上的挡板 7 压住，桶底保持关闭。当小车上升到位时，内支架因凸块 8 被机架上相应的凸块 9 顶住，使料桶不动；而外支架受钢丝绳牵引，后轮便进入岔道 4 而翘起，外支架绕前轮倾转向下，于是桶底吊杆 12 和连杆 13 下降，桶底打开向炉体内加料。小车返回时，由于外车架后部配重而使后轮从岔道中下降回到加料机轨道上，吊杆拉起，使桶底关闭，小车落位还原，进入下一加料循环。

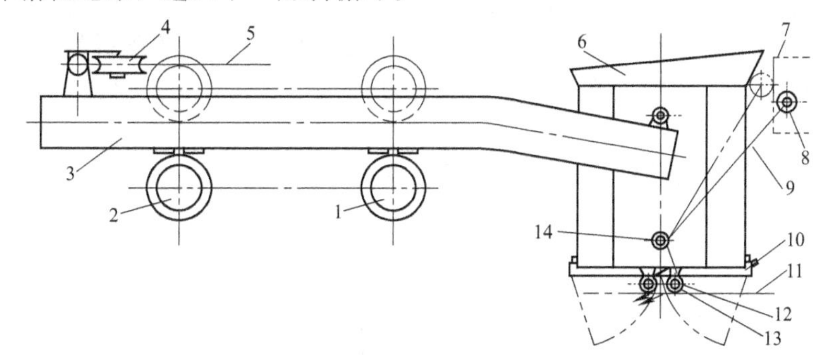

图 5-9　撞杆式双开底料桶小车

1,2—前后车轮；3—小车架；4—平衡绳轮；5—钢丝绳；6—料桶；7—碰块；8—碰轮；9—碰杆；10—桶底板；11—关底挡板；12—钩板；13—桶底滚轮；14—碰杆轴

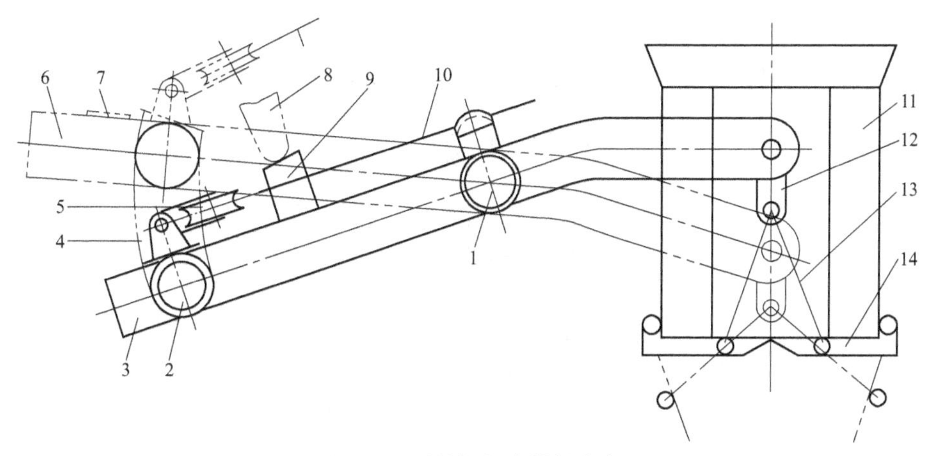

图 5-10　后轮翘起式料桶小车

1,2—前后车轮；3—内车架；4—轨道岔道；5—绳轮；6—外车架；7—挡板；8—轨道凸块；9—内车架凸块；10—钢丝绳；11—料桶；12—吊杆；13—连杆；14—底板

(3) 料位控制系统　冲天炉内炉料高度保持在一定位置对获得稳定可靠的金属液有非常重要的作用。且炉料位置的检测是实现自动加料的关键要素。常用的方法有杠杆式料位计、

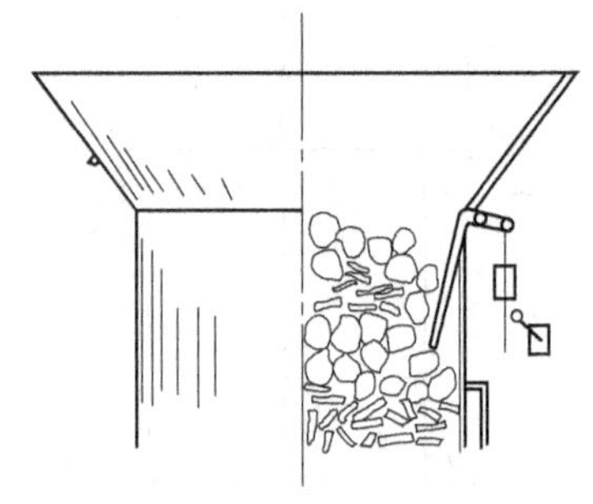
图 5-11 杠杆式料位计

重锤式料位计及汽缸式料位计等。图 5-11 为杠杆式料位计的工作原理图。料满时杠杆左臂被压下，右端上升，加料开关断开。当部分炉料熔化后炉料下降到一定位置时杠杆左臂上升，右臂下降，闭合开关给出加料信号。杠杆式料位计具有结构简单、使用可靠、价格低的优点。

5.1.4 冲天炉熔化的自动化系统

为了实现冲天炉熔化的自动化控制，必须对影响冲天炉熔炼效果的因素及指标实施实时监控，并进行实时调整。而判断冲天炉熔炼效果的指标，必须是全面达到高温、优质、低消耗三项技术经济指标，这需要铁水化学成分准确稳定、铁水温度达到要求，同时又要是冲天炉在最佳工作状态下运行，即焦炭燃烧效率高而消耗低，元素烧损少，生产率稳定。

由于影响熔炼过程的因素很多，其中包括冶金因素，如原材料来源、配比、预处理以及化学成分波动等；炉子结构因素，例如风口、焦铁比、铁料块度、焦炭质量及鼓风温度等。因此，所谓冲天炉熔化过程的控制，是在一定炉子结构，以一定的原材料及其配比条件下，调节各种工艺因素，以达到铁水化学成分及温度的基本要求，并且保证炉子在最佳状态下工作。

将上述因素分类，可归纳为四类，如图 5-12 所示。

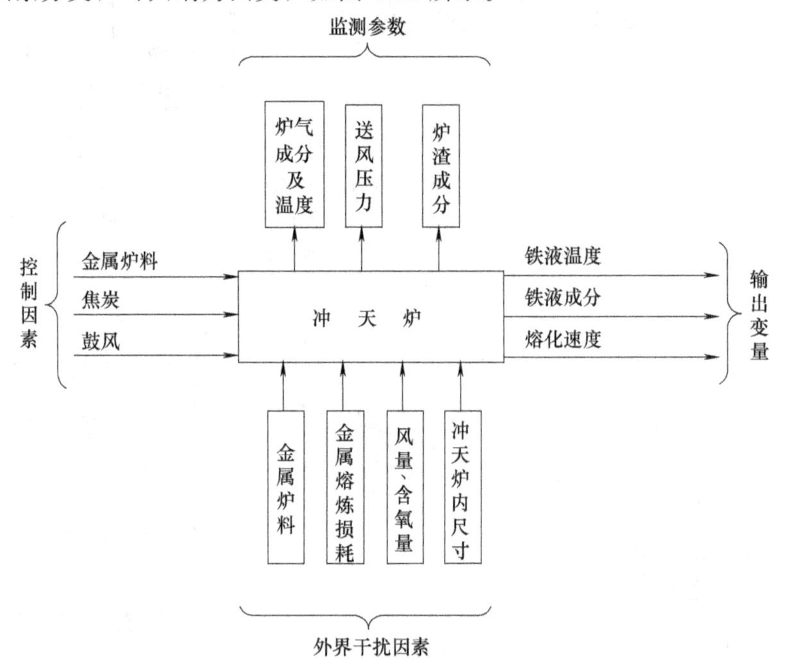

图 5-12 冲天炉熔化过程影响因素

冲天炉多参数监视和控制系统方案如图 5-13 所示。该系统可以同时输入 9 个模拟量：炉气成分（CO_2 或 CO）、炉气温度、热风温度、铁水温度、风量、送风湿度、铁水成分、风压及铁水重量。此系统共有 4 路输出控制：

① 由测定的铁水温度值与给定的铁水温度进行比较，当温度出现偏差时，输出通道输出开关量信号，开大或减小供氧气路，以此控制铁水温度；

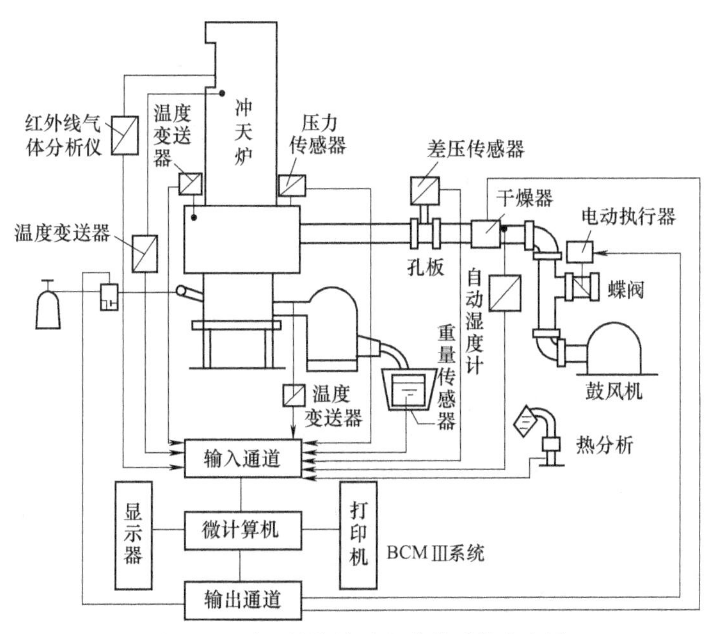

图 5-13　冲天炉熔炼过程监控系统方案图

② 通过测定炉气成分控制送风量；

③ 通过测定送风湿度控制干燥器的功率，以此来控制送风湿度；

④ 通过热分析法测定铁水的化学含量及铁水重量与给定的铁水成分比较，根据比较偏差，按铁水重量计算出炉前应补加的硅铁量。

5.2　电炉熔化

5.2.1　电弧炉

铁合金用熔化电炉，有三相交流电弧炉和感应电炉。图 5-14 所示为铸钢用三相电弧炉的结构示意图。其基本原理是，炉体上部的 3 根石墨电极通以 3 相交流电后，在电极和炉料之间产生高温电弧使金属料熔化。加料时，炉盖和电极同时上移并旋转以让出加料所需的空间及位置。熔化完毕，炉体倾转倒出金属液。

5.2.2　感应炉

坩埚式感应电炉的结构如图 5-15 所示。炉体由感应线圈、耐火砖、倾转机构、冷却水及电源等部分组成。感应加热的基本原理是，当线圈中通以一定频率的交流电时，在坩埚中产生磁场，使得处于该磁场内的金属材料中形成感应电流。由于金属材料有电阻，因此金属材料便发热而熔化。根据电流频率的不同，感应电炉可分为工频感应炉（50Hz）、中频感应炉（50～10000Hz）和高频感应炉（10000Hz 以上）。

5.2.3　电炉熔炼的自动控制系统

图 5-16 为一典型的感应炉熔炼的集中控制式自动化系统的组成。它由一台上位机控制三台各自独立的 PLC，其中一台 PLC 负责配料、运输、物流管理等功能；一台则承担熔化的优化运行，包括电源、金属液温度、冷却水控制等；另一台 PLC 则通过与上位机的通讯接口，对配料、熔化过程中的数据进行分析和计算，以提供操作指导、确保熔化质量及系统安全。该系统在实际应用过程具有以下优点：

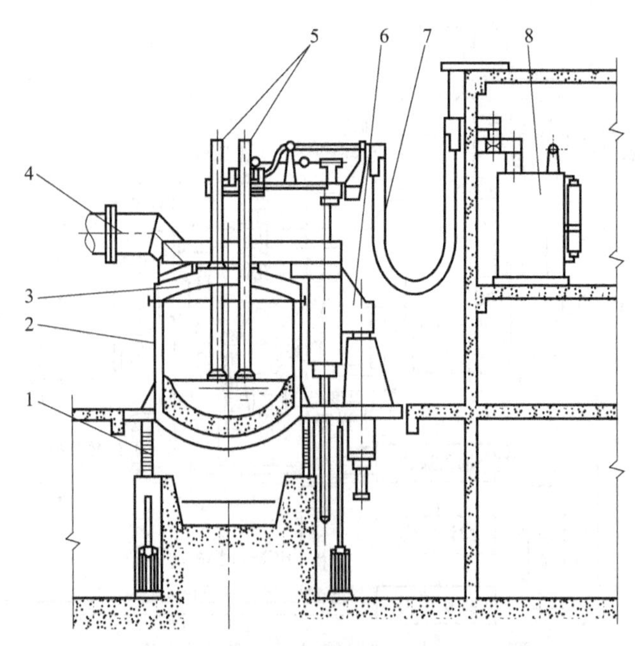

图 5-14　电弧炉结构图

1—支腿；2—炉体；3—炉盖；4—除尘；5—电极；6—炉盖开启旋转机构；7—电缆；8—变压器

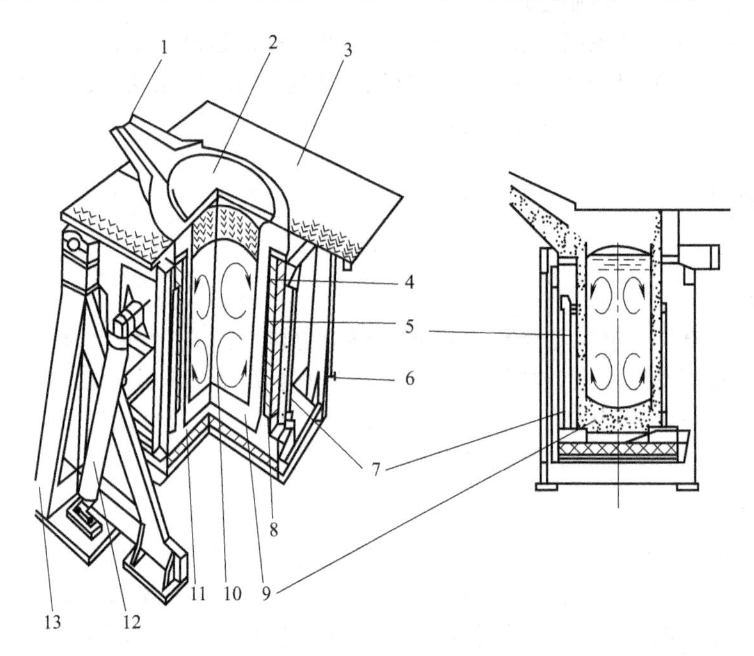

图 5-15　感应炉断面结构图

1—出水口；2—炉盖；3—作业面板；4—冷却水；5—感应线圈黏结剂；6—炉体；7—铁芯；8—感应线圈；9—耐火材料；10—金属液；11—耐火砖；12—倾转油缸；13—支架

① 运行优化，节能省电；

② 熔液出炉温度偏差小，质量稳定；

③ 可防止升温过高，安全可靠；

④ 自动化程度高，不会因操作者的不同而引起熔液质量的波动；

⑤ 熔化效率提高；

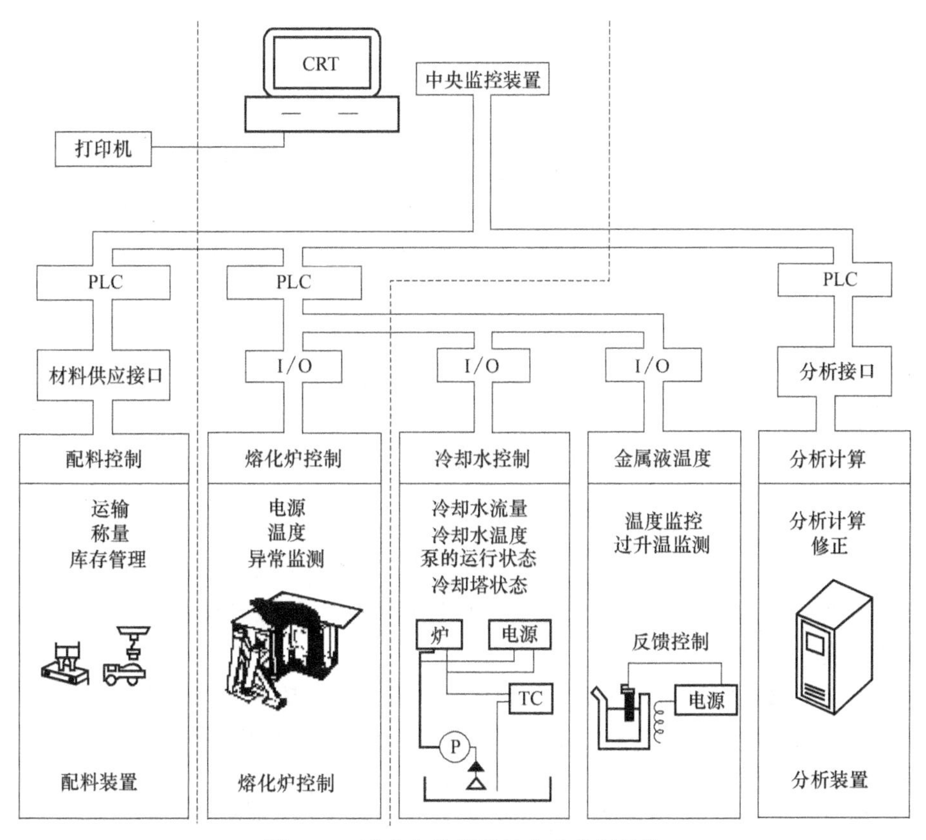

图 5-16　感应电炉熔炼的自动控制系统

⑥ 炉衬的使用寿命长；

⑦ 改善劳动环境。

感应炉熔化的安全要素是至关重要的。为确保安全自动运行，本系统设有安全自动监视装置、耐火砖损耗检测装置及物料搭棚状况检测装置。

5.3　自动浇注装备

5.3.1　自动浇注机类型及自动浇注的基本要求

铸造生产中的浇注作业环境恶劣（高温和烟气）、劳动强度大、危险性高，一直以来是迫切需要实现机械化和自动化操作的工序。为适应现代化铸造生产的要求，研制了各种各样的自动浇注机。其基本功能包括浇注时的定位与同步、浇注流量控制、浇注速度控制、金属液补充及保温、安全保护等。国内外常用的自动浇注机主要有电磁泵式浇注机、气压包式浇注机、倾转式浇注机等。

为了实现自动化浇注，需要满足自动浇注的基本要求。

（1）对位与同步　静态浇注时，仅要求浇包口与铸型浇口杯对位；而动态浇注时，不仅要求浇包口与铸型浇口杯对位，还要求包口与铸型同步运动。

（2）定量控制　需要按铸件的大小，供给适量的金属液，以满足定量浇注的要求，故控制系统中需要有定量、满溢自动监测装置。

（3）浇注速度　应按照铸造工艺的要求，控制浇注流量及浇注速度，以满足恒流浇注或变流浇注的需要。

（4）备浇速度　应根据浇包的结构形式，控制有利于开浇或停浇的时间及其浇包位置。

（5）保温与过热　浇包内，应有加热和保温装置，以保证金属液的浇注温度不至下降。

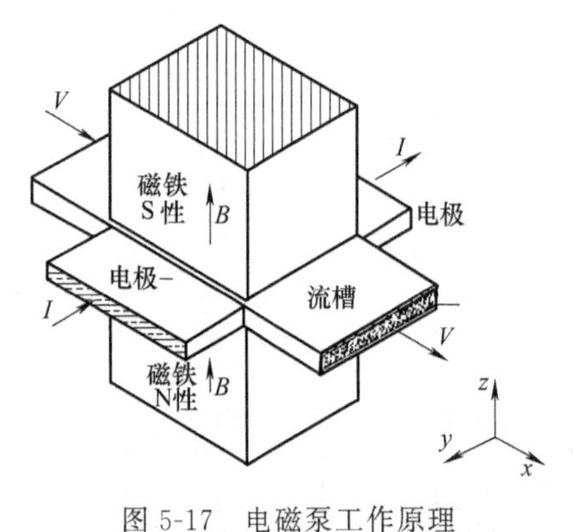

图 5-17　电磁泵工作原理

5.3.2　电磁泵的工作原理及电磁泵式自动浇注机

电磁泵式自动浇注机一般由电磁泵和浇注流槽组成。电磁泵的原理是通入电流的导电流体在磁场中受到洛伦兹力的作用，使其定向移动，如图 5-17 所示。其主要参数是电磁铁磁场间隙的磁感应强度 B（单位 T）和流过液态金属的电流密度 J（单位 A/mm^2），它们与电磁泵的主要技术性能指标——压头（ΔP）间存在如下关系：

$$\Delta P=\int_0^L J_x B_y \mathrm{d}x \tag{5-2}$$

式中，J_x 为垂直于磁感应强度和金属液体流动方向上的电流密度；B_y 为垂直于电流和金属液体流动方向上的磁感应强度；L 为处于磁隙间的金属液体长度。

扁平管道是电磁泵体流槽，内部充满导电金属液体，流槽左右两侧的装置是直流电磁铁的磁极，两磁极之间形成一个具有一定磁感应强度的磁隙。流槽的前后两侧是直流电极，电极上有电压时，电流流过流槽壁和内部的金属液体。

直流电磁泵工作时，作用于流槽内金属液体的电流（I）和磁隙磁感应强度（B）的方向，互相垂直，根据左手安培定则，在磁场中的电流元将受到磁场的作用力，该力称为安培力，其方向向上。电磁铁、电极和流槽是构成电磁泵的基本结构单元。其中电极与铝合金直接接触，并加载电流，工作环境恶劣，因此对电极的综合性能要求很高。

电磁泵的效率通常很低，如何提高电磁泵的效率，对于电磁泵的推广应用是一个十分重要的课题。电磁泵的效率受诸多因素的影响，泵体流槽结构、直流电极是关键结构因素。

由电磁泵和浇注流槽组成的自动浇注机的结构原理如图 5-18 所示。电磁泵所在的流槽位置处于浇包的最底部，保证金属液长期充满电磁泵的流槽。而浇嘴位置则稍高于排液口。工作时金属液在电磁泵的推力作用下，先沿流槽坡上升到达浇嘴处，再经浇嘴流出。电磁泵浇注机的优点是容易调节浇注速度和浇注量；容易实现自动化；此外电磁力对熔渣不起作用，因此流动时只有金属液向浇注口方向运动，可保证浇注的金属液质量。

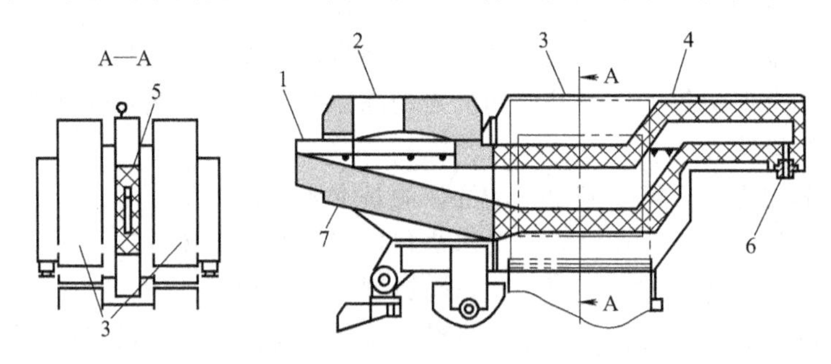

图 5-18　电磁泵自动浇注机的结构简图

1—排液口；2—加料口；3—电磁泵；4—流槽；5—耐火材料；6—浇嘴；7—贮液槽

5.3.3 气压式自动浇注机

气压式自动浇注机的原理如图 5-19 所示。在密封浇包的金属液面上施加一压力，金属液在压力的作用下沿浇注槽上升，金属液到达浇注口后便自然下落，浇入到铸型。浇注完毕，金属液面上的气体卸压，金属液回落。为保证浇注平稳，浇注前金属液面上应施加一个预压力（备浇压力），使金属液到达浇注槽的预定位置。且每浇注一次，浇包内的金属液面下降，该预压力应随着液面的下降而自动补偿。

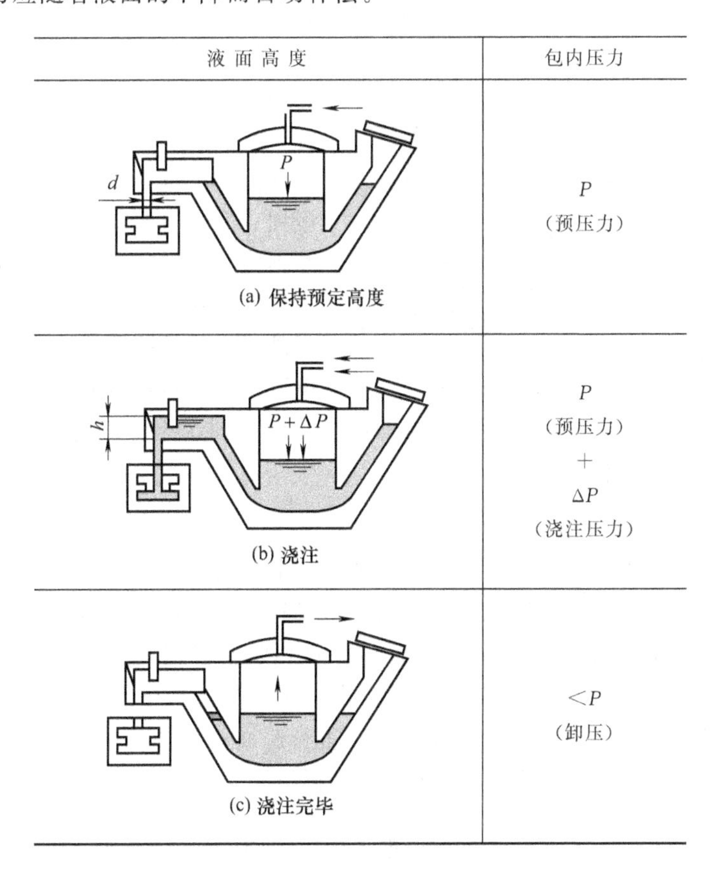

图 5-19 气压式自动浇注机的工作原理

采用荷重传感器与预压力联合控制可大大提高浇注定量的精度和浇注过程的稳定性，它使称量、保持备浇状态、浇注、卸压等各个动作均自动连续进行，如图 5-20 所示。其工作

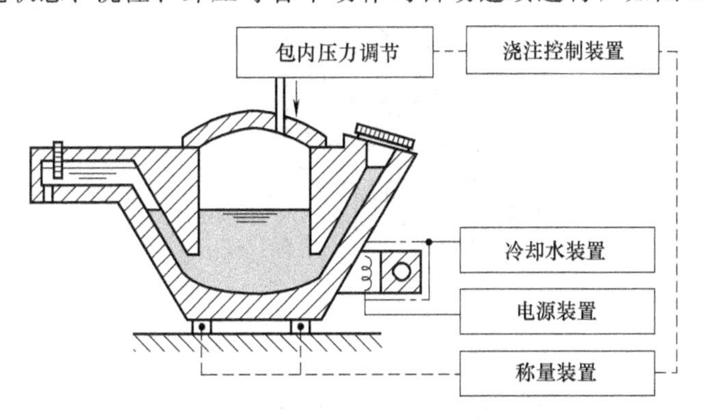

图 5-20 带荷重传感器的气压式自动浇注机

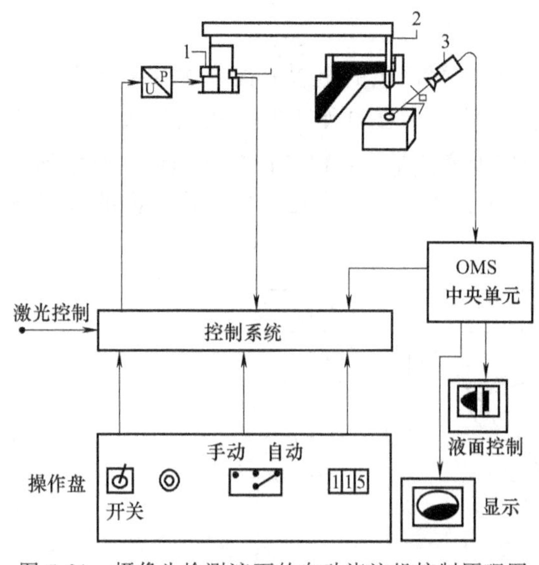

图 5-21 摄像头检测液面的自动浇注机控制原理图
1—伺服油缸；2—塞杆；3—摄像头

原理如下：首先称量浇注前的整个浇包的重量，然后加压浇注。浇注过程中浇包重量逐渐减少，当减少量逐渐逼近于设定的铸件重量时，就根据对应的“气压—流速”关系图，降低浇包内气压，减小浇注量，最后直至停止加压并保持包内有一定的初始压力。

近年来，随着图像处理技术的发展，利用图像传感器（如摄像头等）摄取铸型浇口杯或冒口中的金属液面状态，以控制浇注过程的气压式自动浇注机获得了成功应用。它是将摄取的浇口杯中的液面图像数据传输到计算机中，与计算机中预存的浇口杯充填状态图进行比较处理，并以此得到相应的控制信号，然后驱动伺服油缸/电机动作，带动塞杆升降得到不同的开启程度。如浇口杯中完全充满液体，且液面不再变化时，即认为浇注完毕，塞杆下降关闭浇嘴。图 5-21 为其控制工作原理图。

5.3.4 倾转式自动浇注机

倾转式浇注机是目前使用最广泛的浇注装备。其特点是结构简单，容易操作，适应性强，能满足不同用户的需求。图 5-22 为普通浇包倾转式浇注机的结构图。浇包 12 由行车吊运置于倾转架 11 上，浇注机沿平行于造型线的轨道移动，当其对准铸型浇口位置后，电机 5 的离合器脱开；同时汽缸 2 将同步挡块 1 推出，使之与铸型生产线同步。倾转油缸 10 推动倾转架 11，带动浇包以包嘴轴线为轴心转动进行浇注。浇注完毕，同步挡块 1 缩回，离合器合上，电机反转，浇注机退到下一铸型再进行浇注。液压缸 8 使浇包作横向移动并与纵

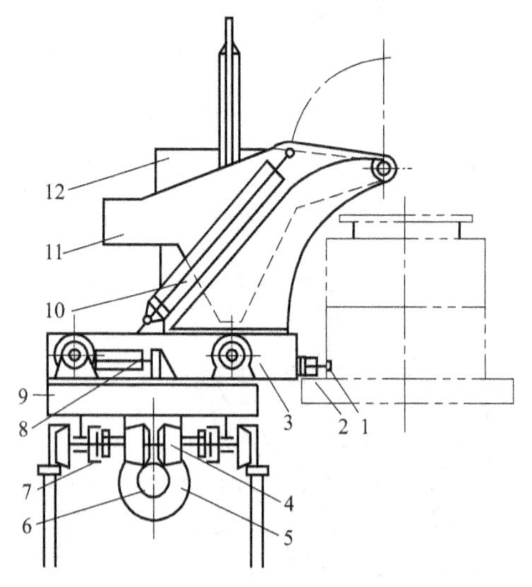

图 5-22 倾转式自动浇注机
1—同步挡块；2,4—薄膜汽缸；3—横向移动车架；5—电机；6—减速器；7—摩擦轮；
8—横向移动液压缸；9—纵向移动液压缸；10—倾转油缸；11—倾转架；12—浇包

图 5-23　倾转式自动浇注机的现场浇注

向移动配合，满足浇包对位要求。图 5-23 为扇形包的倾转式自动浇注机的应用实例。

图 5-24 为国外开发的全自动倾转式浇注机的检测及控制原理图。它采用了多传感器检测浇注时温度、流量、浇口杯液面等以适时控制浇注机，实现浇注过程的全自动化。

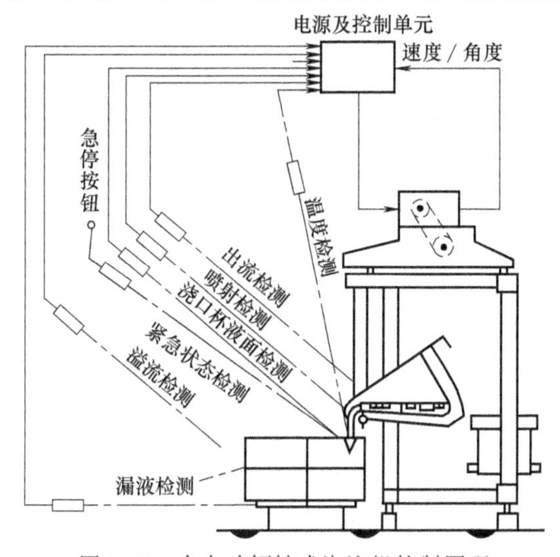

图 5-24　全自动倾转式浇注机控制原理

思考题及习题

1. 简述液态金属熔化的常用装备种类，概述它们的结构原理、特点及适用场合。

2. 概述电磁吸盘的作用原理，分析影响电磁吸力大小的因素。

3. 在冲天炉熔化的自动化系统中，常用哪些控制变量？概述实现熔化过程自动化控制的意义。

4. 比较爬式加料机和单轨式加料机的区别。

5. 简述常用浇注装备的种类及控制原理，实现浇注自动化对提高铸件生产质量的作用。

第6章　落砂、清理及环保设备

6.1　落砂设备

落砂是在铸型浇注并冷却到一定温度后，将铸型破碎，使铸件从砂型中分离出来。落砂工序通常由落砂机来完成，常用的落砂设备有振动落砂机和滚筒落砂机两大类。

6.1.1　振动落砂机

振动落砂机是利用振动力驱使栅床与铸型周期振动，使落砂栅床将铸型抛起又自由下落与栅床碰撞，经过反复撞击，砂型破坏，最终铸件和型砂分离。衡量振动落砂效果的指标有如下几项。

① 撞击比能 e　铸型与栅床在碰撞的瞬间相对速度大，铸型获得的撞击能就大，落砂效果就好。

碰撞前后，单位重量铸型所获得的撞击能，称为撞击比能 e。e 愈大，撞击愈强烈，落砂效果愈好。e 的量纲为长度单位，故其物理意义为单位重量的铸型下落高度。

② 铸型跳高 h　落砂效果取决于铸型和栅床碰撞的强烈程度。而碰撞的强烈程度又正比于碰撞前后的冲量（相对速度）。铸型落下碰撞时的速度与铸型跳高 h 成正比，所以 h 也是衡量落砂效果的指标。

③ 落砂效果量度 E

$$E=fH=\frac{w}{2\pi}H=\frac{n}{60}H\ (\mathrm{mm/s}) \tag{6-1}$$

式中　f——落砂机的激振频率，1/s，即 Hz；

w——落砂机激振角频率，rad/s；

n——主轴转速，r/min；

H——铸型降落高度，mm。

E 的物理意义是铸型单位重量所获得的平均功率，落砂主要靠这个功率。E 反映了时间这一因素，显然比前两种指标更合理。

根据理论分析，增加落砂效果有下列途径：采用低频大振幅落砂机；适当加大栅床质量；有箱铸型的落砂效果优于无箱铸型。目前，常用的落砂机为振动式落砂机，它又分为惯性类振动落砂机、撞击式惯性振动落砂机、电磁振动落砂机等。

(1) 惯性类振动落砂机　惯性类振动落砂机是当前应用最广的设备。落砂机的栅床支承在弹簧组上，由主轴旋转时偏心质量产生的离心惯性力激振。

惯性振动落砂机有单轴和双轴两类。单轴落砂机结构简单，维修、润滑方便；但其栅床运动轨迹是椭圆形，有水平方向的摇晃，仅适于小载荷。双轴落砂机栅床作直线运动，适于大载荷，但结构复杂，造价高。

当单轴落砂机栅床倾斜设置成双轴落砂机的激振角 $\beta=55°\sim70°$ 时，兼有输送作用，成为惯性振动落砂输送机。

惯性振动落砂机一般在过共振区工作，在启动和停机过程中都要经过共振区，振幅迅速增大，停机时更甚，可高至振幅的4～7倍，易导致机器损坏，弹簧折断，所以要采用限幅装置，或电机反接制动法等措施。

单轴、双轴惯性振动落砂机结构，分别如图6-1、图6-2所示。它们常用于中小型铸件的落砂。

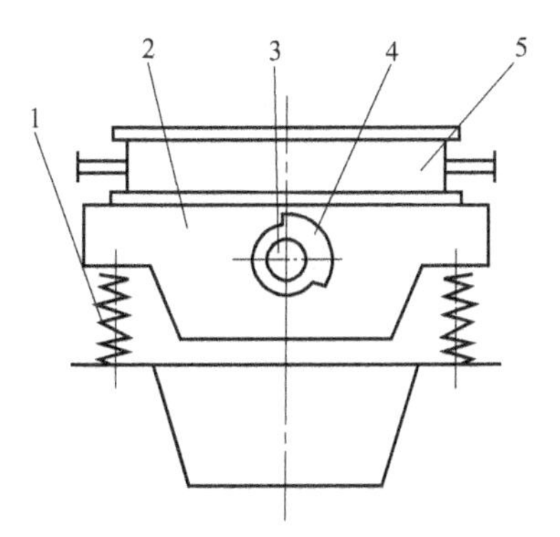

图6-1　单轴惯性振动落砂机结构简图

1—弹簧；2—栅床；3—主轴；4—偏心块；5—铸型

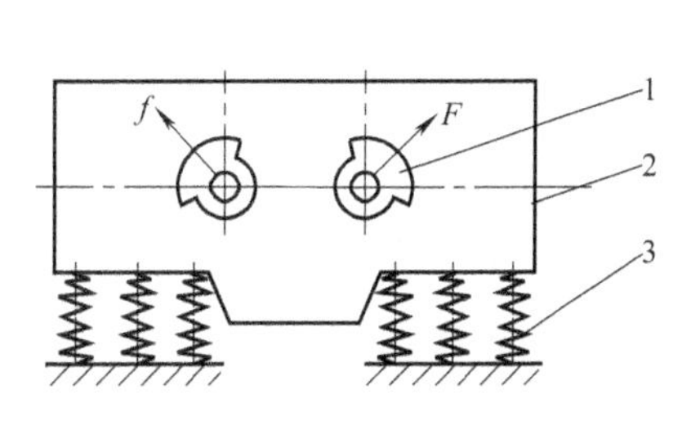

图6-2　双轴惯性振动落砂机结构简图

1—偏心块；2—栅床；3—弹簧

（2）撞击式惯性振动落砂机　撞击式惯性振动落砂机是在惯性振动落砂机的基础上演变出来的，前者与后者相比，增加了固定撞击梁；铸型置于梁上，其地面与栅床上平面保持一定间隙；栅床振动时，梁上的铸型因撞击而跳起，然后靠自重下落又与梁撞击，偏心轴每转一次，铸型即受到两次撞击。此种落砂机的结构简图见图6-3。撞击式惯性振动落砂机常用于中大型铸件的落砂。

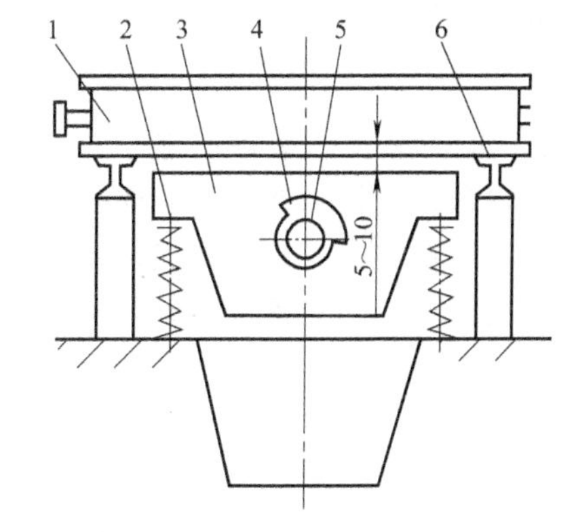

图6-3　撞击式惯性振动落砂机结构简图

1—铸型；2—弹簧；3—框架；4—偏心块；5—主轴；6—撞击梁

撞击式惯性振动落砂机的特点如下。

① 撞击式惯性振动落砂机所要求的振幅比惯性式的要大。这是因为栅床顶面不可能很平，它与撞击梁之间必定有一间隙，以免铸型压在栅床上，该间隙约为5～10mm。栅床振幅应大于该间隙，以便振动时能撞击到铸型。为了提高落砂效果，通常要增大振幅，但又不能使激振力过大，故只有将空载频率比Z选在近共振区附近。

② 撞击式惯性振动落砂机的容许负载变化范围比一般惯性式的要大，这是因为有了撞击梁，铸型不放在栅床上，抛掷指数范围扩大了。一般惯性式落砂机的抛掷指数以3为最佳，降至1.6左右，效果很差，铸型几乎抛不起来。但撞击式落砂机只要达到抛起铸型的最低要求即可，即抛掷指数$\Gamma>1$。

③ 由于在近共振区工作，弹性系统的刚度大，且有固定撞击梁，对地基的要求高。由于振幅大、振动激烈，噪声也高。

④ 不能采用无强迫联系的自同步激振器，也不能采用振动电机自同步激振，因为不能满足频率比$Z>2$的要求。

6.1.2　滚筒式落砂机

（1）滚筒式落砂机的工作原理　滚筒式落砂机的结构组成与回转冷却滚筒相近（详见图

4-14)。其工作原理是：脱去砂箱的铸型进入滚筒体内随筒体旋转到一定高度时，靠自重落到筒体下方，在相互间的不断撞击和摩擦作用下，砂型与铸件分离并顺着螺旋片方向到达筒体栅格部分进行落砂。

滚筒落砂机主要用于垂直分型无箱射压造型线上，边输送边落砂，生产率高，密封性好，噪声低，能破碎旧砂团，还可对热砂进行增湿冷却，并能对铸件进行预清理。但由于薄壁铸件易损坏，因此适用于不怕撞击的无箱小件落砂，如马钢厂用于落各种管接头零件效果很好。对太湿的潮模砂，一般除尘系统易粘砂、堵塞，因此除尘系统应适当改进。

为减少对基础的振动，机座与地基之间须垫有20～25mm橡皮缓冲垫。机器安装水平度要求是全长不超过5mm。

(2) 滚筒式落砂机的优点

其优点如下：

① 落砂时不产生振动，尘烟在该筒内很容易被除尘装置抽走；

② 清砂后铸件表面较干净；

③ 落砂后的旧砂经过预处理；

④ 不需要地坑，便于安装；

⑤ 不需要人工操作；

⑥ 既适用于无箱造型，也适用于有箱造型。

6.1.3 其他重要的落砂设备

随着振动电机制造质量的提高，采用振动电机作激振器的落砂机越来越普及，它具有结构简单、维修方便等许多优点，目前被大量采用。图6-4为采用振动电机作激振源的输送落砂机结构原理图，它具有落砂与输送两种功能。

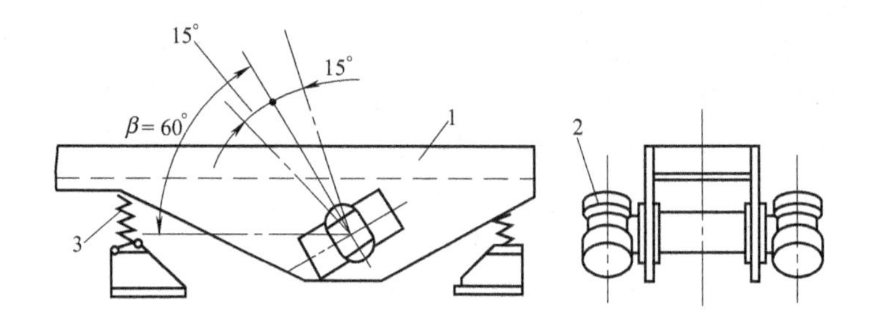

图 6-4 双侧激振输送落砂机

1—栅床；2—振动电机；3—弹簧

虽然振动落砂机具有结构简单、成本低等优点，但是它还有噪声大、灰尘多、工作环境差等缺点。另外目前工业化国家比较广泛使用普通式落砂滚筒（图4-14)、振动式落砂滚筒、机械手等。

图6-5所示为振动式落砂滚筒的原理图。它是在摆动式滚筒的基础上增加了振动机构，使得滚筒边摆动边振动，一是避免了落砂滚筒易损坏铸件的缺点；二是大大增加了落砂效果，扩大了应用范围，适合于各种大小的铸件。但因为设置有振动功能，整个机体仍对地基有影响。相比于普通式落砂滚筒，振动式落砂滚筒主要以落砂为主，砂子或铸件的冷却则是其次的。

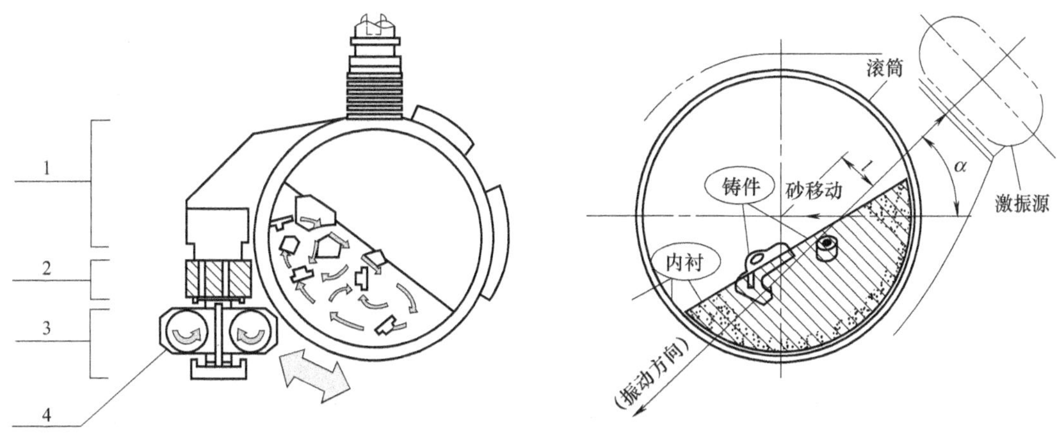

图 6-5　振动式落砂滚筒的工作原理

1—工作部分；2—增幅机构；3—激振源；4—振动电机

图 6-6 为人工操作取件机械手的外形示意图。其动作示意如图 6-6 所示，它可灵活地完成上下、左右、旋转、开闭等各种动作。其控制方式有操纵杆式或主从式（图 6-7）。对于前者需设置多个操纵杆，而后者只需一根杠杆即控制所有的动作，因此操作更灵活，更方便。

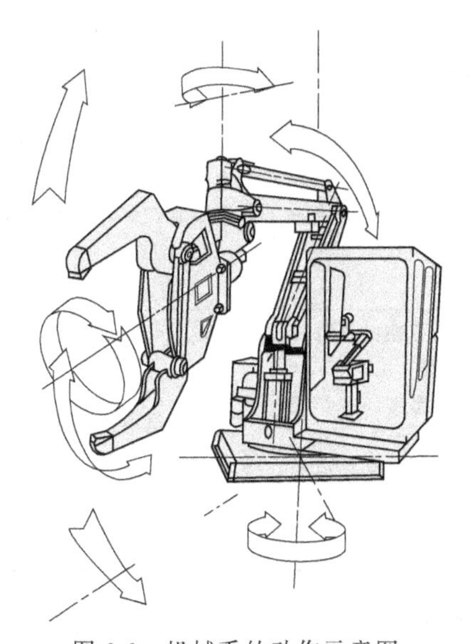

图 6-6　机械手的动作示意图

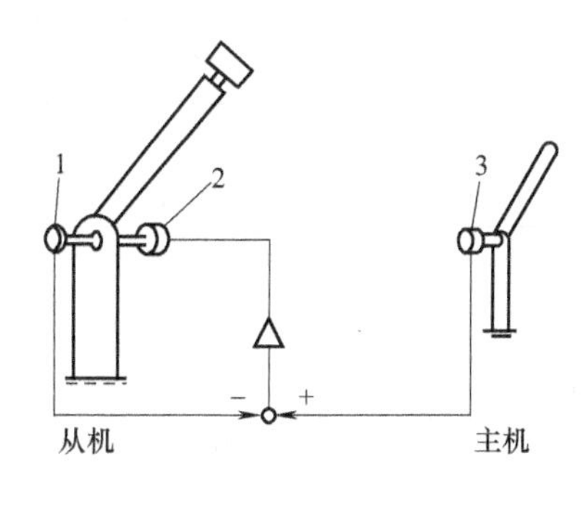

图 6-7　机械手的主从操纵方式示意图

1,3—速度/位移传感器；2—伺服电机

6.2　清理设备

6.2.1　铸件表面清理方法及设备概述

铸件清理包括表面清理和除去多余的金属两部分。前者是除去铸件表面的砂子和氧化皮；后者主要包括去除浇冒口、飞边毛刺等。铸件表面清理的常用方法有：手工清理、滚筒清理、抛丸清理、喷丸清理等，清理设备有清理滚筒、抛丸清理机、喷丸清理机等。铸件的各种表面清理方法、特点及应用范围见表 6-1。

表 6-1 表面清理方法、特点及应用范围

表面清理方法	所用设备(工具)与特点	应用范围
半手工或手工清理	1. 风铲,固定式、手提式、悬挂式砂轮机 2. 锉、錾、锤及其他手工工具 3. 手工或半手工操作,生产率较低 4. 工具简单、电动、风动或手动 5. 劳动强度大,劳动条件差	单件小批量生产的铸件
滚筒清理	1. 圆形或多角形滚筒,铸件和一定数量的星形铁,电机驱动,靠撞击作用清理铸件表面 2. 设备简单,生产率高,适用面广 3. 噪声、粉尘大,需加防护	批量生产的中、小型铸铁和铸钢件
抛丸清理	1. 利用高速旋转的叶轮将金属丸、粒高速射向铸件表面,将铸件表面的附着物打掉,有抛丸清理滚筒、履带式抛丸清理机,连续滚筒式抛丸清理机、抛丸室、通过式(鳞板输送)连续抛丸机、吊钩与悬链抛丸机、多工位转盘或抛丸清理机及专用抛丸机,如缸体的鼠笼式抛丸机等,抛丸清理是世界各国清理铸件的主要手段 2. 可实现机械化和半自动化操作,生产率高,铸件表面质量好 3. 设备投资大,抛丸器构件易磨损 4. 操作要求严格,作业环境好	批量生产的铸铁件和铸钢件
喷丸(砂)清理	1. 利用压缩空气或水将金属丸、粒或砂子等高速喷射到铸件表面打掉铸件表面的附着物。有喷丸器、喷丸清理转台、喷丸室、水砂清理等设备 2. 清理效率低,表面质量好,使用较普遍 3. 喷枪、喷嘴易磨损,压缩空气耗量大,需设立单独的操作间 4. 粉尘和噪声大,应采取防护措施	批量生产中清理铸件时,喷丸常用于铸铁和铸钢件;喷砂多用于非铁合金铸件
机械手自动打磨系统	1. 采用预编程序的程序控制或模拟随动遥控操纵机器人或机械手对铸件进行自动打磨和表面清理 2. 使铸件清理工作从高温、噪声、粉尘等恶劣的工作环境及繁重体力劳动中解放出来 3. 操作者必须具备较高的技术素质,投资大,维护保养严格 4. 需进行开发性设计研究	用于成批或大量流水生产的各类铸件

清理机械按其铸件载运方式可分为滚筒式（如抛丸清理滚筒）、转台式和室式（悬挂式和台车式抛丸清理室）。滚筒式用于清理小型铸件；转台式用于清理壁薄而又不易翻转的中、小型铸件；悬挂式清理室用于清理中、大型铸件；台车式清理室用于清理大型和重型铸件。

常见的表面清理装备主要的类型及特点见表 6-2。

选用清理设备的原则如下。

① 铸件的形状、特点、尺寸大小、代表性铸件的最大尺寸、重量、批量、产量和车间机械化程度等条件是选择清理设备的主要依据。

② 在选择清砂设备时，从技术、经济、环保全面来考虑，在允许条件下，应尽量采用干法清理设备。

③ 考虑生产工艺的特点，例如采用水玻璃砂时，应尽量采取措施改善型砂的溃散性，创造条件采用干法清砂设备。

表 6-2　常用清理装备的类型及其特点

名称		适用范围	主要参数及特点	工作原理简图	国产定型产品型号
清理滚筒	间歇作业式抛丸清理滚筒	一般用于清理小于 300kg、容易翻转而又不怕碰撞的铸件	1. 滚筒直径：ϕ(600～1700)mm 2. 一次装料量：80～1500kg 3. 滚筒转速：2～4r/min		Q3110(滚筒直径ϕ1000mm)
	履带式抛丸清理滚筒(间歇作业式)		1. 生产率：0.5～30t/h 2. 履带运行速度：3～6m/min		QB3210(一次装料500kg)
	普通清理滚筒		1. 一次装料：0.08～4t 2. 滚筒直径：ϕ(600～1200)mm		
清理室	台车式抛丸清理室	适于清理中、大型及重型铸件	1. 转台直径 ϕ(2～5)m，转速 2～4r/min 2. 台车运行速度：6～18m/min 3. 台车载重量：5～30t		Q365A(铸件最大重量 5t)
	单钩吊链式抛丸清理室	适于多品种、小批量生产	1. 吊钩载重量：800～3000kg 2. 吊钩自转速度：2～4r/min 3. 运行速度：10～15m/min		Q388(吊钩载重800kg)
	台车式喷丸清理室	适于中、大件及重型铸件	台车载重量几吨至上百吨		Q265A(铸件最大重量 5t)

④ 在选择干法清砂设备时，其选择的次序是优先考虑抛丸设备，其次是抛丸为主，喷丸为辅。对于具有复杂表面和内腔的铸件，可考虑用喷丸设备。

⑤ 对于内腔复杂和表面质量要求高的如液压件阀类铸件、精铸件等，应采用电液压清砂或电化学清砂。

⑥ 喷丸清理铸件的温度应控制在 150℃以下。因为，铸件在受到弹丸喷打的同时，还受到高速压缩空气流的冲刷和激冷，否则容易产生裂纹。

⑦ 喷丸清理设备要求及时排除喷丸清理时产生的粉尘，以便清晰地观察铸件清理情况。因此，除尘风量比相同（或相近）类型和规格的抛丸设备的除尘风量大，一般约为抛丸设备除尘风量的 2～3 倍。

6.2.2 滚筒清理设备

滚筒清理是依靠滚筒转动，造成铸件与滚筒内壁、铸件与铸件、铸件与磨料之间的摩擦、碰撞，从而清除表面粘砂与氧化皮的一种清理工艺。

普通清理滚筒（抛、喷丸清理滚筒不在此列）按作业方式可分为间歇式清理滚筒（简称清理滚筒）与连续式清理滚筒两大类。

（1）间歇式清理滚筒　间歇式清理滚筒由传动系统、筒体和支座三部分组成。清理滚筒的传动方式又分为：减速电动机直接传动、减速器传动、三角皮带传动、摩擦传动等。普通清理滚筒的结构示意如表 6-2 所示。

清理滚筒筒体截面一般为圆形，也有方形、六角形与八角形的。筒体由厚钢板制成，内衬为铸钢板或球墨铸铁板，中间垫橡胶板以降低噪声。两端盖也是双层结构。支承颈系空心结构，以利通风除尘。滚筒壳体上开有长方形门孔，长度与筒长相同，以便装卸铸件。清理时用三链闩将门盖锁紧。为使滚筒运转平稳，在另一侧配置平衡块。手动杠杆制动器或电磁抱闸制动器，可使筒体停止在指定位置，以便装卸。

滚筒浸水清理操作与干式滚筒清理基本相同，只是清理时间稍长（40～50min）。水中应添加防锈剂、快干剂。防锈剂为亚硝酸钠（$NaNO_2$），加入量为 0.6%；快干剂为纯碱（Na_2CO_3），加入量为 0.4%。水池每周换水一次，并清除沉淀与杂物。

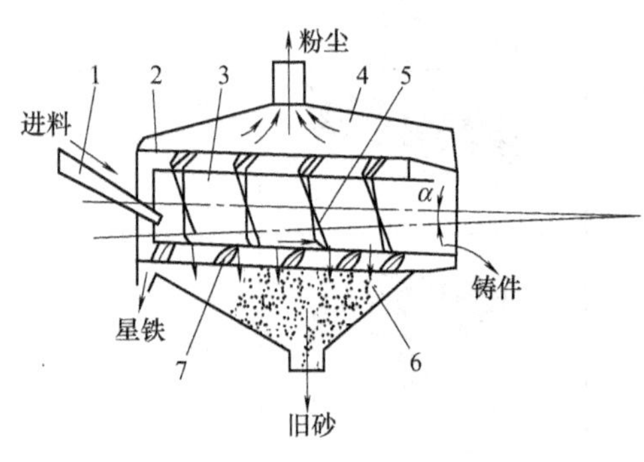

图 6-8　连续式清理滚筒工作原理

1—溜槽；2—滚筒外圈；3—滚筒内圈；4—吸尘风罩；5—螺旋状导向肋板；6—集砂斗；7—螺旋叶片

（2）连续式清理滚筒　连续式清理滚筒的工作原理如图 6-8 所示。滚筒轴线与水平面成一小倾角 α；滚筒内壁有纵向肋条，以利铸件翻滚撞击。铸件沿溜槽浸入滚筒，边前进，边与星铁、滚筒内壁撞击，清理后由出口落下；砂子经滚筒孔眼入集砂斗；星铁在出口端附近落入外层，由螺旋叶片送至进口端回用。滚筒倾角 α 通常可以调节，借以调整铸件在滚筒中的停留时间。

水平安装的连续式清理滚筒，内层应有螺旋状肋条，以便铸件随滚筒的翻转而前进。

连续式清理滚筒适用于清理流水线，针对中小型铸件进行表面清理。此外还可用于垂直分型无箱射压造型线上，作浇注后铸型的落砂与铸件的清砂。此时不用星铁，滚筒为单层（有漏砂孔），亦可为双层（外层无孔，内层有漏砂孔，末端排砂）。

连续式清理滚筒的优点是：生产率高，可组成清理流水线；清理中有破碎旧砂团块的作用；可空载启动，无需大启动转矩的电动机。

连续式清理滚筒的缺点是：铸件在滚筒内停留时间短，因此对形状复杂的铸件及其内腔而言，清理效果较差。只能清理形状简单、表面粘砂较松散的铸件。

滚筒清理在中小型铸造车间应用较广。其设备结构简单，操作维护方便，使用可靠，适应性强。但滚筒清理效率低，手工装卸劳动强度大，噪声高，由于碰撞可能使铸件轮廓损坏。滚筒清理主要用于单件小批量生产，特别适用于形状简单，能够承受碰撞的中小型铸件。有时也用于熔炼前（特别是感应电路）的炉料准备，如浇冒口返回料的清砂除锈。

6.2.3 喷丸清理设备

喷丸清理是指弹丸在压缩空气的作用下变成高速丸流，撞击铸件表面而清理铸件。喷丸清理设备按工艺要求可分类为表面喷丸清理设备与喷丸清砂设备；按设备结构形式可分类为喷丸清理滚筒、喷丸清理转台、喷丸清理室等。

喷丸清理设备的核心是喷丸器。常用的喷丸器有单室式和双室式两种。单室式喷丸器如图 6-9 所示，弹丸经漏斗 1 和锥形阀 2，进入圆筒容器 3 内。工作时压缩空气经三通阀 9 进入容器，锥形阀关闭，容器内气压增加，弹丸受压而进入混合室 6，与来自管道 7 的压缩空气相混合，最后从喷嘴 4 中高速喷出。

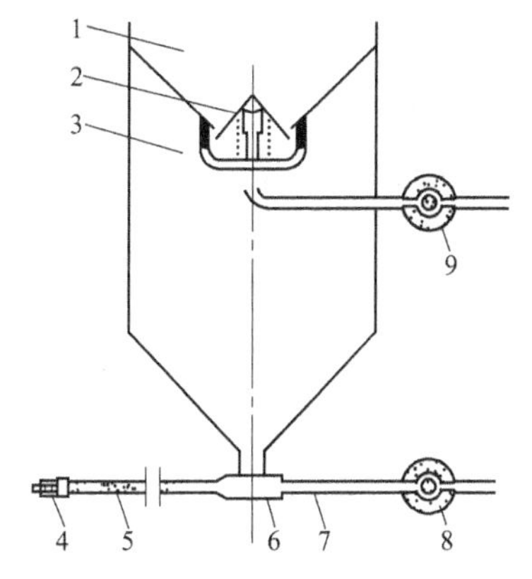

图 6-9 喷丸器的工作原理

1—加料漏斗；2—锥形阀门；3—圆筒容器；4—喷嘴；5—胶管；6—混合室；7—管道；8—阀；9—三通阀

单室喷丸器补加弹丸时，必须停止喷丸器的工作，即关断三通阀 9，容器停止进气，并同时排气。还要关闭阀 8，使混合室也停止进气。于是弹丸压开锥形阀 2，进入容器内。所以，单室喷丸器只能间断工作，使用不太方便。

双室式喷丸器的工作原理与单室相同。广泛采用的 Q2014B 型喷丸器（双室），如图 6-10所示，它主要由弹丸室、控制阀、混合室、喷头、管道等组成。其工作过程为：

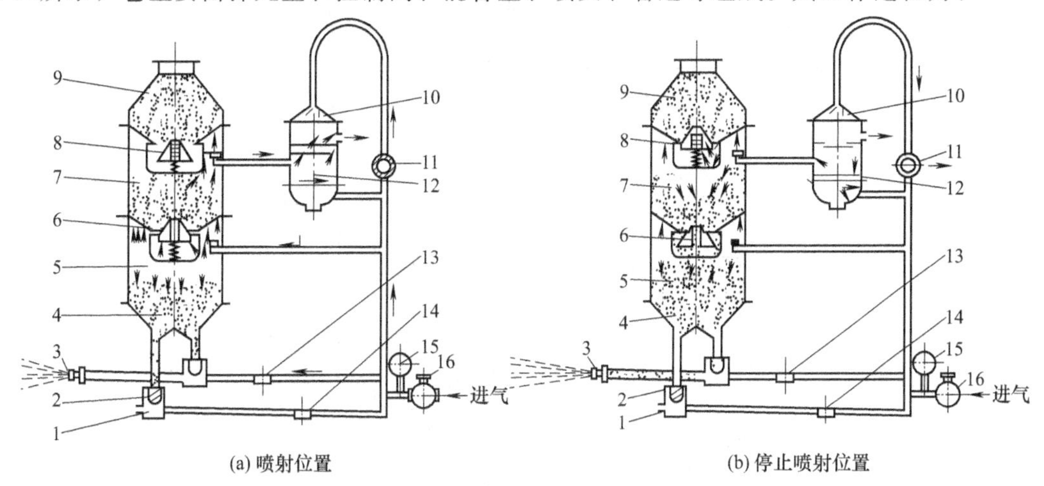

(a) 喷射位置　　(b) 停止喷射位置

图 6-10 Q2014B 型喷丸器示意图

1—混合室；2—转轴；3—喷头；4—底座；5—下室；6—下室阀；7—上室；8—上室阀；9—上罩；10—转换开关；11—三通阀；12—转换开关活塞；13,14—直通开关；15—压力表；16—进气蝶阀

① 使转轴 2 和各阀处于关闭位置；

② 从上罩按装丸量将喷丸加入喷丸器中；

③ 打开进气蝶阀 16 和直通开关 13、14；

④ 使三通阀 11 处于如图 6-10（a）所示的喷射位置；

⑤ 逐渐转动转轴，使喷丸循序落下，待喷射量适当时，停止转动；

⑥ 当下室喷丸喷完时，重新将喷丸从上罩加入喷丸器内，然后再使三通阀 11 处于图 6-10（b）的停止喷射位置，使喷丸从上罩落入上室再落入下室，保持连续工作；

⑦ 清理完毕时，先转动转轴 2 关闭喷头，再关闭进气蝶阀 16，然后将三通阀转至图 6-10（b）所示的停止喷射位置，使室内的空气迅速排入大气。

6.2.4 喷砂清理设备

喷砂清理原理与喷丸清理相似，用各种质地坚硬的砂粒代替金属丸清理铸件。喷砂清理可分为干法喷砂和湿法喷砂。干法喷砂的砂流载体是压力为 0.3～0.6MPa 压缩空气气流，湿法喷砂的砂流载体是压力为 0.3～0.6MPa 的水流。

喷砂清理多用于非铁合金铸件的表面清理，对于铸铁件主要用于清除其表面的污物和轻度粘砂。由于砂粒在清理过程中破碎较快，粉尘较大，故一般采用湿法喷砂。

喷砂清理设备较简单，投资少且操作方便，效率高，清理效果较好。尤其适合中小铸造车间用燃煤退火炉退火的铸件表面清理，可快速和较彻底地清除掉退火后铸件表面黏附的烟黑、灰等污染物。

常用的干法喷砂设备见图 6-11。它主要由喷砂嘴、喷砂室、喷砂罐、贮气罐、接抽风除尘系统等组成。散砂在压力为 0.3～0.6MPa 压缩空气的作用下，射向喷砂室内的铸件表面而获得清理。

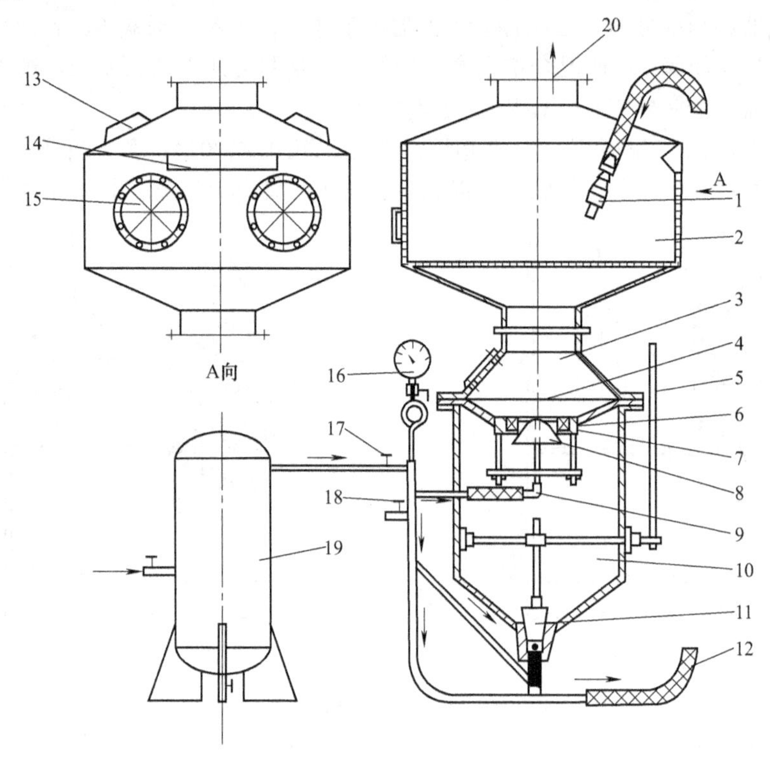

图 6-11 干法喷砂机示意图

1—喷砂嘴；2—喷砂室；3—喷砂罐；4—漏砂隔板；5—控制阀杆；6—密封盖；7—密封胶圈；8—锥形塞；9—锥形塞座；10—下室；11—控制锥阀；12—夹布胶管；13—照明灯；14—窥视口；15—橡胶软帘操作口；16—压力表；17—阀门；18—放气阀；19—贮气罐；20—接抽风除尘系统

6.2.5 抛丸清理设备

（1）抛丸清理的工作原理及分类

① 工作原理　抛丸清理是指弹丸进入叶轮，在离心力作用下成为高速丸流（图 6-12），

撞击铸件表面，使铸件表面的附着物破裂脱落（图 6-13）。除清理作用外，抛丸还有使铸件表面强化的功能。

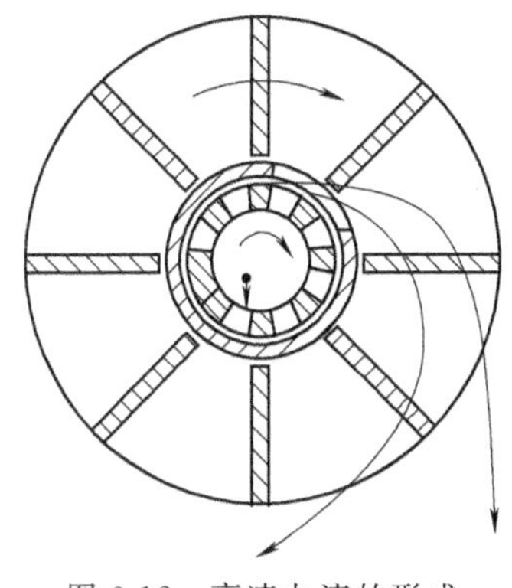

图 6-12　高速丸流的形成

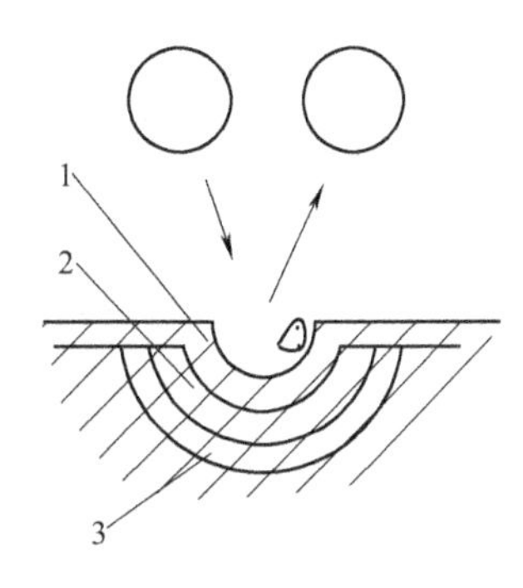

图 6-13　抛丸清理示意图

1—氧化皮锈斑体；2—塑性变形区；3—弹性变形区

撞击会使零件表面产生压痕，其内层为塑性变形区，更深处则为弹性变形区。在弹性力的作用下，塑性变形区受到压缩应力，弹丸被反弹回去。附着层、塑性变形层与弹性变形层的厚薄决定了所需的弹丸数量与速度。

一般抛丸清理只要求破坏氧化皮锈斑体，并不要求塑性变形区的厚度值；而抛丸强化则要求尽可能厚的塑性变形区。因此，不同的抛丸目的需采用不同的工艺参数（如弹丸数量、速度等）。

若铸件表面残留物为大量的型砂与芯砂，则抛丸清理中可破坏砂子的黏土膜，而使其再生，经通风除尘后回用，此即抛丸落砂。

② 抛丸清理设备的分类　抛丸清理设备，按照设备结构形式可分为：抛丸清理滚筒、抛丸清理振动槽、履带式抛丸清理机、抛丸清理转台、抛丸清理转盘、台车式抛丸清理室、吊钩式抛丸清理室、悬链式抛丸清理室、鼠笼式抛丸清理室、辊道通过式抛丸清理室、橡胶输送带式抛丸清理室、悬挂翻转器抛丸清理室、组合式抛丸清理室、专用抛丸清理室以及其他形式的抛丸清理设备。按作业方式可分为：间隙式抛丸清理设备和连续式抛丸清理设备。

此外，按工艺要求可分类为：表面抛丸清理、抛丸除锈、抛丸强化与抛丸落砂等。

a. 抛丸清理　广义来说，铸件落砂，表面清理，除锈，锻件、焊接件及热处理后的工件上氧化皮的去除，型材预处理，弹簧、齿轮的强化，家用电器、餐具的增色（指抛丸增色——利用 0.1～0.3mm 或更细的弹丸抛打，使表面粗糙度小于 R_z 6.3），航空零件成形、建筑预制件打毛等，均可适用抛丸加工。

铜、铝件也可作抛丸处理，增加光泽，提高强度。铜、铝件的抛丸并不要求很深的塑性变形区与弹性变形区，因而抛丸速度低，且用轻质弹丸。

b. 抛丸强化　抛丸强化时，要求碰撞力（冲量变化率）在零件碰撞点上产生的主应力超过零件材质的屈服点，以产生塑性变形。其外围处于弹性变形状态。碰撞第一阶段结束时，弹性变形区的张应力要压缩塑性变形区，使其产生压应力。凡是承受交变载荷的零件（如齿轮、连杆、板簧等）均可以抛丸强化提高疲劳强度，延长使用年限。

c. 抛丸落砂　抛丸落砂是一种以抛丸方法清除铸件内外表面型砂的清砂工艺。这种工艺与一般清砂工艺不同，可以同时完成落砂、表面清理、砂再生、除尘除灰砂子回用四道工序。

1958 年美国潘伯恩（PANGBORN）公司在宾夕法尼亚工厂首先使用抛丸落砂滚筒，创立了新工艺。20 世纪 60 年代，这种工艺与设备在欧美日迅速发展，1970 年美国几家公司提出四道工序合而为一的概念，进一步完善了抛丸落砂设备。我国自 20 世纪 70 年代也开始研制并推广抛丸落砂设备，并且设计上还解决了通风除尘问题。

树脂砂、自硬砂铸型可以连砂箱带铸件一起作抛丸落砂，而其他铸型不宜以此种方法处理。这是因为铸型外层砂未经烧结，黏土未丧失结晶水，无需再生。所以，先开箱轻微落砂，再作抛丸落砂将大量节约电能、劳力、时间。

抛丸落砂与表面抛丸清理的区别在于：抛丸落砂采用强力抛丸器与高效丸砂分离器，抛丸速度 70～75m/s，单台抛丸器的抛丸量不低于 200kg/min，甚至高达 500～1200kg/min，丸砂分离率达 99.5%以上。而抛丸清理中的抛丸量小，速度低（低于 60～65m/min），对分离率无严格要求。新式抛丸落砂设备亦可用于抛丸清理。新型的抛丸清理设备与抛丸落砂设备铸件接近。

抛丸落砂的特点包括：落砂除芯、表面清理、砂子经干法再生、通风除灰除尘砂子回用——四道工序合而为一，简化了工艺流程，减少了相应工序的设备，节约了场地，降低了能耗，提高了劳动生产率；可以清理 300～350℃的热铸件，缩短了生产周期，从而提高了生产面积利用率；降低了劳动强度，减小了灰尘，抑制了噪声，改善了工作环境；旧砂再生回用率高达 85%～95%，干法再生设备简单，无需烘干与污水处理；可处理 CO_2 水玻璃砂、自硬砂、树脂砂等铸型，并使其型砂获得初步再生。

（2）抛丸清理设备及影响清理质量因素

① 抛丸器　抛丸器是抛丸清理设备的核心部件，在不同形式的清理机中其数量和安装位置有所不同，尺寸大小及规格也有不同。

图 6-14 是抛丸器的结构示意图。叶轮 3 上装有八块叶片 4，与中心部件的分丸器 6 一起，均安装在由电动机直接驱动的主轴 12 上。外罩 8 内衬有护板，罩壳上装有定向套 7 及进丸管 5。工作时，弹丸由进丸管送入，旋转的分丸器使弹丸得到初加速度，经由定向套的窗口飞出，进入外面旋转的叶片上，在叶片上进一步加速后，抛射到铸件上去。由于弹丸的抛出速度很高，被冲击的铸件表面粘砂和毛刺得到了有效清理。同时还能使铸件得到冷作硬化，可提高铸件表面的力学性能。

为了改进抛丸器的工作性能，可以采用鼓风进丸的抛丸器，如图 6-15 所示。此时，弹丸被鼓风送入，调整进丸喷嘴方位即可改变抛射方向。该类抛丸器省去了分丸器和定向套，使抛丸器的结构简化，但增加了一套鼓风系统。

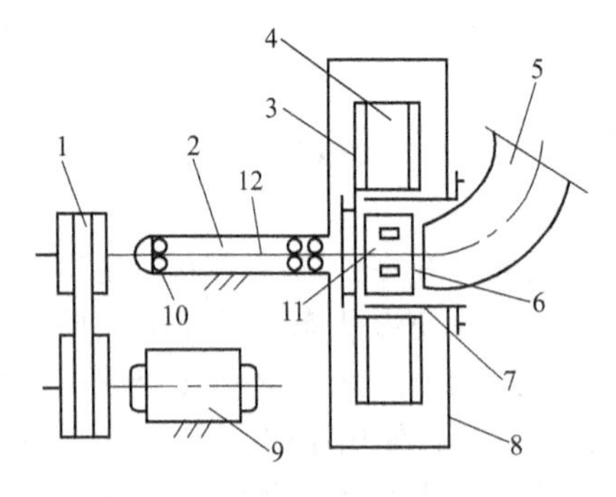

图 6-14　抛丸器

1—三角皮带；2—轴承座；3—叶轮；4—叶片；5—进丸管；6—分丸器；7—定向套；8—外罩；9—电动机；10—轴承；11—左螺钉；12—主轴

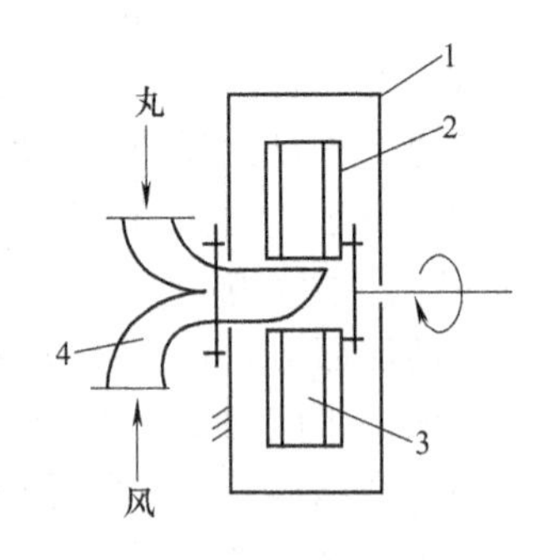

图 6-15　鼓风进丸的抛丸器

1—外壳；2—叶轮；3—叶片；4—鼓风进丸管

② 影响抛丸清理质量因素　影响抛丸清理质量因素包括抛丸速度、抛丸量、叶片与分丸器扇形体之间的相对位置、弹丸的散射及分布、弹丸的种类等。

a. 抛丸速度　抛丸速度与抛丸器转速及叶轮尺寸有关，提高叶轮旋转速度和加大叶轮直径均可提高抛丸速度。但叶轮的转速不宜过高（通常不超过 2800r/min），叶轮直径也不宜过大（通常不大于 500mm），否则会影响设备的寿命。

弹丸抛出后，在飞行过程中会遇到阻力，能量损失较大，行程每增加 1m，能量损失增加 10%，且弹丸越细、速度降低越大。抛丸速度与抛射距离间的关系如图 6-16 所示。

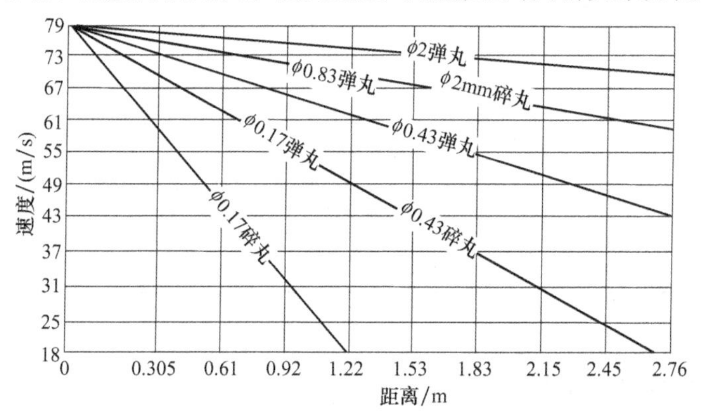

图 6-16　抛丸速度与抛射距离间的关系

抛丸速度一般按工艺要求确定。用于铸件表面清理时，可选用约 70m/s 的抛丸速度；对于抛丸落砂清理设备，则选择 75m/s 左右的抛丸速度。

b. 抛丸量　抛丸器每分钟抛出的弹丸量称为抛丸量，它是抛丸器的主要性能指标之一。抛丸量与抛丸速度越大，则清理能力越强。这两者主要取决于电动机的功率，也与抛丸器的结构及供丸能力有关。当采用大分丸器时，分丸器的内径及出口尺寸加大，分丸量显著增加。

另外，加大定向套的出口中心角可以增加抛丸量，但如果出口中心角增加过大，会使散射角增大，加剧护板的磨损，降低清理铸件的效率。

c. 叶片与分丸器扇形体之间的相对位置　为了使从分丸器内飞出的弹丸与叶片相遇的位置适中，不致撞击叶片根部，更不会飞到叶片的背面，而增加叶片磨损和不必要的弹丸间的撞击而消耗功率，安装时，分丸器扇形体工作面应比叶片超前一段距离 Δ。如 500mm 的抛丸器，应使 $\Delta \geqslant 6$mm。

d. 弹丸的散射及分布　从定向套窗口飞出的弹丸与叶片相遇的先后和位置不同，弹丸的加速度也不相同，因此抛出的速度和方向均有差异，出现弹丸的散射现象，如图 6-17 所示。一般散射角：$\alpha=55°\sim70°$，$\beta=8°\sim15°$。弹丸的散射及分布与定向套有关。定向套窗口对应的中心角 γ 越大，散射角也就越大，清理的效果就会大大降低。通常，$\gamma=45°\sim60°$。

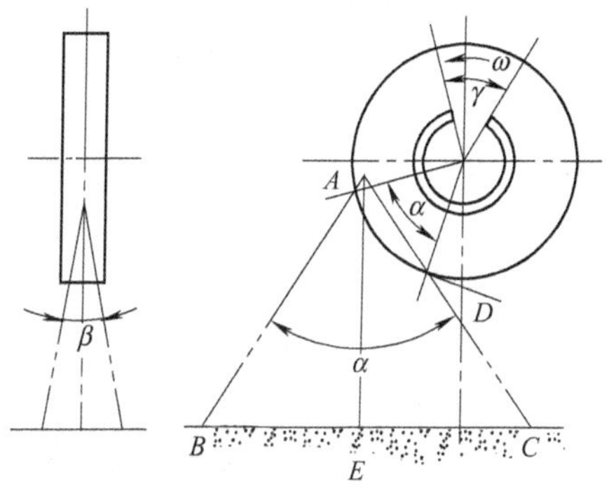

图 6-17　弹丸的散射图

e. 弹丸的材质及大小　在抛丸清理中，合理地选用弹丸材质，不仅能够得到好的清理质量和高的效率，而且弹丸和易损件的寿命均可以延长。制造弹丸所用的材料很多，如冷硬铸铁、可锻铸铁、铸钢和钢丝等，以铸钢丸和钢丝丸寿命最长。

弹丸的尺寸也比较重要，一般钢丝丸直径与长度相等。如果直径太小，会使产生的冲击力小，清理效果差；如果直径太大，则单位时间内抛在工件表面的颗粒数量就会减少，也会降低清理效率。而且大弹丸产生的弹痕大，会使工件表面粗糙，推荐的弹丸直径与使用场合见表 6-3。

表 6-3 推荐的弹丸直径与使用场合

弹丸号数	弹丸直径/mm	使用范围
20,25,30	2.0～3.0	大型铸件的清砂及表面清理
15,20,25	1.5～2.5	大型铸铁件和中型铸钢件清砂和表面清理
8,10,12,15	0.8～1.5	中小铸件及小型铸钢件的清砂和表面清理
5,8,10	0.5～1.0	小件表面清理
3,5	0.3～0.5	有色金属清理

6.3 铸造车间的环保设备

铸造生产工艺过程较复杂，材料和动力消耗较大，设备品种繁多。高温、高尘、高噪声直接影响工人的身体健康，废砂、废水的直接排放会给环境造成严重的污染。因此，对铸造车间的灰尘、噪声等进行控制，对所产生的废砂、废气、废水进行处理或回用是现代铸造生产的主要任务之一。

6.3.1 除尘设备

铸造车间的除尘设备系统的作用是捕集气流中的尘粒、净化空气，它主要由局部吸风罩、风管、除尘器、风机等组成，其中，除尘器是系统中主要设备。除尘器的结构形式很多，大致可分为干式和湿式除尘器两大类。由于湿式除尘会产生大量的泥浆和污水，需要二次处理；相比之下，干式除尘的应用更为广泛。

常见的干式除尘器有旋风除尘器和袋式除尘器两种。

(1) 旋风除尘器　旋风除尘器的基本结构如图 6-18 所示。其除尘原理与旋风分离器相同。含尘气体沿切向进入除尘器，尘粒受离心惯性力的作用而与器壁产生剧烈摩擦而沉降，在重力的作用下沉入底部。

旋风除尘器的主要优点是结构简单，造价低廉和维护方便，故在铸造车间应用广泛。其缺点是对 10μm 以下的细尘粒的除尘效率低。一般用于除去较粗的粉尘，也常作为初级除尘设备使用。

(2) 袋式除尘器　袋式除尘器的工作原理如图 6-19 所示。它是用过滤袋把气流中的尘粒阻留下来从而使空气净化的。袋式除尘器处理风量的范围很宽，含尘浓度适应性也很强，特别是对分散度大的细颗粒粉尘，除尘效果显著，一般一级除尘即可满足要求。可是工作时间长了，滤袋的孔隙被粉尘堵塞，除尘效率大大降低。所以滤袋必须随时清理，通常以压缩空气脉冲反吹的方法进行清理。

袋式除尘器是目前效率最高、使用最广的干式除尘器；其缺点是阻力损失较大，对气流的湿度有一定的要求，另外气流温度受滤袋材料耐高温性能的限制。

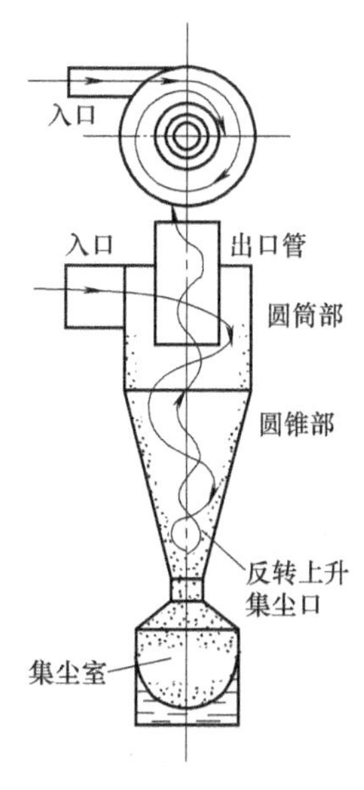

图 6-18 旋风除尘器

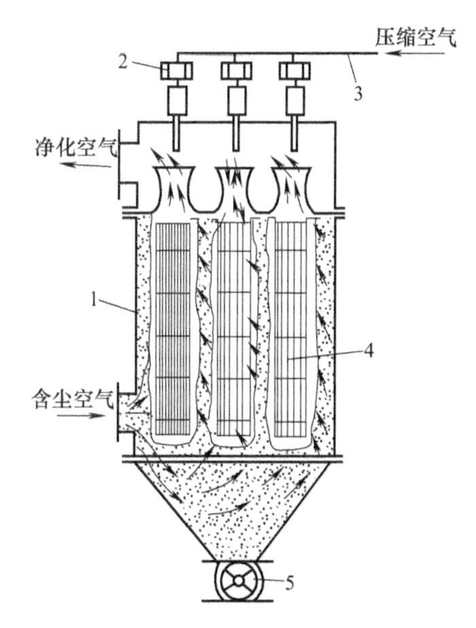

图 6-19 脉冲反吹袋式除尘器
1—除尘器壳体；2—气阀；3—压缩空气管道；
4—过滤袋；5—锁气器

6.3.2 噪声控制

铸造车间是噪声很高的工作场所，大多数铸造机械工作时都会产生一定程度的噪声。噪声污染是对人们的工作和身体影响很大的一种公害，许多国家规定，工人 8h 连续工作下的环境噪声不得超过 80～90 分贝。对于一些产生噪声较大的设备（如熔化工部的风机、落砂机、射砂机的排气口等）都应采取措施控制其对环境的影响。

噪声控制的方法主要有两种：消声器降噪、隔离降噪。

（1）用消声器降低排气噪声　气缸、射砂机构、鼓风机的排气噪声可以在排气管道上装消声器，使噪声降低。消声器是既能允许气流通过又能阻止声音传播的一种消声装置。

图 6-20 是一种适应性较广的多孔陶瓷消声器。它通常接在噪声排出口，使气体通过陶瓷的小孔排出。它的降噪效果好（大于 30 分贝），不易堵塞，而且体积小，结构简单。

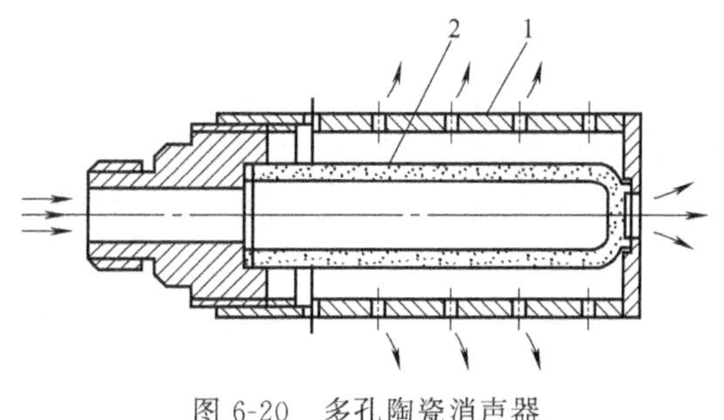

图 6-20 多孔陶瓷消声器
1—金属外套；2—陶瓷管

（2）隔离降噪　声音的传播有两种方式，一是通过空气直接传播；另一是通过结构传播，即由于本身的振动以及对空气的扰动而传播。为了降低或减缓声音的传播，常用隔声的方法。

在铸造车间有一些噪声源，混杂着空气声和结构声。单纯的消声器无能为力，常采用隔声罩、隔声室等方法隔离噪声源，它应用于空压机、鼓风机、落砂机等的降噪处理方面，均取得了满意的效果。

因振动设备的振动而产生的噪声，一般从减振和隔振方面入手，寻求降噪途径。其效果与振源的性质、振动物体的结构、材料性质和尺寸以及边界条件等有密切而复杂的关系。隔振降噪研究是现代振动研究的一个重要的研究领域。

6.3.3 废气净化装置

相对于灰尘（或微粒）和噪声对环境的污染，铸造车间排放的各类废气对周围环境的污染，影响范围更广。随着环境保护措施的日趋严格，工业废气直接排放将被严格禁止，废气排放前都必须经过净化处理。常见的废气净化方法如表6-4所示。下面结合冲天炉废气和消失模铸造废气的处理介绍工业废气的液体吸收处理法和催化燃烧处理法。

表 6-4 常见废气的净化方法

净化方法		基本原理	主要设备	特点	应用举例
液体吸收法		将废气通过吸收液，由物理吸附或化学吸附作用来净化废气	填料塔或喷淋塔	能够处理的气体量大，缺点是填料塔容易堵塞	用水吸收冲天炉废气中的 SO_2、HF 等废气
固体吸收法		废气与多孔性的固体吸附剂接触时，能被固体表面吸引并凝聚在表面而净化	固定床	主要用于浓度低、毒性大的有害气体	活性炭吸附治理氯乙烯废气
冷凝法		在低温下使有机物凝聚	冷凝器	用于高浓度易凝有害气体，净化效率低，多与其他方法联用	如用冷凝-吸附法来回收氯甲烷
燃烧法	直接燃烧法	高浓度的易燃有机废气直接燃烧	焚烧炉	要求废气具有较高的浓度和热值，净化效率低	火炬气的直接燃烧
	热力燃烧法	加热使有机废气燃烧	焚烧炉	消耗大量的燃料和能源，燃烧温度很高	应用较少
	催化燃烧法	使可燃性气体在催化剂表面吸附、活化后燃烧	催化焚烧炉	起燃温度低，耗能少，缺点是催化剂容易中毒	烘漆尾气催化燃烧处理

（1）冲天炉喷淋式烟气净化装置　冲天炉是熔化铸铁的主要设备，也是铸造车间的主要空气污染源之一。冲天炉烟气中含有大量粉尘和有害气体（SO_2、HF、CO等），必须进行净化处理。

常用的冲天炉喷淋式烟气净化装置如图6-21所示。

冲天炉烟气在喷淋式除尘装置2中经喷嘴1喷雾净化后排入大气。水经净化处理后循环使用。污水首先经木屑斗3滤去粗渣，在沉淀池4中进行初步沉淀，然后进入投药池7和反应池8。在投药池内投放电石渣 $Ca(OH)_2$，以中和水中由于吸收炉气中的二氧化硫和氢氟酸。其反应如下：

$$H_2SO_3 + Ca(OH)_2 \rightarrow CaSO_3 \downarrow + 2H_2O$$

$$2HF + Ca(OH)_2 \rightarrow CaF_2 \downarrow + 2H_2O$$

反应产物经斜管沉淀池9沉淀下来，呈弱碱性的清水流入清水池12，再由水泵13送到喷嘴。磁化器14使流过的水磁化，以强化水的净化作用。沉淀下来的泥浆由气压排泥罐5排到废砂堆。

这种装置的烟气净化部分结构简单、维护方便、动力消耗少。如果喷嘴雾化效果好，除尘效率可达97%；SO_2、HF气体也被部分吸收。其缺点是耗水量较大，水的净化系统较复杂和庞大。

（2）消失模铸造（EPC）废气净化装置　消失模铸造（EPC）产生的废气除 H_2、CO、CH_4、CO_2 等小分子气体外，主要是苯、甲苯、苯乙烯等有机废气。这些有机废气直接排

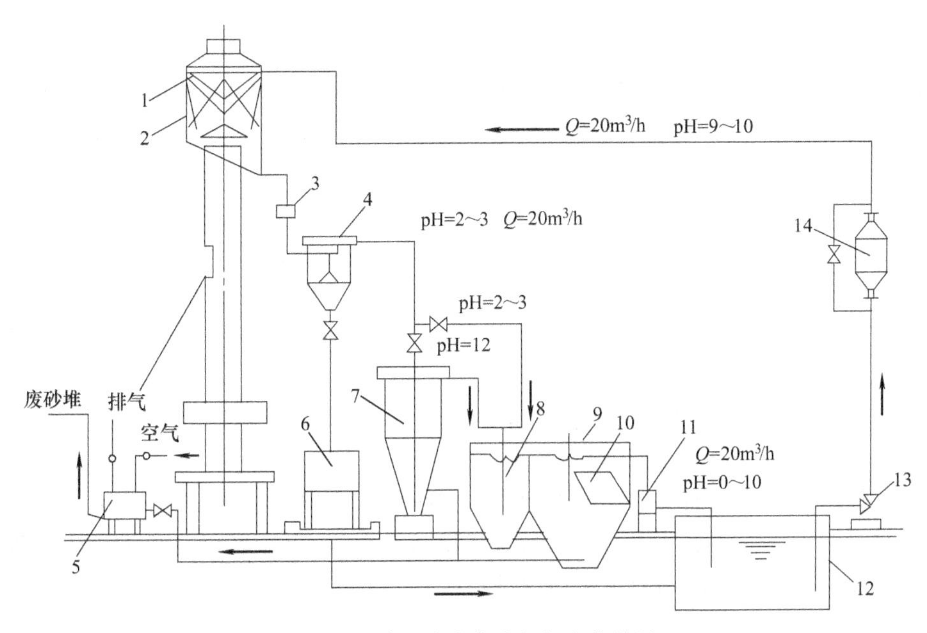

图 6-21　冲天炉喷淋式烟气净化装置

1—喷嘴；2—喷淋式除尘器；3—木屑斗；4—初沉淀池；5—气压排泥罐；6—渣脱水箱；7—投药池；8—反应池；9—斜管沉淀池；10—斜管；11—三角屉；12—清水池；13—水泵；14—磁化器

放对环境影响较大，大量生产时，必须进行净化处理。净化处理有机废气的方法很多（如表6-3所示），试验研究表明，催化燃烧法对处理消失模铸造废气比较合适。

催化燃烧净化废气的原理是，使废气以一定的流量通过装有催化剂的具有一定温度的催化焚烧炉内，废气在催化剂表面吸附、活化后燃烧成 CO_2、H_2O 等无害气体排放。由华中科技大学研制开发的EPC废气净化装置的原理图如图6-22所示。它采用了催化燃烧处理方案，具有净化率高、操作控制简便等优点。

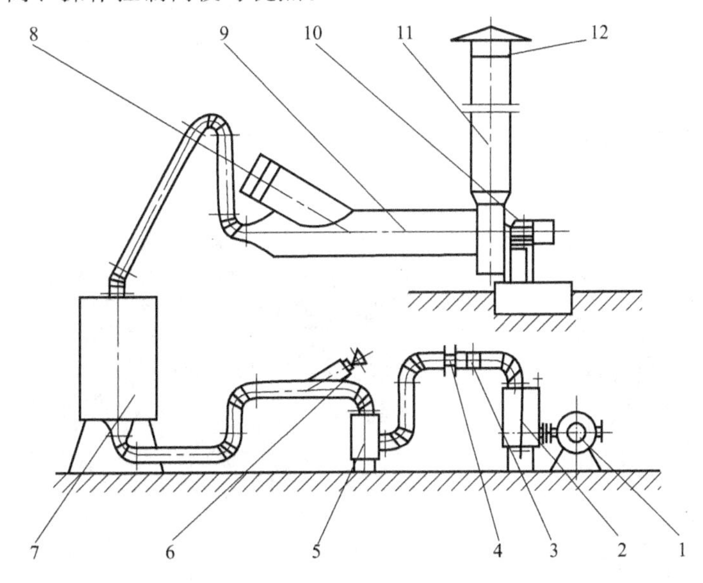

图 6-22　EPC废气净化装置的原理图

1—水环真空泵；2—气水分离器；3—应急阀①；4—废气截止阀②；5—贮气罐；6—新鲜空气阀③；7—催化燃烧炉；8—冷却空气阀④；9—进风管；10—风机；11—出风管；12—风帽

6.3.4 污水处理设备

在湿法清砂、湿式除尘、旧砂湿法再生等工艺过程中，会产生大量的污水，这些污水如直接排放，会对周围环境和生物产生严重的影响，必须对其进行处理以实现无害排放。而对于像我国北方这样的缺水地区，还须考虑生产用水的循环使用。

铸造污水的特点是：浊度高，且不同的污水其酸碱度差别大（如：水玻璃旧砂湿法再生污水的 pH 值可大于 11～12，而冲天炉喷淋式烟气净化污水的 pH＝2～3）。污水处理的一般方法是，根据水质性质的不同，通过加入化学药剂（或酸碱中和的方法）先将污水的 pH 值调至 7 左右，然后加入混凝药剂等，将污水中的悬浮物凝絮、沉淀、过滤，所得清水被回用，污泥被浓缩成浓泥浆或泥饼。

图 6-23 是我国自行研制开发的水玻璃旧砂湿法再生的污水处理及回用设备的工艺流程图。湿法再生产生的污水经加酸中和（pH 值由 12～13 降至 7 左右）后排入污水池 1 内，由污水泵抽入处理器中（在抽水过程中加絮凝剂和净化剂），在处理器中经沉淀、过滤等工序，清水从出水管 6 中排入清水池中回用，污浆定期从排泥口 11 中排出。为了避免处理器中的过滤层被悬浮物阻塞，定期用清水进行反冲清洗。

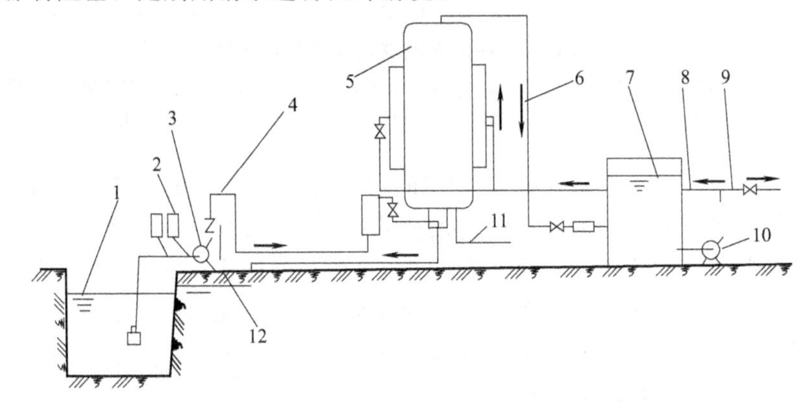

图 6-23 水玻璃旧砂湿法再生的污水处理及回用设备的工艺流程图

1—污水池；2—加药系统；3—污水泵；4—进水管；5—处理器；6—出水管；7—清水池；8—反冲进水管；9—回用水管；10—清水泵；11—排泥口；12—反冲排水

该污水处理设备，将沉淀、过滤、澄清及污泥浓缩等工序集中于一个金属罐内，工艺流程短、净化效率高、占地面积小、操作简便，能较好地满足水玻璃旧砂湿法再生的污水处理

图 6-24 污水处理器的照片

图 6-25 污水池及清水池照片

及回用要求，也可以用于其他铸造污水及工业污水的再生利用。该污水处理器的外形结构如图 6-24 所示，所配套的污水池及清水池照片如图 6-25 所示。

思考题及习题

1. 简述常用落砂机的结构种类、结构原理及应用特点。
2. 概述铸件表面清理的常用方法、结构特点及应用场合。
3. 概述影响抛丸清理质量的因素。
4. 何为工业“三废”？概述它们的常见处理设备、方法及特点。
5. 常用的除尘设备有哪几种？简述它们的优缺点。
6. 简述噪声控制的原理与方法。
7. 概述工业废气的排放标准及其净化方法。
8. 概述材料成型工业污水的特点及常用的处理方法。

第7章 铝（镁）合金铸造成型设备及控制

铝（镁）合金的铸造成型方法主要包括压力铸造、低压铸造、金属型铸造、半固态铸造，所采用的成型设备有压铸机、低压铸造机、金属型铸造机、半固态铸造设备等。

7.1 压力铸造装备及自动化

7.1.1 压铸机分类及结构

压力铸造（简称压铸）是指在高压作用下，金属液以高速充填型腔并在压力作用下凝固获得铸件的成型方法，在铝合金、锌合金、镁合金铸件等生产上应用广泛。压铸机是压力铸造生产的最基本设备，一般分为热室压铸机和冷室压铸机两大类，而冷室压铸机按开合模及压射方向又分为卧式压铸机和立式压铸机两种。

目前，压铸机的发展趋势是大型化、系列化、自动化，并且在机器结构上有很大的改进，尤其是压射机构更为迅速。冷室压铸机一般都设有增压式的三级压射机构，四级压射机构的压铸机也已用于生产。由于压射机构的改进，更好地满足了压铸工艺的要求，提高了压射速度及瞬时增压压力，从而有利于提高铸件外形的精确度和内部的致密度。

（1）热室压铸机　图7-1为热室压铸机的结构图。它的压射室与坩埚连成一体，因压射室浸于液体金属中而得名，而压射机构则装在保温坩埚上方。当压射冲头8上升时，液态金属通过进口进入压射室10内，合型后，在压射冲头下压时，液体金属沿着通道12经喷嘴2

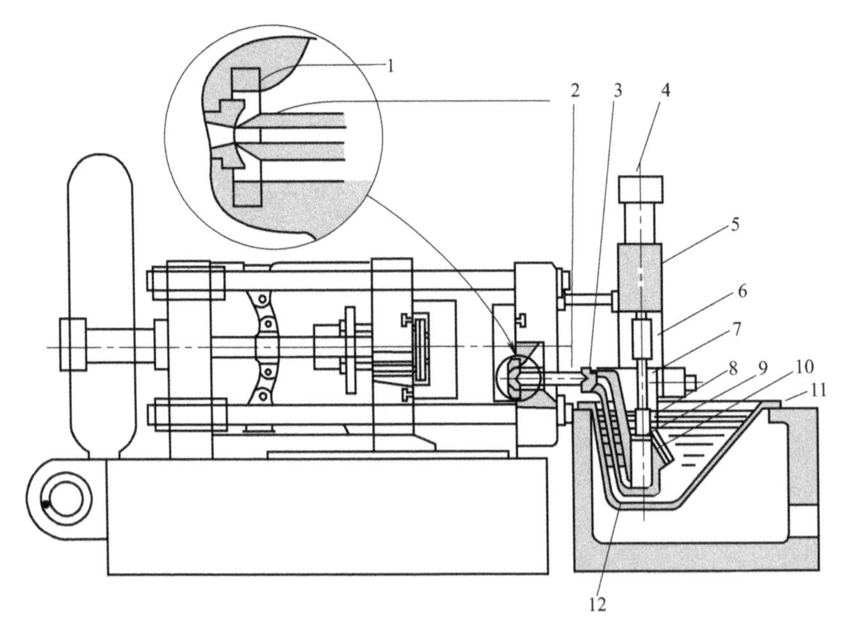

图7-1　热室压铸机结构图

1—环形压垫；2—喷嘴；3—鹅颈头；4—压射液压缸；5—支架；6—联轴器；7—压射杆；8—压射冲头；9—冲头活塞；10—压射室；11—熔化坩埚；12—鹅颈通道

充填压铸型腔。凝固后开型取件，完成一个压铸循环。

热室压铸机的优点是生产工序简单，效率高；金属消耗少，工艺稳定；压射入型腔的金属液体干净，铸件质量好。压铸机的结构紧凑，易于实现自动化。但压射室、压射冲头长期浸泡在液体金属中，影响使用寿命。热室压铸机主要用于压铸镁、锌等低熔点合金的小型铸件。

(2) 冷室压铸机　冷室压铸机的压射室与保温炉是分开的，压铸时从保温坩埚中舀取液体金属倒入压铸机上的压射室后进行压射。按照压射室和压射机构所处的位置，又可分为立式压铸机和卧式压铸机两类。

① 立式压铸机　立式压铸机的压射室和压射机构是处于垂直位置的，其工作过程如图7-2所示。合型后，舀取液体金属浇入压射室2，因喷嘴6被反料冲头8封闭，液体金属3停留在压室中［如图7-2(a)所示］。当压射冲头1下压时，液体金属受冲头压力的作用，迫使反料冲头下降，打开喷嘴，液体金属被压入型腔中去，待冷凝成形后，压射冲头回升退回压室，反料冲头因下部液压缸的作用而上升，切断直浇道与余料9的连接处并将余料顶出［如图7-2(b)所示］。取出余料后，使反料冲头复位，然后开型取出铸件［如图7-2(c)所示］。

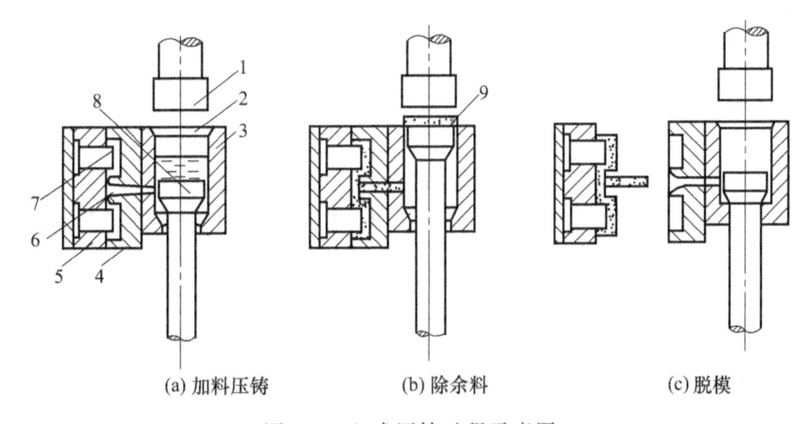

图7-2　立式压铸过程示意图

1—压射冲头；2—压射室；3—金属液；4—定模；5—动模；6—喷嘴；7—型腔；8—反料冲头；9—余料

② 卧式压铸机　卧式压铸机的压射室和压铸机构是处于水平位置的。压铸型与压室的相对位置以及压铸过程示意图如图7-3所示。合型后舀取液体金属浇入压射室2中［如图7-3(a)所示］。随后压射冲头1向前推进，将液体金属经浇道7压入型腔6内［如图7-3(b)

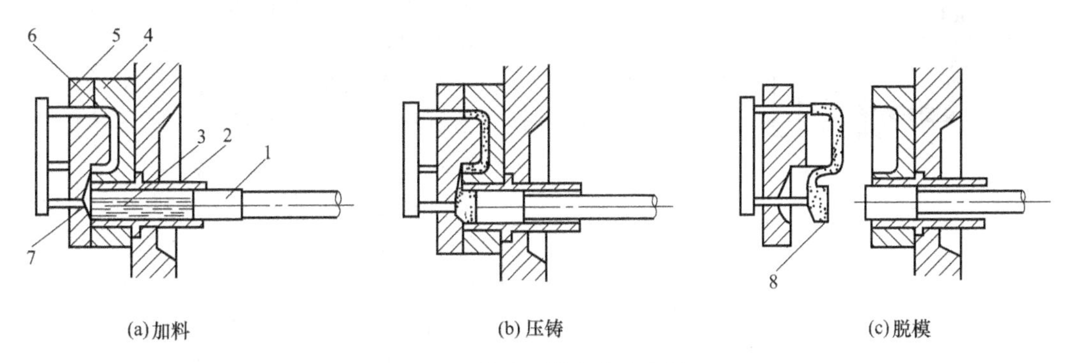

图7-3　卧式压铸过程示意图

1—压射冲头；2—压射室；3—金属液；4—定模；5—动模；6—型腔；7—浇道；8—余料

所示]。待铸件冷凝后开型，借助压射冲头向前推移动作，将余料 8 连同铸件一起推出并随动型移动，再由推杆顶出［如图 7-3（c）所示］。

卧式压铸机由于具有压室结构简单，维修方便；金属液充型流程短，压力易于传递等优点而获得广泛应用。图 7-4 为其外形结构简图。

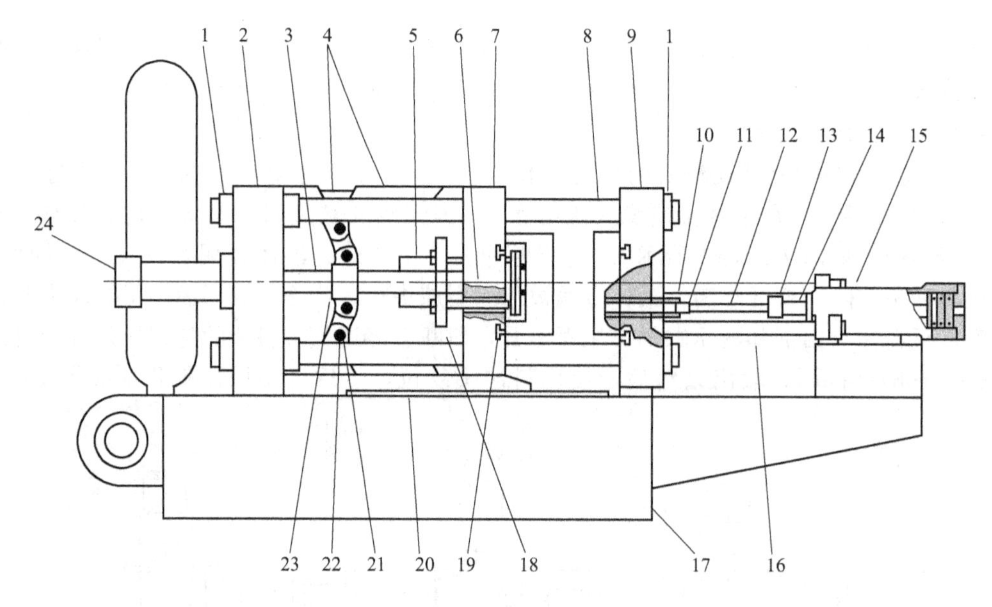

图 7-4 卧式压铸机结构示意图

1—固定螺母；2—连接底板；3—导杆；4—连杆；5—顶出液压缸；6—顶杆；7—动模板；8—哥林柱；9—定模板；10—压射室；11—压射冲头；12—压射杆；13—联轴器；14—活塞杆；15—压射液压缸；16—压射连杆；17—机座；18—顶板；19—T 型槽；20—滑动板；21—连接销；22—销套；23—锁模机头；24—合模液压缸

（3）压铸机的主要机构　压铸机主要由开合模机构、压射机构、顶出机构以及液压动力系统和控制系统等组成。下面主要介绍机械部分。

① 开合模机构　开合模机构是压射金属液时将安装在模底板上的压铸模合型锁紧，金属液冷却凝固后打开模具取出铸件的装置部分。由于金属液充填型腔时的压力作用，合拢后的压铸模仍有被胀开的可能，故合模机构必须有锁紧模型的作用，锁紧压铸模的力称为锁模力，是压铸机的重要参数之一。

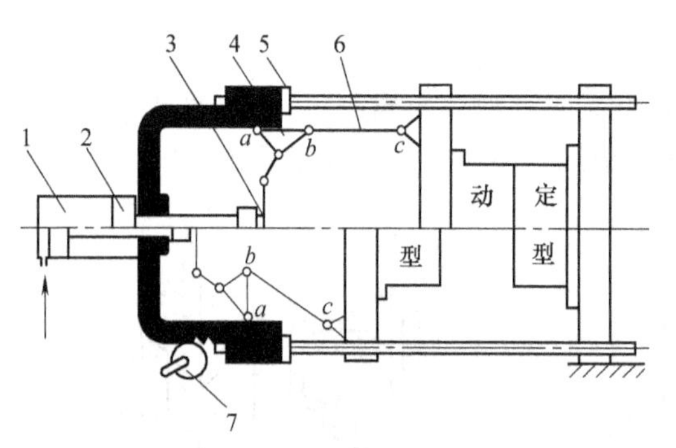

图 7-5 曲肘合模机构示意图

1—合模液压缸；2—活塞；3—连杆；4—三角形铰链；5—螺母；6—力臂；7—齿轮

虽然仍有极少量的立式压铸机采用液压式合模机构，但目前几乎所有的压铸机均采用曲肘式合模机构，如图 7-5 所示。

曲肘式合模机构由三块座板组成，并且用四根导柱将它串联起来，中间是动模座板，由合模缸的活塞杆通过曲肘机构来带动。动作过程如下：当液压油进入合模缸 1 时，推动合模活塞 2 带动连杆 3 使三角形铰链 4 绕支点 a 摆动，通过力臂 6 将力传给动模板，产生合模动作。当动模与定模完全闭合时，a、b、c 三点恰好成一直线，亦称为“死点”，此时压射力完全由曲肘机构中的杆系承受，因而可以承受很大的压射力，即利用此“死点”实现锁模。

曲肘式合模机构的特点如下。a. 合模力大。曲肘连杆系统可将合模力放大 16～26 倍，因此液压合模缸直径大大减小，液压油的工作压力、耗油量亦可降低。b. 运动特性好，合型速度快。在合型过程中曲肘离“死点”愈近，动模移动速度愈慢，使两半型缓慢闭合。同样在刚开型时，动模运动速度亦慢，有利于铸件顶出和抽芯。c. 合型机构刚性大。d. 控制系统简单。

为适应不同厚度的压铸模，动模板与定模板之间的距离必须能够调整（开挡调节）。如图 7-5 所示，齿轮齿条使动模板沿导杆作水平移动，调整到预定位置后用螺母 5 固定。表 7-1 列出了常用开挡调节装置的工作原理及特点。但是在连续的铸造生产中，模具温度的升高会使模具尺寸变大，此时螺母 5 应稍微调整。为适应模具尺寸随温度的变化，自动化的压铸机大多安装了开挡自动调节装置。

表 7-1　开挡调节装置工作原理及特点

序　号	类　型	原　理　图	工作原理及特点
1	齿轮式	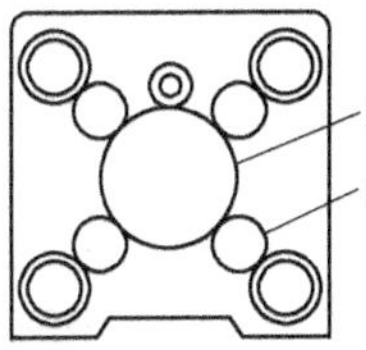 主齿轮 行星齿轮	原理：通过齿轮传动驱动模板移动 特点：1. 模具安装面的平行度容易调整 2. 驱动效率高 3. 需要刹车装置
2	链式	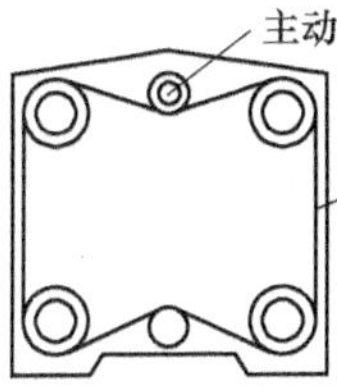 主动轮 链条	原理：通过链传动驱动模板移动 特点：1. 模具安装面的平行度容易调整 2. 驱动效率不高 3. 需要刹车装置
3	蜗轮蜗杆式	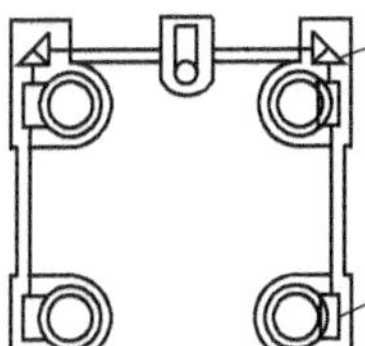 锥齿轮 蜗杆	原理：通过锥齿轮带动蜗杆，由蜗轮驱动模板移动 特点：1. 模具安装面的平行度不易调整 2. 驱动效率低 3. 无需刹车装置

② 压射机构　压射机构是实现压铸工艺的关键部分，它的结构性能决定了压铸过程中的压射速度、增压时间等主要参数，对铸件的表面质量、轮廓尺寸、力学性能和致密性都有直接影响。

压射机构一般由压射室、压射冲头、增压器、压射液压缸、蓄压器等组成，其中增压器和压射液压缸决定了压射机构的性能。表 7-2 概括了压铸机常用压射液压缸的类型。

近年来，高性能压射机构的开发取得了很大进展，如日本宇部公司研发了 DDV（Direct Digital Valve）方式的调速压射装置；东芝公司开发了电动调速压射装置等。

图 7-6 为直接数字阀控制的压射机构工作原理图。它对压射杆施加电磁信号，根据此信号首先读取压射杆的位置，计算压射杆的运动速度。然后在预先设定好的压射杆位置，分阶段调节数字阀的开合度以控制压射速度。它能够在 0.03～0.1s 的极短时间内实现加速、减速，使内浇口速度按曲线变化。图 7-7 为开发的数字阀结构示意图。

表 7-2　压铸机常用压射液压缸的种类及原理

<table>
<tr><td rowspan="3">普通型</td><td>蓄能器增压式</td><td>ACC　ACC</td></tr>
<tr><td>差动增压式</td><td>ACC</td></tr>
<tr><td>差动缓冲式</td><td></td></tr>
<tr><td>补偿型</td><td>补偿型</td><td>ACC</td></tr>
<tr><td rowspan="4">活塞增压型</td><td>分离式</td><td></td></tr>
<tr><td>连体式</td><td>ACC　ACC</td></tr>
<tr><td rowspan="2">连体式
（速度、压力独立控制）</td><td>ACC　ACC</td></tr>
<tr><td>ACC　ACC</td></tr>
</table>

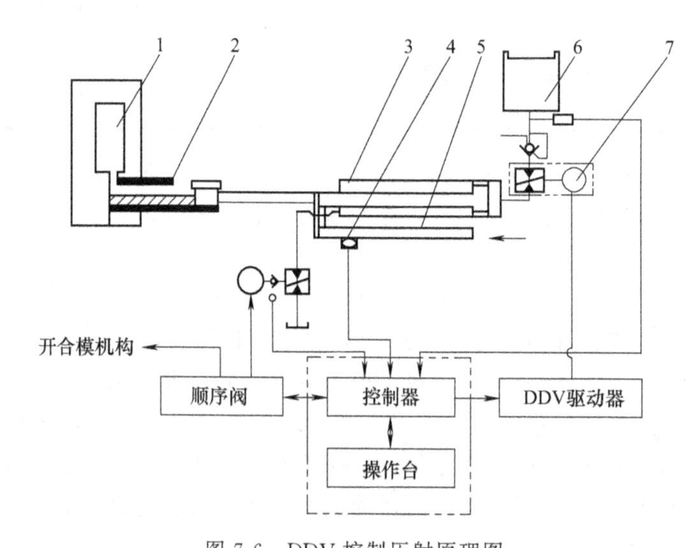

图 7-6　DDV 控制压射原理图

1—型腔；2—压射室；3—压射液压缸；4—感应器；5—导杆；6—蓄能器；7—直接数字阀

图 7-8 为某公司开发的压射流量调节阀的结构示意图。它采用了特殊结构形式的节流阀，节流口大小及阀芯位置由 3 个交流电机控制。

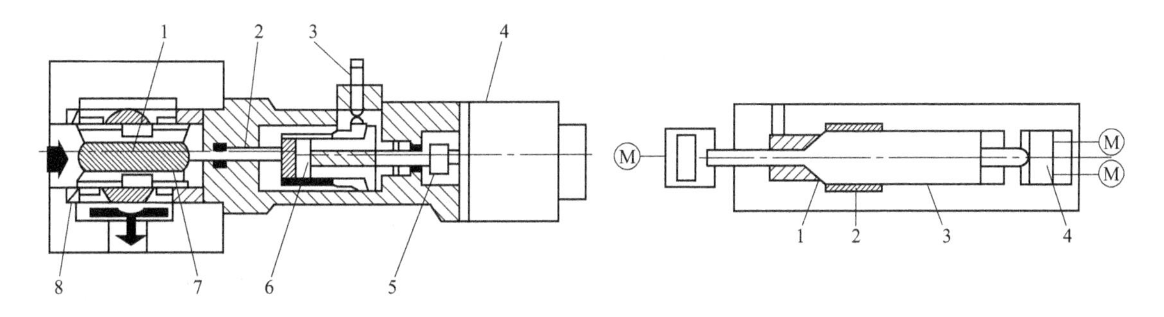

图 7-7 DDV 阀结构示意图

1—阀芯；2—连杆；3—零位传感器；4—脉冲电机；5—联轴器；6—法兰；7—阀座；8—油腔

图 7-8 电动阀结构示意图

1—节流口；2—油腔；3—阀芯；4—驱动板

③ 顶出机构　顶出装置用于顶出压铸件，有液压式和机械式两种，如图 7-9 所示。

(a) 液压缸固定液压式　(b) 液压缸移动液压式　(c) 机械式

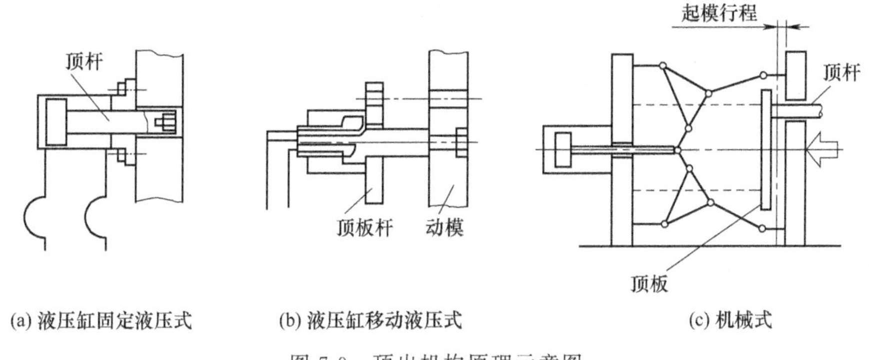

图 7-9 顶出机构原理示意图

7.1.2 压铸机的液压及电气控制

压铸机实际是一台液压机，液压传动是其主要传动方式。液压系统对压铸机的压射速度、生产率及可靠性具有决定性的作用。

(1) 液压系统原理　图 7-10 为 DCC250 型卧式冷室压铸机的液压控制系统原理图。该系统采用双联叶片泵，设计最高工作压力 10MPa，最低工作压力 2MPa。系统与各执行油缸的工作压力由电液比例阀控制，根据 PLC 的设定进行调节。其工作原理如下。

① 系统供油　由电机驱动双联泵向系统供油，其中 1 为大流量低压液压泵，2 为小流量高压液压泵。泵 1 的工作压力由溢流阀 8 和二位二通电磁阀 9 调节。泵 2 的工作压力由溢流阀 3 和二位二通电磁阀 6 调节。在液压系统中设计有遥控调压阀 4，由电磁阀 5 控制，可控制低压合型压力不超过 3MPa。

为保证供油过程中的压力稳定，设计有稳压液压系统。当电源接通，液压泵启动时，4DT 断电，电磁阀 19 如图 7-10 所示位置，液压泵无荷启动。当 4DT 通电后，电磁阀 19 换向，液压泵负载运转向系统和蓄能器供油，管路压力上升到 10MPa 时，压射蓄能器油液充满，液压泵卸荷，顺序阀 20 导通。这时压射蓄能器向常压管路补充高压油，补偿常压管路的泄漏以保持压力稳定。待机器工作时，管路压力降低，顺序阀 20 复位，压射蓄能器停止补压，液压泵开始工作。

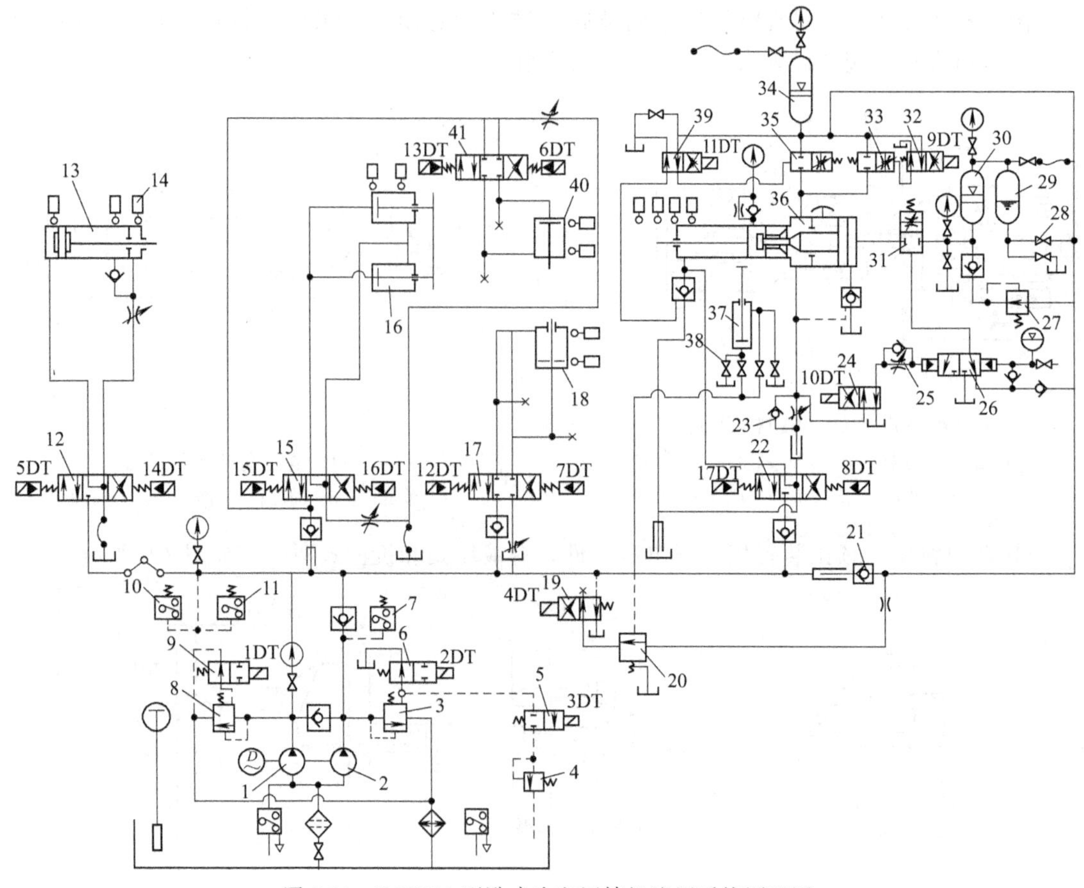

图 7-10　DCC250 型卧式冷室压铸机液压系统原理图

1—低压液压泵；2—高压液压泵；3,8—溢流阀；4—调压阀；5,6,9—二位二通电磁阀；7,10,11—压力继电器；12,15,17,22,41—三位四通电磁阀；13—合模液压缸；14—行程开关；16—顶出缸；18,40—抽芯液压缸；19,24,32,39—二位四通电磁阀；20—顺序阀；21—单向阀；23,25—单向节流阀；26—二位三通电磁阀；27—减压阀；28,38—截止阀；29—增压氮气瓶；30—增压蓄能器；31,33,35—锥型方向阀；34—压射蓄能器；36—压射液压缸；37—升降液压缸

② 开合模　当三位四通电磁换向阀 12 的 5DT 通电时，压力油进入合模液压缸 13 的活塞腔，活塞杆推动曲肘机构进行合模。当 14DT 通电时，合模液压缸活塞返回进行开模。

③ 顶出复位　三位四通电磁换向阀 15 的 15DT 通电，压力油进入顶出缸左侧，推动顶杆板顶出铸件。断电则顶出缸活塞返回复位。

④ 抽芯　设有一组抽芯控制阀（三位四通电磁阀）17、41 及抽芯液压缸 18 和 40。其动作过程同③，可实现插芯和抽芯动作。

⑤ 压射　系统设有四级压射。a. 慢压射。电磁铁 8DT 得电，阀 22 的阀芯左移，压力油经单向节流阀 23 进入浮动活塞左侧，再由连接内孔进入压射缸，推动压射活塞实现慢压射，速度由单向节流阀 23 控制。而活塞杆腔的油流回油箱。同时，压力油推动浮动活塞右移。b. 一级快压射。当压射冲头越过浇注孔时，阀 39 电磁铁得电，油液驱动阀 35 打开，压射蓄能器 34 的压力油进入压射液压缸，实现一级快压射。c. 二级快压射。充型开始后，阀 32 的电磁铁得电，阀 33 打开，压射蓄能器的压力油大量进入压射液压缸，实现二级快压射。d. 增压。二级快压射结束瞬间，电磁铁 10DT 通电，阀 24 换向，压力油经单向节流阀 25 使阀 26 换向，阀 31 打开，增压蓄能器中的高压油大量流入压射液压缸的增压腔，实现

增压。

⑥ 压射回程　电磁铁 10DT 断电，阀 31 断开；阀 32、39 的电磁铁断电，阀 33、35 断开。电磁铁 8DT 断电，17DT 通电，阀 22 换向，压力油进入压射液压缸前腔，压射液压缸后腔的压力油经阀 22 流回油箱，压射冲头返回。

⑦ 压射参数的调整　由于采用了压射蓄能器和增压蓄能器，所以压射参数可以单独调整互不干扰。快压射的速度可通过调节阀 33、35 的手轮，改变阀的开启量实现。压射增压力由增压蓄能器内的压力控制。调节减压阀 27 可以改变增压蓄能器内的压力。当减压阀调整好后，还需调整氮气瓶内的气体容积，即通过截止阀 28 及另一截止阀来进行。升压时间主要调节阀 31 的手轮，通过改变压射速度而改变升压时间，当速度高时，升压时间就短，反之就长。升压延时由单向节流阀 25 调节。

各工序中电磁铁的工作状态如表 7-3 所示。

表 7-3　循环工序中电磁铁的工作状态表

工序＼程序	动芯入 6DT	合型 5DT	动芯入 6DT	定芯入 7DT	压射 8DT	快压射 11DT 9DT	增压 10DT	冷却延时	定芯出 12DT	动芯出 13DT	开型 14DT	动芯出 13DT	顶出 15DT	顶回延时	顶回压回 16DT 17DT
0		+			+	+	+	+			+		+	+	+
1		+	+		+	+	+	+		+	+		+	+	+
2		+	+	+	+	+	+	+	+	+	+		+	+	+
3		+		+	+	+	+	+	+		+		+	+	+
4	+	+		+	+	+	+	+	+		+	+	+	+	+
5	+	+			+	+	+	+			+	+	+	+	+

注：“＋”表示电磁铁通电

(2) 电气控制　目前压铸机的电气控制均采用可编程控制器（简称 PLC），使得庞大而复杂的控制系统简化，且稳定可靠，故障率低，具体控制系统图可参考压铸机生产厂的手册。

7.1.3　压铸生产自动化

目前压铸生产的自动化程度相对较高，尤其是在现代化的压铸车间。作为冷室压铸机自动化的生产，其最低配置应包括自动浇注装置、自动喷涂料装置和自动取件装置。上述三种装置的发展趋势是采用机器人或机械手。机器人或机械手的大量使用促进了压铸生产自动化水平的提高。

(1) 自动浇注装置　压铸用自动浇注装置的类型主要有负压式、机械式、压力式和电磁泵式等。其中压力式和电磁泵式类似于前面介绍的用于砂型铸造的气压式浇注机和电磁泵浇注机。而使用最为广泛的还是机械式浇注装置，如用连杆驱动料勺舀取金属液体后旋转到一定位置，再倒入压铸机的压射室内。而料勺可根据铸件大小更换。图 7-11 为机械式自动浇注装置的实例。

图 7-12 是真空压铸法用负压式自动浇注示意图。当真空泵抽取型腔、压射室内的空气时，保温炉内的金属液便在大气压力的作用下，沿升液管进入压射室，浇注的金属量及浇注速度由真空系统控制。

(2) 自动取件装置　自动取件装置一般通过机械手的夹钳夹住铸件，然后将铸件移出压铸机外放置在规定位置上。图 7-13 所示为四连杆自动取件机械手的工作示意图。

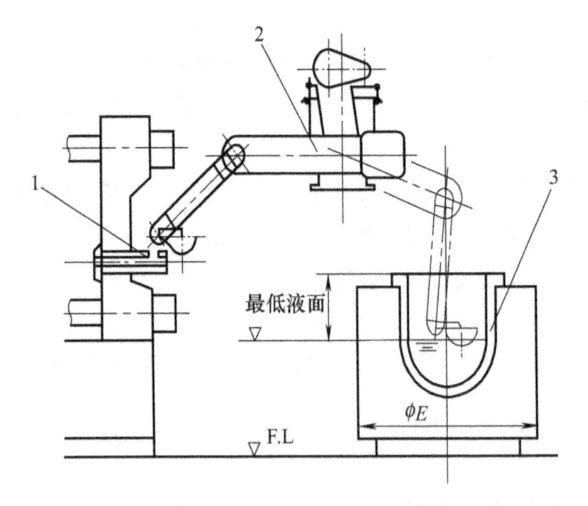

图 7-11　浇注机械手实例图

1—压射室；2—机械手；3—熔化坩埚

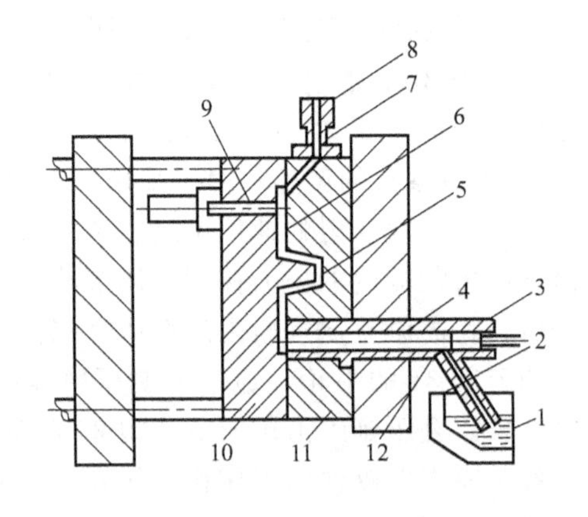

图 7-12　负压浇注示意图

1—液体金属；2—加热器；3—填料口；4—压射室；5—型腔；6—真空通道；7—真空过滤器；8—真空泵；9—真空切断阀；10—动模；11—定模；12—升液管

图（a）是机械手处于原始位置；图（b）是机械手启动沿固定轨迹进入动模板和定模板之间；图（c）是直线前移，夹住铸件；图（d）是直线后退，机械手按原轨迹退出型外，机械手松开，放下铸件。

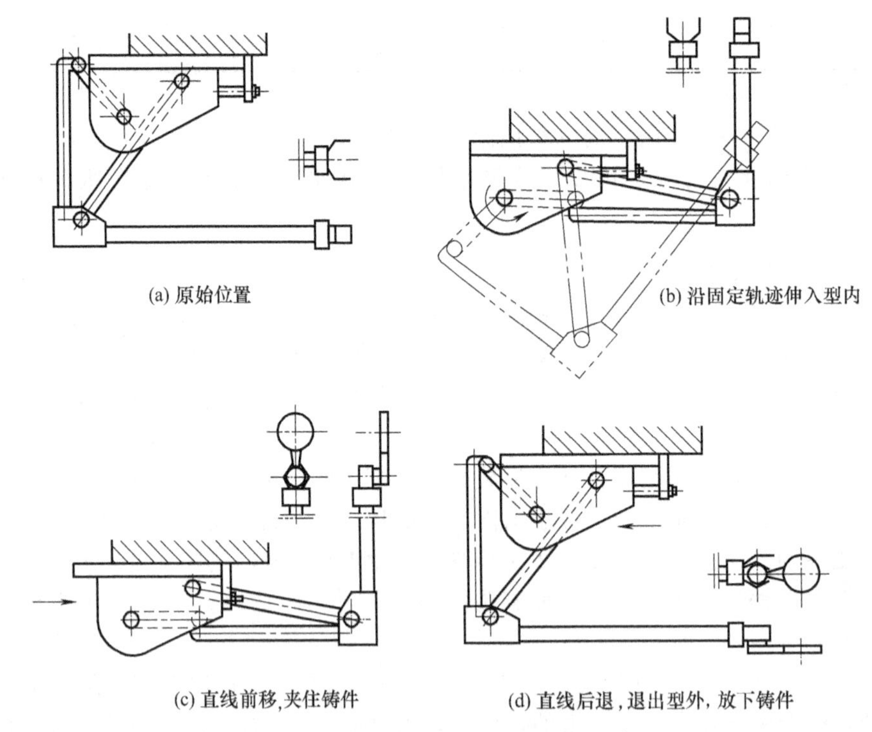

图 7-13　四连杆自动取件装置工作示意图

机械手的结构和动作原理如图 7-14 所示。机械采用电气控制，液压传动。主液压缸 6 作前后运动时，通过齿条 1、传动齿轮 2 带动四连杆机构的曲柄转轴 3 作左右旋转运动，从

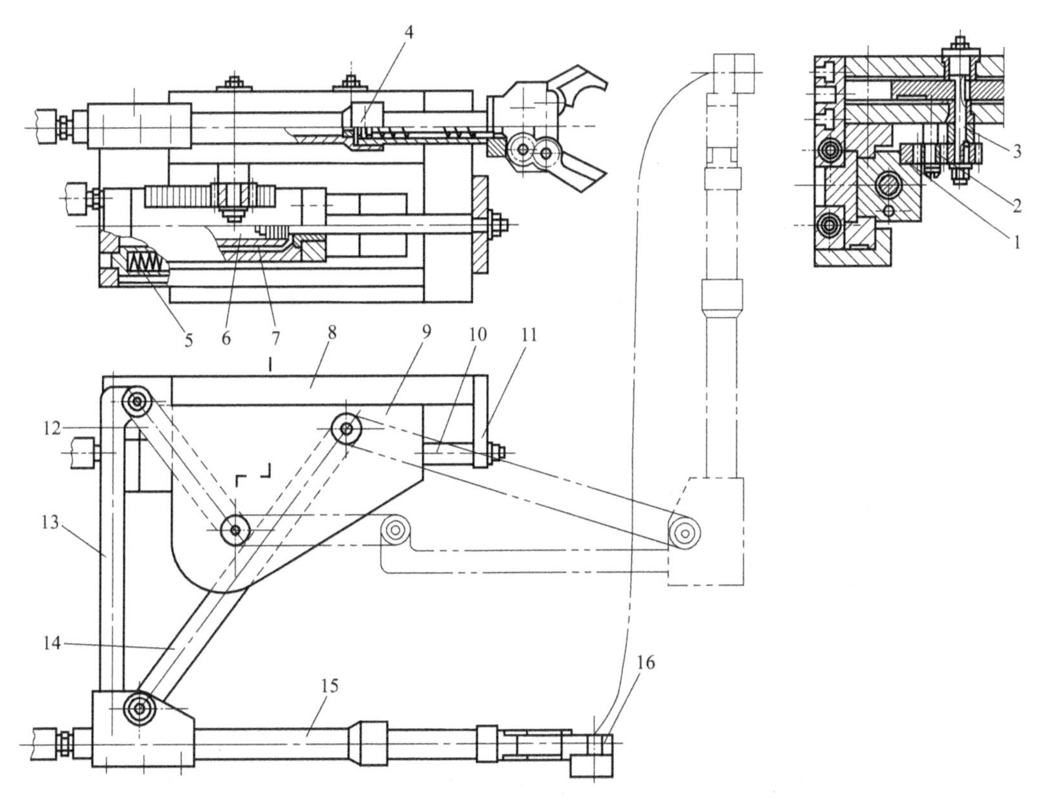

图7-14　取件机械手结构及原理图

1—齿条；2—传动齿轮；3—曲柄转轴；4—副液压缸；5—弹簧；6—主液压缸；7—油管；8—座板；9—滑架；10—活塞杆；11—支架；12—曲柄；13—连杆；14—摇杆；15—手臂；16—手掌

而使四连杆机构上的手臂作伸入、直线平移、退出等动作。副液压缸4则控制手掌作夹持及放松动作。

机械手的座板8安装在压铸机定型板的一侧，座板上装有可动滑架9，滑架在弹簧5的作用下处于座板偏后的部位。主油缸在滑架的导槽内，油缸活塞杆10固定在座板的支架11上，缸体侧面有齿条。手臂15通过连杆13和曲柄12与滑架9相连，同时摇杆14也将手臂和滑架连接，形成一个四连杆机构。

取件时，主液压缸右腔输入高压油，由于活塞杆固定在支架上，因而主液压缸则沿导槽向前运动，其侧面的齿条通过齿轮2带动曲柄转轴3转动，转轴带动摇杆使四连杆绕定轴转动，手掌16即沿连杆机构特定的运动轨迹伸入型内。此时滑架台阶恰好挡住油缸端面，转轴3停止转动。液压缸右腔继续进油，则使缸体克服滑架上的弹簧力，迫使滑架随同连杆机构一起沿座板导轨作直线运动，当手掌伸到预定位置时，主液压缸右腔停止送油。副液压缸4输入高压油，手掌作闭合动作，夹住铸件。随后主液压缸左腔进压力油，滑架在液压缸压力和弹簧力的作用下，向后作直线运动。当主液压缸端面与滑架台阶脱离时，转轴3随液压缸的返回而作反向旋转，连杆机构反向运行，手掌退回原处。当到达终点位置时，副液压缸卸压，手掌在副液压缸体内弹簧力作用下松开，铸件落入料筐内，完成一次取件动作。

(3) 自动喷涂料装置　自动喷涂料装置有固定式和移动式。移动式一般为多关节式的机械手，可自由移动，适合于复杂模具表面的喷涂。喷涂的基本原理是用一组细铜管（约几十根）做喷头，按照型腔各部位的形状和深浅程度进行布置，确保模具型腔的各个部分都能喷涂均匀。

7.2 低压铸造装备及自动化

7.2.1 低压铸造原理及工艺过程

(1) 低压铸造原理及设备结构　低压铸造是介于一般重力铸造和压力铸造之间的一种铸造方法，从本质上说，是一种低压强与低速度的充型铸造方法。浇注时金属液在低压（20～60kPa）作用下，由下而上填充铸型型腔，并在压力下凝固而形成铸件的一种工艺方法。其实质是物理学中的帕斯卡原理在铸造方面的具体应用，根据帕斯卡原理有：

$$p_1F_1H_1=p_2F_2H_2$$

式中　p_1——金属液面上的压力；

F_1——金属液面上的受压面积；

H_1——坩埚内液面下降的距离；

p_2——升液管中使金属液上升的压力；

F_2——升液管的内截面积；

H_2——金属液在升液管中上升的距离。

由于 F_1 远远大于 F_2，因此，当坩埚中液面下降高度 H_1 时，只要在坩埚中金属液面上施加一个很小的压力，升液管中的金属液就能上升一个相应的高度，这就是传统低压铸造中“低压”的来源。

实际上，到目前为止，用压缩空气进行充型只是低压铸造的一种，这种工艺系统实践已证明是一种比较落后、控制比较复杂、工人劳动条件恶劣、生产成本比较高的方法。要实现低压低速充型，有多种多样的方法。现时成熟、简单、可靠、低成本的方法是机械液压式充型，近年新发展的一种充型方法是电磁泵式低压铸造系统。

低压铸造机的结构示意如图 7-15 所示。

(2) 工艺过程　低压铸造的工艺过程为：在密封的坩埚（或密封罐）中，通入干燥的压缩空气，金属液在气体压力的作用下，沿升液管上升，通过浇口平稳地进入型腔，并保持坩埚内液面上的气体压力，一直到铸件完全凝固为止，然后解除液面上的气体压力，使升液管中未凝固的金属液流回到坩埚。

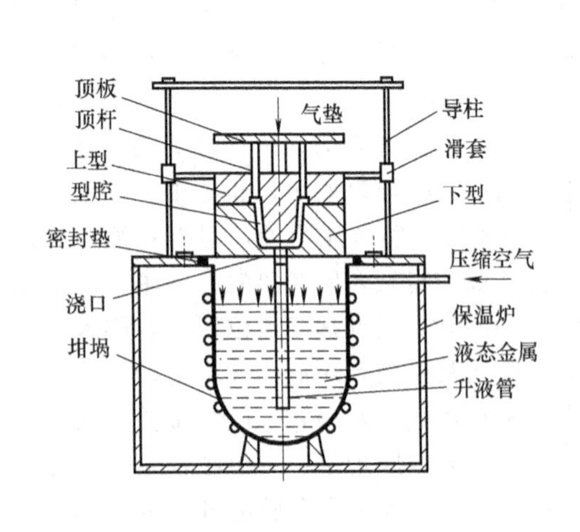

图 7-15　低压铸造机的结构示意图

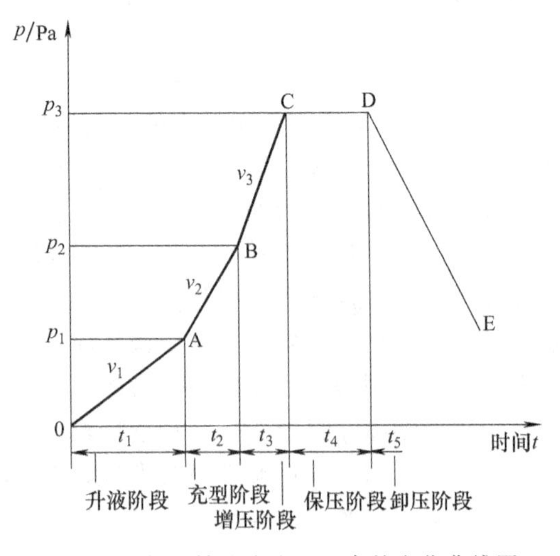

图 7-16　低压铸造浇注过程参数变化曲线图

① 低压铸造浇注过程 低压铸造浇注过程包括升液、充型、增压、保压和卸压五个阶段。各过程的参数（压力 p、速度 v 及时间 t）变化如图 7-16、表 7-4 所示。

表 7-4 低压铸造加压过程各阶段参数说明

参数 \ 阶段	加压过程的各个阶段				
	O→A 升液阶段	A→B 充型阶段	B→C 增压阶段	C→D 保压阶段	D→E 卸压阶段
时间	t_1	t_2	t_3	t_4	t_5
压力/MPa	$p_1=h_1r\mu$	$p_2=h_2r\mu$	p_3（工艺要求）	p_3（工艺要求）	0
加压速度/(MPa/s)	$v_1=p_1/t_1$	$v_2=(p_2-p_1)/t_2$	$v_3=(p_3-p_2)/t_3$	—	—

注：h—充型高度；r—金属液密度；μ—金属液黏度。

充型速度在低压铸造参数中具有头等重要的意义。目前在工厂里常见的废品多半是气孔和氧化夹渣，这主要是充型速度控制不良所引起的。充型速度又决定于通入坩埚的气体压力的增长速度（称加压速度），因此正确地控制和掌握加压速度是获得良好铸件的最终关键。加压速度值，即：

$$v_p=p_{充}/t$$

式中 v_p——加压速度，MPa/s；

$p_{充}$——充型压力，MPa；

t——达到充型压力值所需要的时间，s。

根据加压规范中的几种加压类型，加压速度可按浇注过程中的各个阶段来实现其不同的要求。

a. 升液阶段 金属液的升液阶段仅是充型前的准备阶段，为了能使金属液在压缩型腔空间的过程中，有利于型腔中气体从排气道排出，所以应该尽量使金属液能在升液管里缓慢上升，其上升速度可控制在 50mm/s 左右比较合适。为了得到该升液速度所需的加压速度为 0.0014MPa/s。

b. 充型阶段 金属液上升到铸型浇口以后，便开始进入充型阶段。根据铸件不同壁厚，充型阶段可分成两种不同的要求。

Ⅰ. 厚壁铸件 由于铸件壁厚，铸件的充型成型不是限制性的环节，所以金属液可以继续按升液速度 50mm/s 的速度来充型，以确保铸型内气体的有利排出，它的加压速度对应为 0.0014MPa/s。

Ⅱ. 薄壁铸件 在铸件壁厚较小的情况下，金属液充型速度如果太慢，容易产生铸件轮廓不清，冷隔、欠浇等缺陷，所以对薄壁铸件的充型速度应该比升液速度有所提高，其提高程度需根据铸型冷却条件来定。在实际生产中，薄壁铸件的充型速度还得根据铸件散热条件的不同情况来决定，还应保证能在得到轮廓清晰的铸件的前提下，以尽量缓慢的充型速度来进行。

c. 结晶凝固阶段 金属液充满铸型以后，就进入结晶凝固阶段。这时金属液面上的压力给定根据浇注规范中的几种类型，可有如下两种情况。

Ⅰ. 金属型铸件急速增压结晶时，为了保证铸件及时地得到结晶效果，需要的加压速度应加快，否则由于金属型冷却太快，增压不及时而减小压力结晶的效果，对这种加压规范的加压速度可控制在 0.01MPa/s 左右。

Ⅱ. 干砂型铸件缓慢增压时，在铸件浇满后也应及时增压来保证结晶效果，但因考虑到砂型强度的限制，故加压速度可比金属型急速增压的速度小一些，通常可掌握在0.005MPa/s左右，也可以考虑在增压前保持一段铸件的结壳时间15s左右。

结晶压力的确定与铸件特点、铸型的种类等因素有关，压力越高，金属的致密度越高，一般砂型或带有砂芯的铸件，以不产生“机械粘砂”和“胀箱”为前提，所以结晶压力在0.04～0.07MPa之间，特别厚大的铸件和用金属型金属芯做出的铸件，结晶压力可以升到0.2～0.3MPa。

结晶时间就是铸件完全凝固所需要的时间。铸件的凝固速度影响因素较多，如合金种类、合金浇注温度、铸型温度、冷却条件等，但目前尚难找出一个较为简单的公式计算生产条件下各种铸件的凝固时间，故在生产上多以铸件浇口残余长度为依据，凭经验控制结晶时间（应该指出，这种方法是欠准确的）；或可按铸件重量估计结晶时间。

表7-5是低压铸造常用的几种加压规范形式，可供参考。

表7-5　低压铸造常用的几种加压规范形式

应用范围	加压规范	说明
金属型薄壁件	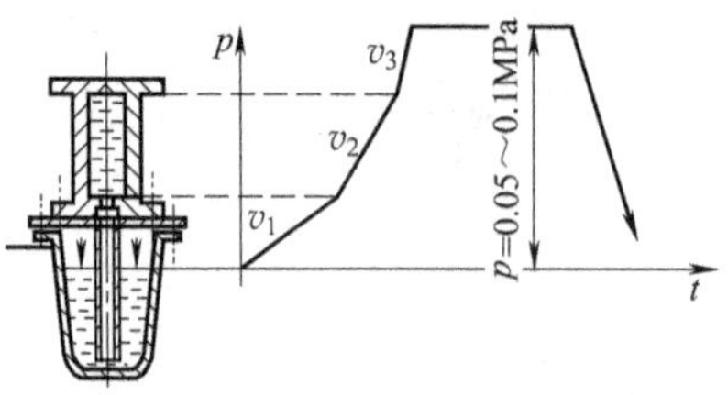 p，v_1，v_2，v_3，p=0.05～0.1MPa，t	金属型薄壁铸件的加压速度，一般可采用三级 升液 v_1=0.0011～0.0014MPa/s 充型 v_2=0.002～0.005MPa/s 增压 v_3=0.005～0.010MPa/s 增压压力：一般0.05～0.1MPa，特殊要求可以增至0.2～0.3MPa
金属型厚件	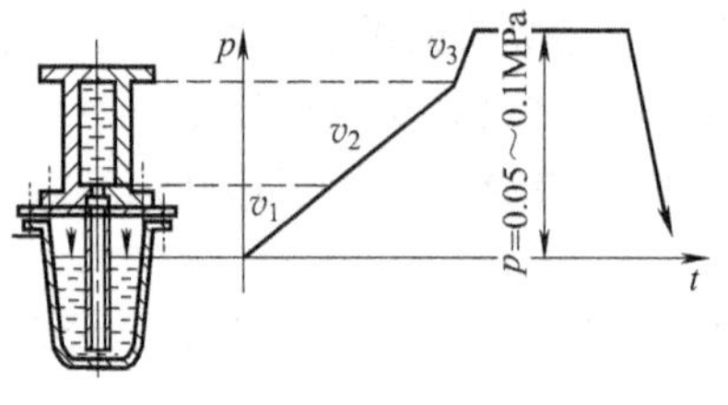 p，v_1，v_2，v_3，p=0.05～0.1MPa，t	厚壁铸件的充型速度不要求太快，充型速度 v_2 可以采用 v_1 速度 $v_2=v_1$=0.0011～0.0014MPa/s v_3=0.005～0.010MPa/s 增压压力：一般0.05～0.1MPa，特殊要求可以增至0.2～0.3MPa
干砂型薄壁件及金属型干砂芯	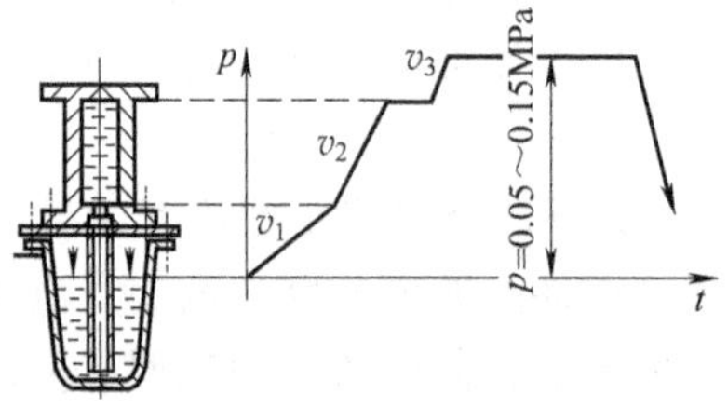 p，v_1，v_2，v_3，p=0.05～0.15MPa，t	v_1、v_3 同上 v_2=0.0014～0.004MPa/s 充型阶段结束后须有一段短暂的结壳时间，视具体的铸件而定。较薄的铸件也可以不停，继续以 v_2 的速度增压 增压压力：0.05～0.15MPa
干砂型厚壁件	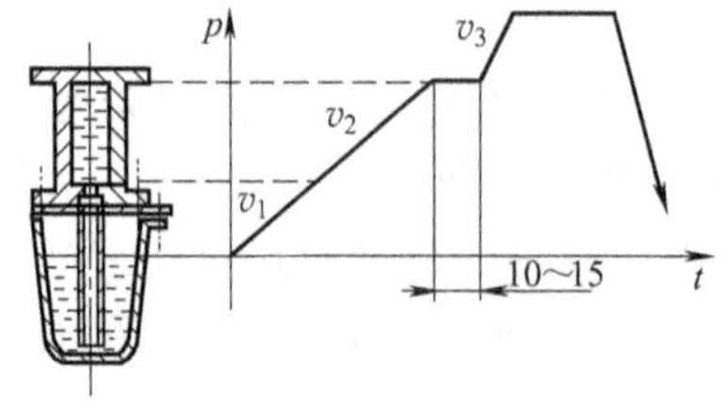 p，v_1，v_2，v_3，10～15，t	加压规范可与厚壁金属型相似。但充型速度 v_2 结束时须有一段结壳时间，约10～15s。

续表

应用范围	加压规范	说明
湿砂型薄壁件及厚壁件	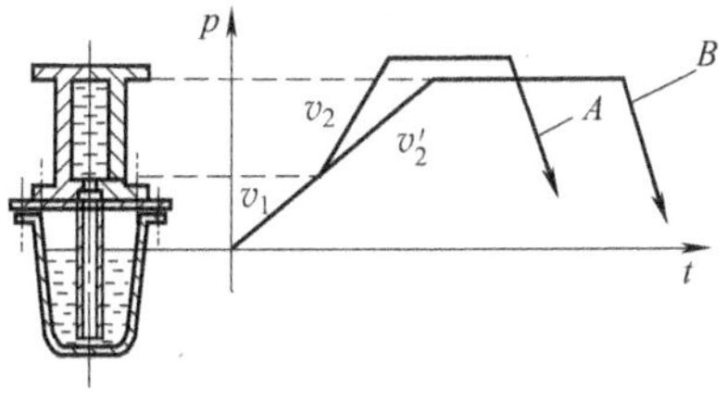	A是薄壁湿砂型加压规范 B是厚壁湿砂型加压规范 $v_1=0.0011\sim0.0014$MPa/s $v_2=0.0014\sim0.0025$MPa/s $v_2'=v_1$ 湿砂型一般不增压，但稍许增加一些是可以的。
一般简单小件	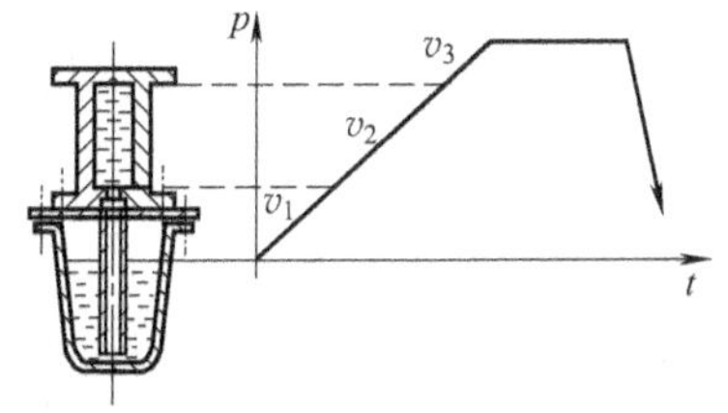	一般简单小件，即可用一种速度充型。视铸件的结构情况和铸型种类参考上列5种情况
敞开式低压铸造干砂型大、中型铸件	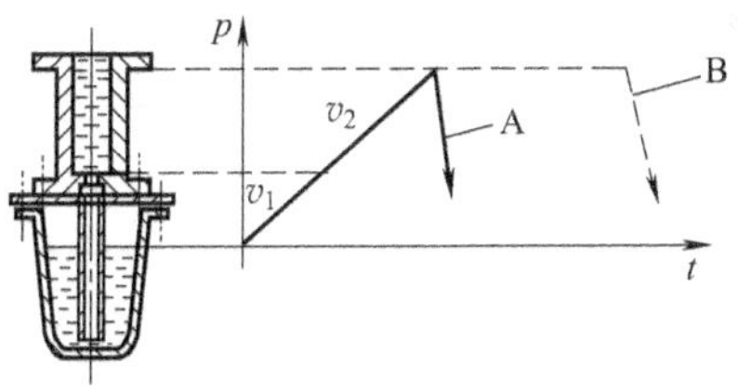	敞开式低压铸造，只采用低压充型，不采用结晶增压工艺，因为铸型设有冒口且不封闭 A—浇口使用闸板时 B—浇口使用石墨冷却时

② 低压铸造的工艺参数

a. 升液压力和速度　升液压力 p_1 是指当金属液面上升到浇口，所需要的压力。金属液在升液管内的上升速度应尽可能缓慢，以便于型腔内气体的排出，同时也可使金属液在进入浇口时不致产生喷溅。根据经验，升液速度一般控制在150mm/s以下。

b. 充型压力和速度　充型压力 p_2 是金属液充型上升到铸型顶部所需的压力，在充型阶段，金属液面上的压力从 p_1 升到 p_2，其升压速度 $v_2=(p_2-p_1)/t_2$(MPa/s)。

c. 增压和增压速度　金属液充满型腔后，再继续增压，使铸件的结晶凝固在一定压力 p_3 下进行，这时的压力称为结晶压力。一般 $p_3=(1.3\sim2.0)p_2$，增压速度 $v_3=(p_3-p_2)/t_3$(MPa/s)，结晶压力越大，补缩效果越好，最后获得的铸件组织也愈致密。但通过结晶压力来提高铸件质量，不是任何情况下都能采用的。

d. 保压时间　型腔压力增至结晶压力后，并在结晶压力下保持一段时间，直到铸件完全凝固所需要的时间叫保压时间。保压时间与铸件质量有关，且二者成正比。如果保压时间不够，铸件未完全凝固就卸压，型腔中的金属液将会全部或部分流回坩埚，造成铸件“放空”报废；如果保压时间过久，则浇口残留过长，这不仅降低工艺收得率，而且还会造成浇口“冻结”，使铸件出型困难，故生产中必须选择适宜的保压时间。

③ 其他工艺参数规范

a. 铸型温度及浇注温度　低压铸造可采用各种铸型，对非金属型的工作温度一般都为室温，无特殊要求，而对金属型的工作温度就有一定的要求。如低压铸造铝合金时，金属型的工作温度一般控制在200～250℃，浇注薄壁复杂件时，可高达300～350℃。

关于合金的浇注温度，实践证明，在保证铸件成型的前提下，应该是越低越好。表7-6为低压铸造常用的浇注温度和铸型温度。

表7-6 低压铸造常用的浇注温度和铸型温度

铸型类型	铸型温度/℃			浇注温度/℃
	一般铸件	薄壁复杂件	金属型芯	
金属型	200～300	250～320	250～350	低压铸造的浇注温度可比相同条件的重力浇注的浇注温度低10～20℃
干砂型	60～80	80～120	（冷铁）150～250	

b. 涂料　如用金属型低压铸造时，为了提高其寿命及铸件质量，必须刷涂料；涂料应均匀，涂料厚度要根据铸件表面光洁度要求及铸件结构来决定。

7.2.2 低压铸造工艺特点及其应用范围

（1）低压铸造工艺特点　低压铸造由于其浇注方式和凝固状态的特殊性，从而决定了其工艺的显著特点。与普通铸造方法和压力铸造方法相比，其具有如下特点。

① 与普通铸造相比具有的特点包括：

a. 由于低压铸造可以采用金属型、砂型、石墨型、熔模壳型等，因此其综合了各种铸造方法的优势；

b. 低压铸造不仅适用于有色金属，而且适用于黑色金属，因此，使用范围广；

c. 由于底注式充型，而且充型速度可以通过进气压力进行调节，因此充型非常平稳；

d. 金属液在气体压力作用下凝固，补缩非常充分；

e. 采用自下而上浇注和压力下凝固，大大简化了浇冒系统，金属液利用率达90%以上；

f. 金属液流动性好，可以获得大型、复杂、薄壁铸件；

g. 劳动条件好，机械化、自动化程度高，可以采用微机控制（机械化、自动化操作时设备成本高）。

② 与压力铸造相比具有的特点包括：

a. 铸型种类多，要求低；

b. 铸件能根据需要进行热处理；

c. 不仅适于薄壁铸件，同样适用于厚壁铸件；

d. 铸件不易产生气孔；

e. 浇注合金种类多；

f. 铸件总量范围大；

g. 铸件力学性能好；

h. 尺寸精度、表面粗糙度稍低；

i. 一般设备，成本较低。

（2）低压铸造工艺设计特点　低压铸造所用的铸型，有金属型和非金属型两类。金属型多用于大批、大量生产的有色金属铸件，非金属铸型多用于单件小批量生产，如砂型、石墨型、陶瓷型和熔模型壳等都可用于低压铸造，而生产中采用较多的还是砂型。但低压铸造用砂型的造型材料的透气性和强度应比重力浇注时高，型腔中的气体，全靠排气道和砂粒孔隙排出。

为充分利用低压铸造时液体金属在压力作用下自下而上补缩铸件，在进行工艺设计时，应考虑使铸件远离浇口的部位先凝固，让浇口最后凝固，使铸件在凝固过程中通过浇口得到补缩，实现顺序凝固。常采用下述措施：

a. 浇口设在铸件的厚壁部位，而使薄壁部位远离浇口；

b. 用加工余量调整铸件壁厚，以调节铸件的方向性凝固；

c. 改变铸件的冷却条件。

对于壁厚差大的铸件，用上述一般措施又难于得到顺序凝固的条件时，可采用一些特殊的办法，如在铸件厚壁处进行局部冷却，以实现顺序凝固。

(3) 低压铸造应用范围　低压铸造所用的铸型与一般重力铸造的铸型基本相同。但是由于进入坩埚的气体压力与流量的大小均认为可控制，因此金属液上升速度（即充型速度）和铸件的结晶压力可根据铸件的不同结构和铸型的不同材料来确定，所以低压铸造可适用于砂型、熔模型、壳型、石墨型、石膏型、金属型等，对于铸型材料没有限制。

低压铸造对于铸件的结构也没有严格限制，铝镁合金铸件壁厚最大有150mm，最小的仅0.7mm；对铸件材质的适应范围较宽，如铸钢、铸铁、铸造铝合金、铸造镁合金、铸造铜合金等，以铸造铝合金应用最广。

低压铸造产品现已广泛应用于汽车、精密仪器、航空、航海等工业部门的大批量零部件的生产，如汽车轮毂、发动机缸体、缸盖，水泵体、油缸体、减振筒、密封壳体等。目前应用最多的是铝合金，在铜合金和铸铁生产中也有应用。

7.2.3　低压铸造设备结构

(1) 低压铸造设备的结构组成　低压铸造设备一般由主机、液压系统、保温炉、液面加压装置、电气控制系统及模具冷却系统等部分组成。

① 主机　低压铸造主机一般由合型机构、静模抽芯机构、机架、铸件顶出机构、取件机构、安全限位机构等部分组成。

② 保温炉　保温炉主要有坩埚式保温炉和熔池式保温炉两种。坩埚式保温炉有石墨坩埚和铸铁坩埚两种类型。熔池式保温炉采用炉膛耐火材料整体打结工艺，硅碳棒辐射加热保温，具有容量大、使用寿命长、维护简单的特点，极利于连续生产要求，被现代低压铸造机广泛采用。

保温炉与主机的连接有固定连接式和保温炉升降移动式两种，可根据生产工艺要求选用。

③ 升液管　升液管是导流和补缩的通道，它与坩埚盖以可拆卸的方式进行密封连接，组成承受压力的密封容器。在工艺气压的作用下，金属液经升液管进行充型和增压结晶凝固；卸压时，未凝固的合金液通过升液管回落到坩埚，因此正确设计和使用低压铸造升液管非常重要。

(2) 低压铸造机的类型及构造　低压铸造是金属液体在压力作用下由下而上地充填型腔并在压力下凝固成型的一种方法，由于所用的压力较低（通常0.02～0.06MPa），故称之为低压铸造。低压铸造装备一般由保温炉及其附属装置、模具开合机构、气压系统和控制系统组成。按模具与保温炉的连接方式，可分为顶置式低压铸造机和侧置式低压铸造机。

图7-17为顶置式低压铸造机的结构示意图，是目前用得最广的低压铸造机型。其特点是结构简单，制造容易，操作方便；但生产效率较低，因保温炉上只能放置一副模具，在铸件的一个生产周期内，所有操作均在炉上进行，所以一个周期内，保温炉近一半时间是空闲的。其次，下模受保温炉炉盖的热辐射影响，冷却缓慢，使铸件凝固时间延长；而且，下模不能设置顶杆装置，给模具设计增加不便。此外，保温炉的密封、保养和合金处理均不方便。

为克服顶置式低压铸造机的缺点，又发展了侧置式低压铸造机，如图7-18所示。它将铸型置于保温炉的侧面，铸型和保温炉由升液管连接。这样一台保温炉上同时可为两副以上的模型提供金属液，生产效率提高。此外装料、扒渣和合金液处理都较方便；铸型的受热条件也得到改善。但是侧置式机器结构复杂，限制了其应用。

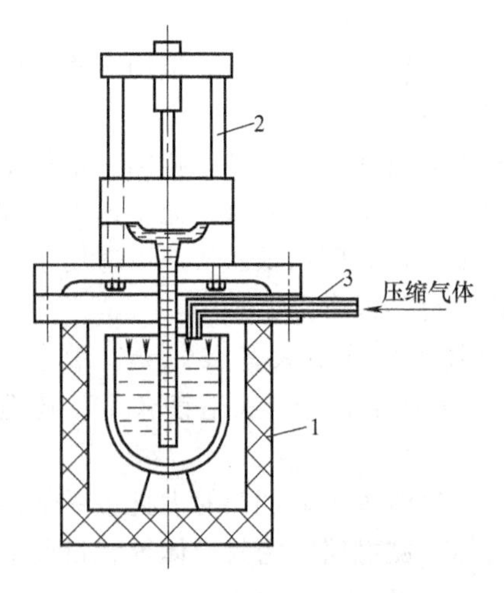

图 7-17　顶置式低压铸造机示意图

1—保温炉体；2—开合模机构；3—进气管

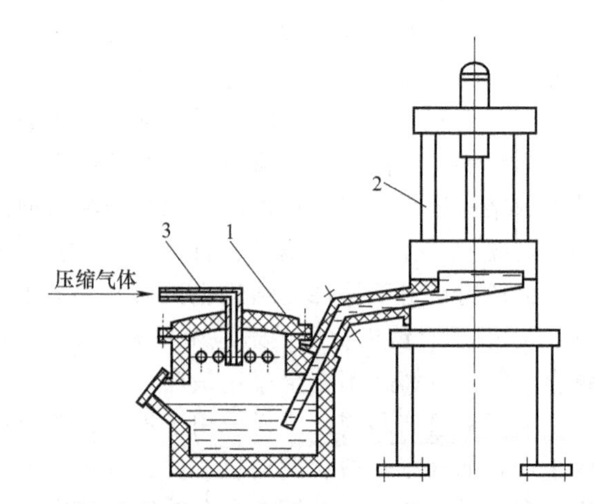

图 7-18　侧置式低压铸造机示意图

1—保温炉体；2—开合模机构；3—进气管

低压铸造保温炉一般采用电阻式坩埚炉，如图 7-19 所示。其优点是结构简单，温控方便。

7.2.4　低压铸造的自动加压控制系统

低压铸造工艺中，正确控制对铸型型腔的充型和增压是获得优质铸件的关键。因此气体加压控制系统是低压铸造装备的核心。图 7-20 是以数字组合阀为中心的加压系统原理图。该系统采用 PLC 控制，装有高灵敏度的压力传感器和软件式 PID 控制器。具有较高的压力自动补偿能力，使得保温炉内的压力可以根据设定的曲线精确、重复再现，而不受保温炉泄漏、供气管路气压波动和金属液面高度变化的影响。

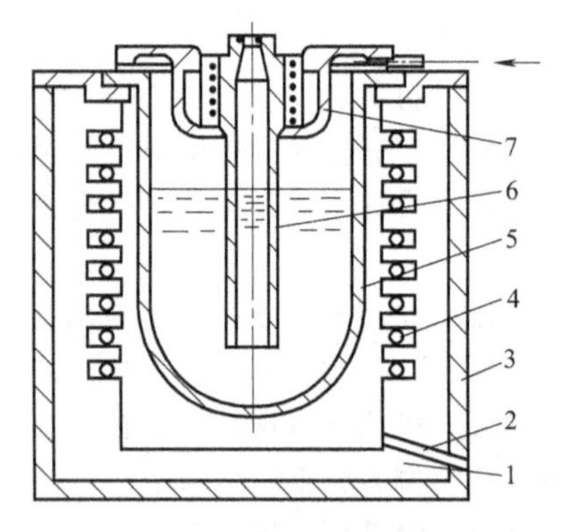

图 7-19　电阻式坩埚炉

1—炉体；2—排铝孔；3—炉壳；4—电阻元件；5—铸铁坩埚；6—升液管；7—密封盖

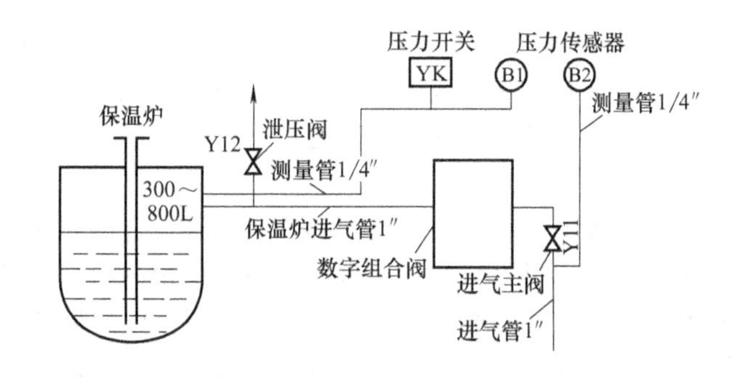

图 7-20　气体自动加压系统原理图

目前低压铸造操作中在自动放置过滤网、自动下芯、自动取件方面取得了很大进展，但相比压铸而言，其自动化程度较低，可发展的空间仍然很大。

一种简单的低压铸造液面加压工艺曲线如图 7-21 所示。其中升液段、充型段加压曲线的斜率随铸件的不同而改变。

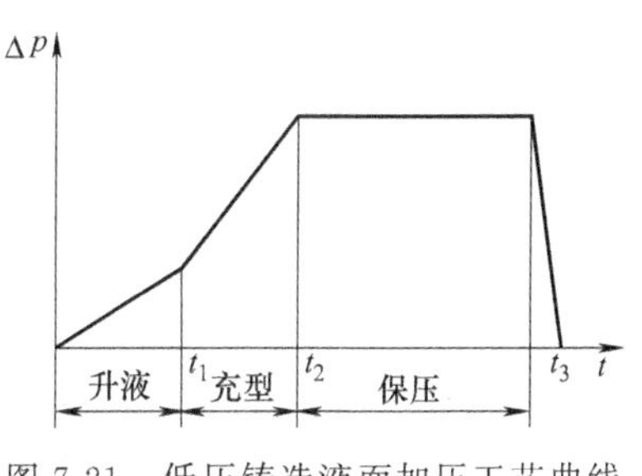

图 7-21　低压铸造液面加压工艺曲线

由计算机控制的低压铸造生产过程如图 7-22 所示。加压工艺曲线的数学模型为：

$$\frac{\mathrm{d}\Delta p_i}{\mathrm{d}t}=\rho g\left(1+\frac{A_i}{A}\right)v_i(1+\theta v_i)$$

式中　$\frac{\mathrm{d}\Delta p_i}{\mathrm{d}t}$——气体升压速度；

Δp_i——第 i 段压差值；

p——液体金属密度；

A——坩埚截面积；

A_i——型腔第 i 段处截面积；

v_i——型腔第 i 段上要求的液体金属充型速度；

θ——气体升压速度补偿系数，由实验确定；

g——重力加速度。

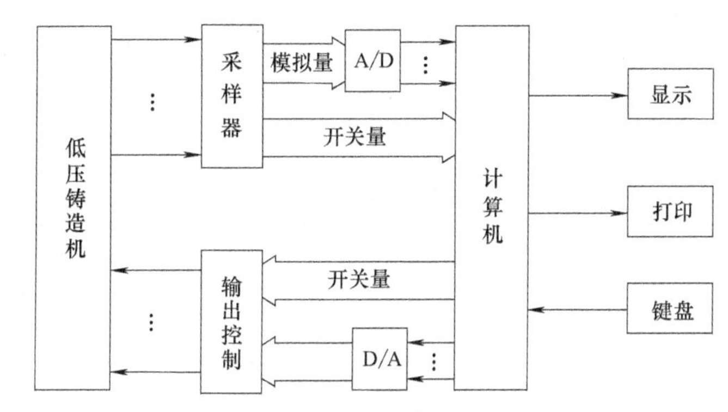

图 7-22　计算机控制的低压铸造生产过程示意图

低压铸造计算机控制原理如图 7-23 所示。

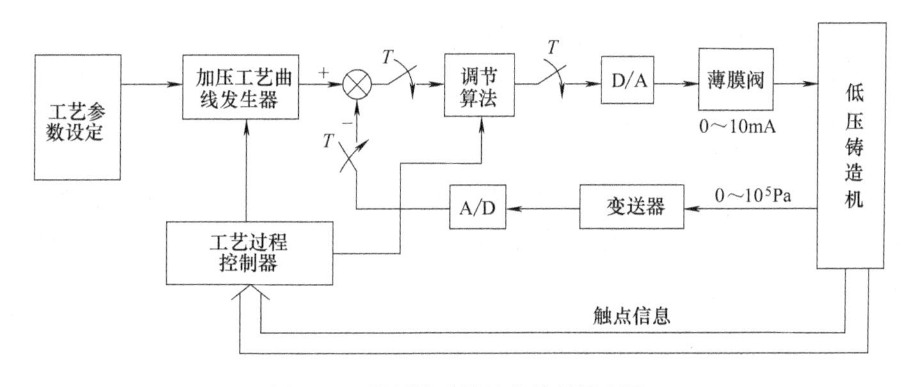

图 7-23　低压铸造计算机控制原理图

该计算机控制系统采用实时控制，对整个生产工艺过程进行闭环控制。为了便于编制程序和简化起见，采用块程序结构形式，即每一块程序完成一个特定的功能。程序之间的联系有跳转、调用和建立公用参数区三种方式。

该系统的主控制程序包括引导工作程序、开关量状态检测程序和中断服务程序等。详细资料可参见有关专著。

7.3 金属型铸造工艺及设备

7.3.1 金属型铸造原理和工艺过程

（1）铸造原理　金属型铸造又称硬模铸造，它是将液体金属浇入金属铸型，以获得铸件的一种铸造方法。铸型是用金属制成，可以反复使用多次（几百次到几千次），是现代铸造方法不可缺少的一种铸造工艺。我国的金属铸造可以追溯到春秋战国时期，主要用于农业工具的生产，得到白口铸铁的器具，提高刀具的硬度，譬如：镰刀、斧子、犁具等。因此我国金属型铸造的历史十分悠久，是世界上第一个发明应用金属型的国家。

（2）铸件的成型特点　金属型和砂型，在性能上有显著的区别，金属型的这些特点决定了它在铸件形成过程中有自己的规律。

① 金属型材料的导热性比砂型材料的大。当液态金属进入铸型后，随即形成一个铸件—中间层—铸型—冷却介质的传热系统。金属型铸造时，中间层由铸型内表面上的涂料层和因铸件表面冷却收缩、铸型膨胀以及由涂料析出、铸型表面吸附气体遇热膨胀而形成的气体层所组成。中间层中的涂料材料和气体的热导率远比浇注的金属和铸型的金属小得多（如表 7-7 所示）。而冷却介质系指铸型外表面上的空气或冷却水，在铸型外表面上出现对流换热。

表 7-7　金属和中间层材料的热导率

材料名称	铸铁	铸钢	铝合金	铜合金	镁合金	白垩	氧化锌	氧化钛
热导率 /[W/(m·K)]	39.5	46.4	138～192	108～394	92～150	0.6～0.8	约 10	约 4
材料名称	硅藻土	黏土	石墨	氧化铝	烟黑	空气	水蒸气	烟气
热导率 /[W/(m·K)]	约 0.08	约 0.9	约 13	约 1.5	约 0.03	0.02～0.05	0.02～0.06	0.02～0.06

金属液一旦进入型腔，就把热量传给金属型壁。液体金属通过型壁散失热量，进行凝固并产生收缩，而型壁在获得热量、升高温度的同时产生膨胀，结果在铸件与型壁之间形成了“间隙”。在“铸件—间隙—金属型”系统未到达同一温度之前，可以把铸件视为在“间隙”中冷却，而金属型壁则通过“间隙”被加热。

② 金属型材料无透气性，砂型有透气性。型腔内气体状态变化对铸件成型的影响：金属在充填时，型腔内的气体必须迅速排出，但金属又无透气性，只要对工艺稍加疏忽，就会给铸件的质量带来不良影响。

③ 金属型材料无退让性。金属型或金属型芯，在铸件凝固过程中无退让性，阻碍铸件收缩，这是它的又一特点。

7.3.2 工艺特点及其应用范围

（1）工艺特点　金属型铸造与砂型铸造比较，在技术上与经济上有许多优点：

① 金属型生产的铸件，其力学性能比砂型铸件高。同样合金，其抗拉强度平均可提高约 25%，屈服强度平均提高约 20%，其抗蚀性能和硬度亦显著提高；

② 铸件的精度和表面光洁度比砂型铸件高，而且质量和尺寸稳定；

③ 铸件的工艺收得率高，液体金属耗量减少，一般可节约 15%～30%；

④ 不用砂或者少用砂，一般可节约造型材料 80%～100%；

此外，金属型铸造的生产效率高；使铸件产生缺陷的原因减少；工序简单，易实现机械化和自动化。

金属型铸造虽有很多优点，但也有不足之处。如：

① 金属型制造成本高；

② 金属型不透气，而且无退让性，易造成铸件浇不足、开裂或铸铁件白口等缺陷；

③ 金属型铸造时，铸型的工作温度、合金的浇注温度和浇注速度，铸件在铸型中停留的时间，以及所用的涂料等，对铸件的质量的影响甚为敏感，需要严格控制。

金属型铸造目前所能生产的铸件，在重量和形状方面还有一定的限制，如对黑色金属只能是形状简单的铸件；铸件的重量不可太大；壁厚也有限制，较小的铸件壁厚无法铸出。因此，在决定采用金属型铸造时，必须综合考虑下列各因素：铸件形状和重量大小必须合适；要有足够的批量；完成生产任务的期限许可。

（2）工艺过程

① 金属型的预热　未预热的金属型不能进行浇注。这是因为金属型导热性好/液体金属冷却快，流动性剧烈降低，容易使铸件出现冷隔、浇不足、夹杂、气孔等缺陷。未预热的金属型在浇注时，铸型将受到强烈的热击，应力倍增，使其极易被破坏。因此，金属型在开始工作前，应该先预热，适宜的预热温度（即工作温度）随合金的种类、铸件结构和大小而定，一般通过试验确定。一般情况下，金属型的预热温度不低于 150℃。具体见表 7-8 和表 7-9。

表 7-8　金属型在喷刷涂料前的预热温度控制

铸件类型	金属型预热温度/℃	铸件类型	金属型预热温度/℃
铸铁件	80～150	镁合金铸件	120～200
铸钢件	100～250	铜合金铸件	100 左右
铝合金	120～200		

表 7-9　金属型在浇注前的预热温度控制

<table>
<tr><th>铸造合金</th><th>铸件特点</th><th>金属型预热温度/℃</th><th>金属型工作温度/℃</th></tr>
<tr><td>灰铁件</td><td></td><td>250～350</td><td>≥200</td></tr>
<tr><td>可锻铸铁</td><td></td><td>150～250</td><td>120～160</td></tr>
<tr><td>铸钢</td><td></td><td>150～300</td><td>≥80</td></tr>
<tr><td rowspan="3">铝合金</td><td>一般件</td><td colspan="2">200～300</td></tr>
<tr><td>薄壁复杂件</td><td colspan="2">300～350</td></tr>
<tr><td>金属芯</td><td colspan="2">200～300</td></tr>
<tr><td rowspan="3">镁合金</td><td>一般件</td><td colspan="2">200～350</td></tr>
<tr><td>薄壁复杂件</td><td colspan="2">300～400</td></tr>
<tr><td>金属芯</td><td colspan="2">300～400</td></tr>
<tr><td rowspan="5">铜合金</td><td>锡青铜</td><td>150～250</td><td>60～100</td></tr>
<tr><td>铝青铜</td><td>120～200</td><td>60～120</td></tr>
<tr><td>铅青铜</td><td>80～125</td><td>50～75</td></tr>
<tr><td>一般黄铜</td><td>100～150</td><td>≤100</td></tr>
<tr><td>铅黄铜</td><td>350～400</td><td>250～300</td></tr>
</table>

金属型的预热方法有：用喷灯或煤气火焰预热；采用电阻加热器；采用烘箱加热。采用烘箱加热优点是温度均匀，但只适用于小件的金属型。它是先将金属型放在炉上烘烤，然后浇注液体金属将金属型烫热。因它要浪费一些金属液，也会降低铸型寿命。

② 金属型的浇注　金属型的浇注温度，一般比砂型铸造时高。可根据合金种类、化学成分、铸件大小和壁厚，通过试验确定。表 7-10 中数据可供参考。

表 7-10　各种合金的浇注温度

合金种类	浇注温度/℃	合金种类	浇注温度/℃
铝锡合金	350～450	黄铜	900～950
锌合金	450～480	锡青铜	1100～1150
铝合金	680～740	铝青铜	1150～1300
镁合金	715～740	铸铁	1300～1370

由于金属型的激冷和不透气，浇注速度应做到先慢、后快、再慢。在浇注过程中应尽量保证液流平稳。

③ 铸件的出型和抽芯时间　如果金属型芯在铸件中停留的时间越长，由于铸件收缩产生的抱紧型芯的力就越大，因此需要的抽芯力也越大。金属型芯在铸件中最适宜的停留时间，是当铸件冷却到塑性变形温度范围，并有足够的强度时，这时是抽芯最好的时机。铸件在金属型中停留的时间过长，型壁温度升高，需要更多的冷却时间，也会降低金属型的生产率。

最合适的拔芯与铸件出型时间，一般用试验方法确定。

④ 金属型工作温度的调节　要保证金属型铸件的质量稳定，生产正常，首先要使金属型在生产过程中温度变化恒定。所以每浇一次，就需要将金属型打开，停放一段时间，待冷至规定温度时再浇。如靠自然冷却，需要时间较长，会降低生产率，因此常用强制冷却的方法。冷却的方式一般有以下几种。

a. 风冷　即在金属型外围吹风冷却，强化对流散热。风冷方式的金属型，虽然结构简单，容易制造，成本低，但冷却效果不十分理想。

b. 间接水冷　在金属型背面或某一局部，镶铸水套，其冷却效果比风冷好，适于浇注铜件或可锻铸铁件。但对浇注薄壁灰铁铸件或球铁铸件，激烈冷却，会增加铸件的缺陷。

c. 直接水冷　在金属型的背面或局部直接制出水套，在水套内通水进行冷却，这主要用于浇注钢件或其他合金铸件，铸型要求强烈冷却的部位。因其成本较高，只适用于大批量生产。

如果铸件壁厚薄悬殊，在采用金属型生产时，也常在金属型的一部分采用加温，另一部分采用冷却的方法来调节型壁的温度分布。

⑤ 金属型的涂料　在金属型铸造过程中，常需在金属型的工作表面喷刷涂料。涂料的作用是：调节铸件的冷却速度；保护金属型，防止高温金属液对型壁的冲蚀和热击；利用涂料层蓄气排气。

根据不同合金，涂料可能有多种配方，涂料基本由三类物质组成：粉状耐火材料（如氧化锌、滑石粉、锆砂粉、硅藻土粉等）；黏结剂（常用水玻璃、糖浆或纸浆废液等）；溶剂（水）。具体配方可参考有关手册。

涂料应符合下列技术要求：要有一定黏度，便于喷涂，在金属型表面上能形成均匀的薄层；涂料干后不发生龟裂或脱落，且易于清除；具有高的耐火度；高温时不会产生大量气体；不与合金发生化学反应（特殊要求者除外）等。

⑥ 复砂金属型（铁模复砂）　涂料虽然可以降低铸件在金属型中的冷却速度，但采用刷

涂料的金属型生产球墨铸铁件（例如曲轴），仍有一定困难，因为铸件的冷速仍然过大，铸件易出现白口。若采用砂型，铸件冷速虽低，但在热节处又易产生缩松或缩孔，在金属型表面复以 4～8mm 的砂层，就能铸出满意的球墨铸铁件。

复砂层有效地调节了铸件的冷却速度，一方面使铸铁件不出白口，另一方面又使冷速大于砂型铸造。金属型无溃散性，但很薄的复砂却能适当减少铸件的收缩阻力。此外金属型具有良好的刚性，有效地限制球铁石墨化膨胀，实现了无冒口铸造，消除疏松，提高了铸件的致密度。如金属型的复砂层为树脂砂，一般可用射砂工艺复砂，金属型的温度要求在 180～200℃之间。复砂金属型可用于生产球铁、灰铁或铸钢件，其技术效果显著。

⑦ 金属型的寿命　提高金属型寿命的途径为：

a. 选用热导率大，热膨胀系数小，而且强度较高的材料制造金属型；

b. 合理的涂料工艺，严格遵守工艺规范；

c. 金属型结构合理，制造毛坯过程中应注意消除残余应力；

d. 金属型材料的晶粒要细小。

（3）金属型铸造应用范围　金属型铸造在飞机、汽车、航空器、军工装备的制造方面用途很广泛，在其他交通运输机械、农业机械、化工机械、仪器制造、机床等生产中应用也在不断扩大。金属型铸造生产的铸件小至数十克、大至数吨重，且应用合金种类广泛，但主要应用于非铁合金，钢铁合金的应用不多。但是金属型的结构特点决定了金属型铸造不宜生产太大太薄和形状复杂的铸件，因为金属型腔是机械加工出来的，如果内腔太复杂就必须有很多的抽芯机构，且金属型冷却速度太快，太薄的铸件易造成浇不足缺陷。表 7-11 至表 7-14 概括了金属型的应用范围和特点。

表 7-11　金属型铸造重量

铸件类别		铸件重量	铸件类别		铸件重量
铸铁件	一般	1～100kg 左右	轻合金	一般	几十克至几十千克
	最重	达 3 吨		最重	小于 2 千克
铸钢件	一般	1～100kg 左右	铜合金		几十克至几十千克
	最重	达 5 吨			

表 7-12　金属型铸件最大壁厚　mm

铸件外轮廓尺寸	铸钢件	灰铁件(含球墨铸铁)	可锻铸铁	铝合金件	镁合金件	铜合金件
<70×70	5	4	2.5～3.5	2～3	—	3
70×70～150×150	—	5		4	2.5	4～5
>150×150	10	6		5	—	6～7

表 7-13　金属型铸件内孔的最小尺寸　mm

铸件材质	最小孔径 d	孔深		铸件材质	最小孔径 d	孔深	
		非穿透孔	穿透孔			非穿透孔	穿透孔
锌合金	6～8	9～12	12～20	铜合金	10～12	10～15	15～20
镁合金	6～8	9～12	12～20	铸铁	>12	>15	>20
铝合金	8～10	12～15	15～25	铸钢	>12	>15	>20

表 7-14 金属型铸造的应有批量

<table>
<tr><th>铸件特点</th><th>一般应具有的批量/件</th><th colspan="2">铸件特点</th><th>一般应具有的批量/件</th></tr>
<tr><td>小而不复杂</td><td>300～400</td><td rowspan="2">当金属型不加工时</td><td>小件</td><td>200～400</td></tr>
<tr><td>中等复杂</td><td>300～5000</td><td>大件</td><td>50～200</td></tr>
<tr><td>复杂</td><td>5000～10000</td><td colspan="2">特殊要求的铸件</td><td>根据力学性能的需要,不受限制</td></tr>
</table>

7.3.3 金属型铸造设备

金属型铸造机又分为单工位金属型铸造机和多工位金属型铸造机两大类。现在采用金属型铸造技术的工厂，一般都采用单工位金属型铸造机；多工位金属型铸造机，通常以转台式结构，形成金属型铸造流水线实施机械化和自动化生产。

(1) 单工位金属型铸造机　单工位金属型铸造机的结构示意如图 7-24 所示，按所生产铸件的复杂程度，它可分为如下四种类型。

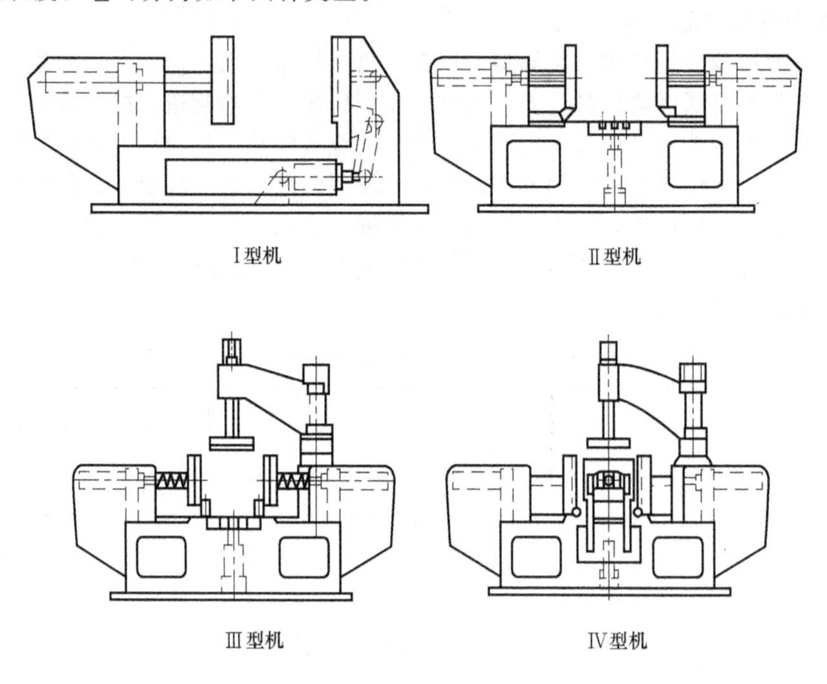

图 7-24　单工位金属型铸造机的结构示意图

① Ⅰ型机　由机座、一个可动底板机构、一个固定底板机构、液压顶出机构及液压和电器设备组成。可动底板可由液压缸沿导向装置向固定板移动。由底板引入冷却系统，顶出机构靠底板机构内的液压缸移动。机座内有油水收集器。

② Ⅱ型机　Ⅱ型机有两个可动底板机构和具有放置下部型芯功能的底板（三个可动底板机构），其他组成与Ⅰ型机相类似。

③ Ⅲ型机　Ⅲ型机有两个可动底板机构和具有放置上部及下部的型芯机构底板（四个可动底板机构），其他组成与Ⅰ型机相类似。

④ Ⅳ型机　Ⅳ型机有两个可动底板机构和上下放置型芯底板的机构，另外还有端面放置型芯底板的机构（5～6 个可动底板机构），其他组成与Ⅰ型机相类似。

单工位机可以按工序由工人控制操作，也可以自动化生产；可以单机使用或多机使用，也可以组成金属型铸造生产线。

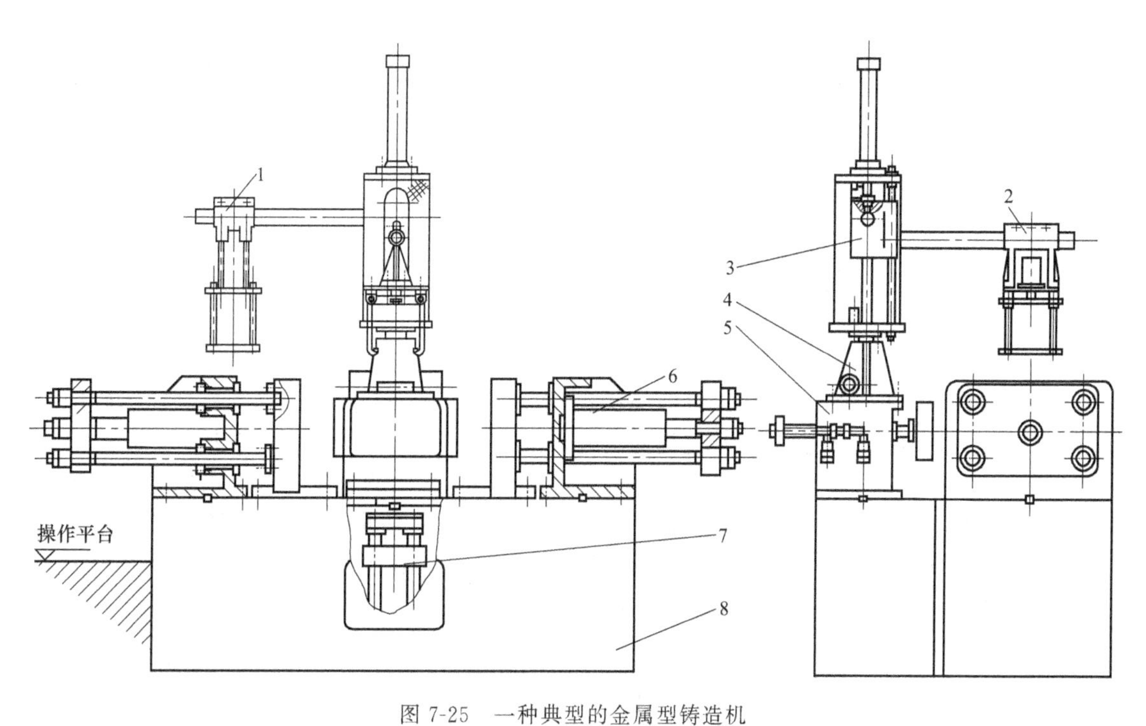

图 7-25　一种典型的金属型铸造机
1—压芯机构；2—取件机械手；3—臂升降机构；4—回转机构；5—侧开合型机构；6—左右开合型机构；7—顶升机构；8—机体

一种典型完整的金属型铸造机系统组成结构，如图 7-25 所示。它主要由机体、左右开合型机构、侧开合型机构、臂升降及回转机构、取件机械手及压芯机构、铸件脱型顶升机构等部分组成。

为了提高金属型铸造的铸件质量，减少液态金属浇注时产生卷气、夹渣等缺陷，现代金属型铸造工艺常常采用倾斜浇注、垂直凝固的方式。为此，金属型铸造机采用了倾转式机构（如图 7-26 所示），以实现倾斜浇注、垂直凝固的目的。

（2）转台式多工位金属型铸造机　转台式多工位金属型铸造机的组成，如图 7-27 所示。它一般设有 3～12 个工作位置，通常是把数台单工位机布置在一个转台上，按照浇注、冷却、离型、清扫、下芯等操作工序配置。

图 7-26　倾转式金属型铸造机

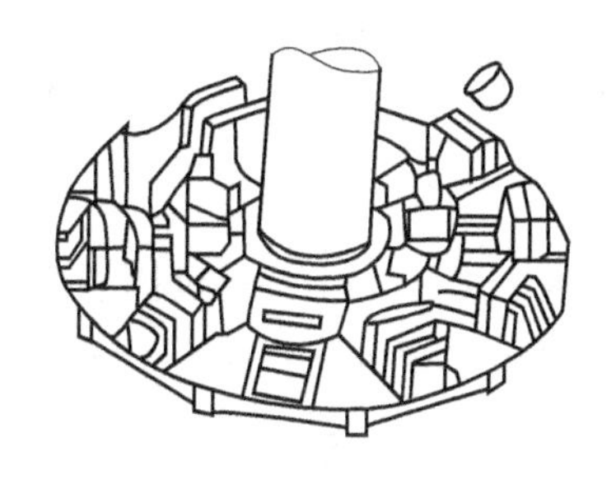

图 7-27　转台式多工位金属型铸造机示意图

为了提高生产效率，多工位机的周围配有定量浇注、最佳结晶温度控制、铸型恒温装置、摘取铸件机构等辅助设备，以实现生产自动化。熔炉自动向保温炉内输送金属液，经定量自动浇注装置向金属型内进行浇注，转台转到一定位置时开型取出铸件，放到输送器上，再转到一定位置经清扫、喷涂、闭型、调温后，进行新的工作循环。

这种设备占地面积小，结构紧凑，生产率高，每小时可浇注 120～150 次。

7.4 半固态铸造成型装备

半固态铸造成型是在液态金属凝固的过程中进行强烈的搅动，使普通铸造凝固易于形成的树枝晶网络骨架被打碎而形成分散的颗粒状组织形态，从而制得半固态金属液，然后将其铸成坯料或压成铸件。根据其工艺流程的不同，半固态铸造可分为流变铸造和触变铸造两大类（如图 7-28 所示）。流变铸造是将从液相到固相冷却过程中的金属液进行强烈搅动，在一定的固相分数下将半固态金属浆料压铸或挤压成型，又称“一步法”；触变铸造是先由连续铸造方法制得具有半固态组织的锭坯，然后切成所需长度，再加热到半固态状，然后再压铸或挤压成型（如图 7-29 所示），又称“二步法”。

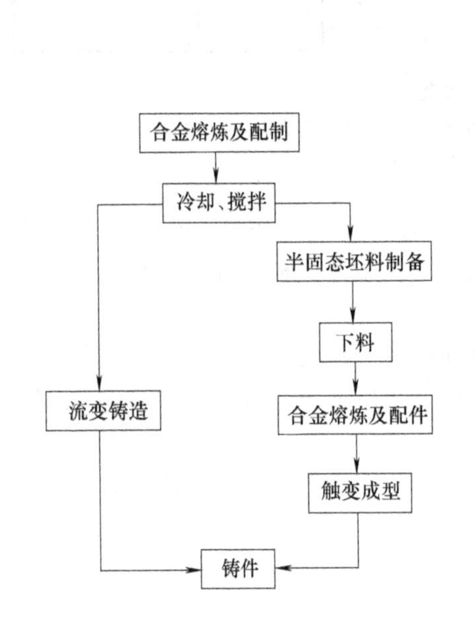

图 7-28 半固态铸造成型工艺过程

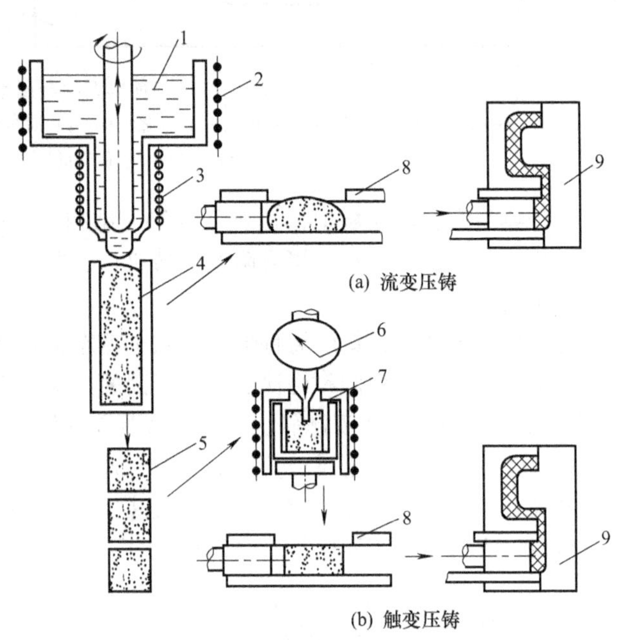

图 7-29 半固态压铸装置示意图

1—金属液；2—加热炉；3—冷却器；4—流变铸锭；5—毛坯；6—软度指示仪；7—毛坯二次加热；8—压射室；9—压铸型

半固态铸造成型装备主要包括半固态浆料制备装备、半固态成型装备、辅助装置等。按流变铸造和触变铸造分类，又有流变铸造装备和触变铸造装备。

7.4.1 半固态浆料的制备装置

在半固态成型工艺中，制备具有一定固相率的半固态浆料是工艺的核心，也一直是半固态技术研究开发的热点。虽然新的工艺及装备不断涌现，但半固态浆料的制备方法主要有机械搅拌，电磁搅拌、单辊旋转冷却、单/双螺杆法等。其基本原理都是利用外力将固液共存体中的固相树枝晶打碎、分散，制成均匀弥散的糊状金属浆料。最新发展的还有倾斜冷却板法、冷却控制法、新 MIT 法等。

（1）机械搅拌式制浆装置　图 7-30 为机械搅拌式半固态浆料的制备装置示意图。金属液在冷却槽中冷却至液-固相区间的同时，电机带动搅拌头旋转，搅拌头对液体施以切线方向上的剪切力，将固相枝晶破碎并混合到液相中。半固态浆料从下端的出料口排出。调整浆料的出料量就能控制其固相率。机械搅拌式适合于所有金属液体半固态浆料的制备。

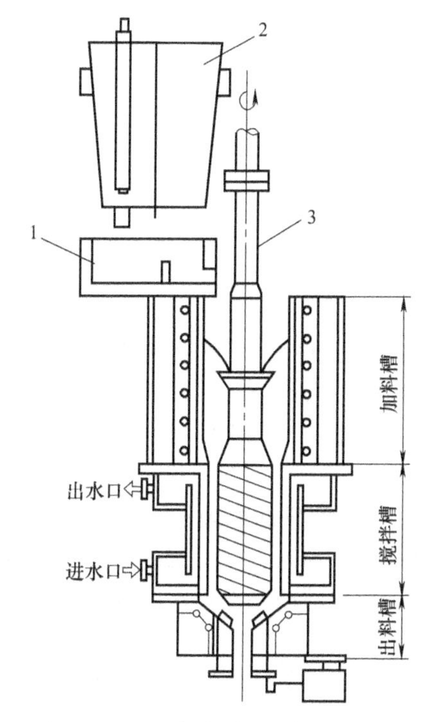

图 7-30　机械搅拌式制浆装置示意图

1—浇包；2—浇口杯；3—搅拌杆

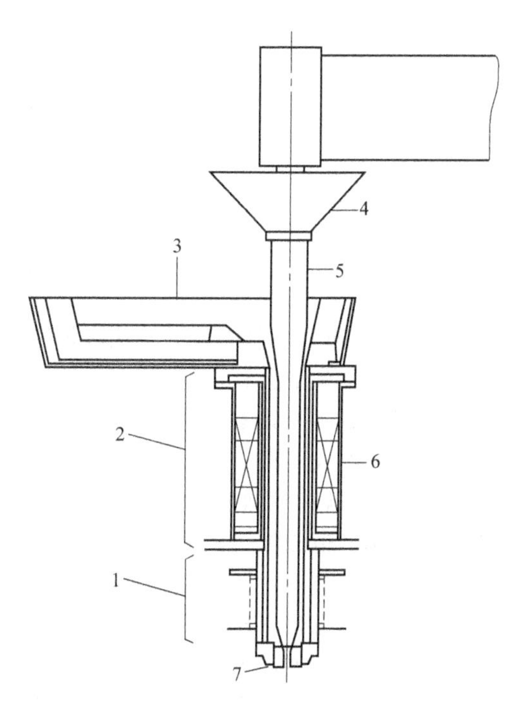

图 7-31　电磁搅拌式制浆装置示意图

1—高频加热段；2—搅拌段；3—浇口杯；4—防热罩；5—塞杆；6—感应线圈；7—出料口

设备结构简单，搅拌的剪切速度快，有利于形成细小的球状微观组织结构；但机械搅拌对设备的构件材料（搅拌叶片等）要求高，构件材料的耐热蚀性问题及它对半固态金属浆料的污染问题都会对半固态铸坯带来不利影响。

（2）电磁搅拌式制浆装置　图 7-31 为电磁搅拌式半固态浆料的制备装置示意图。它是用电磁场力的作用，来打碎或破坏凝固过程中树枝晶网络骨架，形成分散的颗粒状组织形态，从而制得半固态金属液。为保证破碎枝晶所必需的剪切力，电磁搅拌应有足够大的磁场。电磁搅拌制备装置在铝合金半固态成型工艺中获得了工业化应用。电磁搅拌制备半固态浆料，构件的磨损少，但搅拌的剪切速度慢，电磁损耗大。

（3）单辊旋转冷却式制浆装置　在机械和电磁搅拌装置中，当浆料的固相率较高时，浆料的黏度迅速增加，流动性下降，使得浆料的出料非常困难。如图 7-32 所示的单辊冷却法，利用辊子的回转产生的剪切力在制备浆料的同时强制出料，因此能获得高固相率的半固态浆料。

7.4.2　半固态铸造成型装备

目前半固态铸造的成型装备主要有压铸机（即半固态压铸）、挤压铸造机（即半固态挤

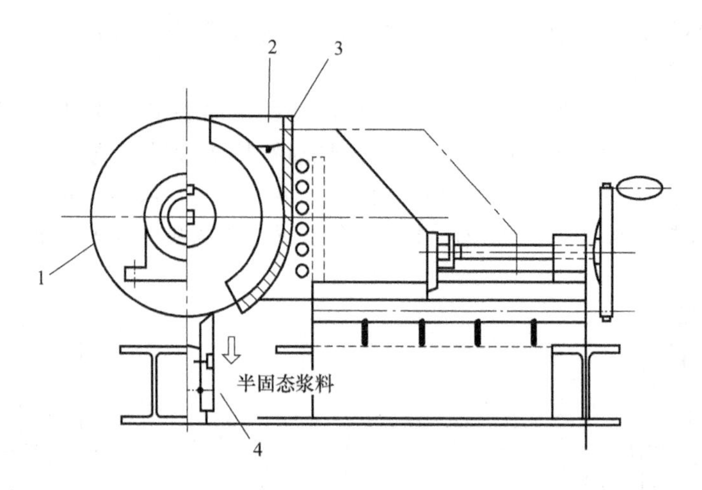

图 7-32 单辊旋转式制浆装备

1—辊筒；2—加料口；3—固定板；4—挡板

压），以及利用塑料注射成型的方法和原理开发的半固态注射成型机等。压铸机的结构及其工作原理在 7.1 节中已有详述，挤压铸造机的结构及工作原理较为简单，其实质为将半固态金属浆料浇入金属模具中，在压力机压力的作用下冷却凝固成型，下面主要介绍新近发展起来的半固态注射成型机。

（1）半固态触变注射成型机　图 7-33 为半固态触变注射成型机的原理图，它已成功地用于镁合金的铸造成型。其成型过程为：细块状的镁合金从料斗加入，在螺旋的作用下向前推进，镁粒在前进的过程中逐渐被加热至半固态，并贮存于螺旋的前端至规定的容积后，注射缸动作将半固态浆料压入模具凝固成型。

（2）半固态流变注射成型机　图 7-34 所示是半固态流变注射成型机的工作原理。它与触变注射成型不同点在于加入料为液态镁合金；在垂直安装的螺旋的搅拌作用下冷却至半固态。积累至一定量后，由注射装置注射成型。

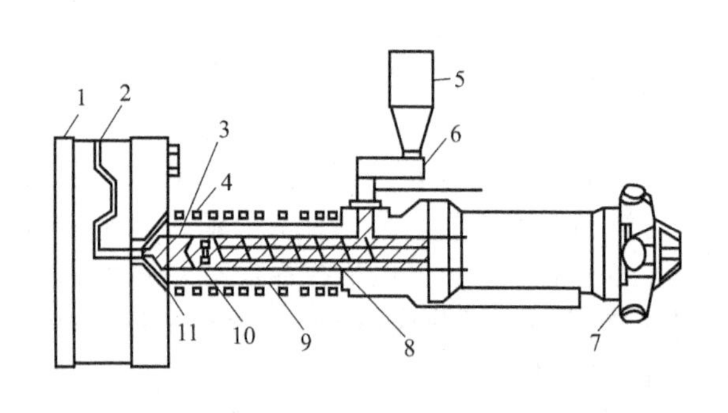

图 7-33 半固态触变注射成型机原理示意图

1—模架；2—模型；3—浆料累积腔；4—加热器；5—料斗；6—给料器；7—旋转驱动及注射装置；8—螺杆；9—筒体；10—单向阀；11—射嘴

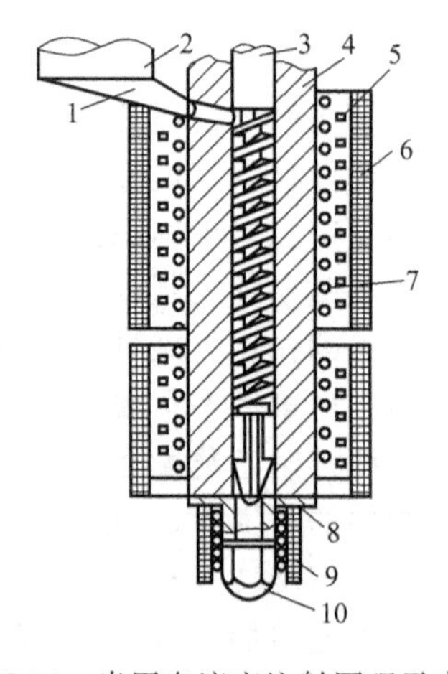

图 7-34 半固态流变注射原理示意图

1—金属液输入管；2—保温炉；3—螺杆；4—筒体；5—冷却管；6—绝热管；7—加热器；8—浆料累积腔；9—绝热层；10—射嘴

在单螺旋搅拌半固态流变注射成型机（图 7-34）基础上，提出的双螺旋注射成型机，其原理如图 7-35 所示，它产生的剪切速率很高，获得的半固态组织更好。搅拌螺杆及搅拌筒体内衬等构件采用陶瓷做材料，其耐磨、耐蚀性能大大提高。

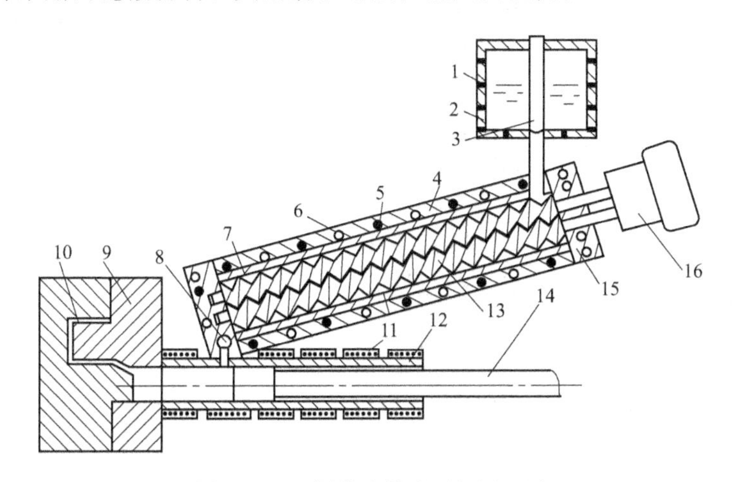

图 7-35　双螺旋注射成型机原理图

1—加热源；2—坩埚；3—塞杆；4—搅拌桶；5—加热源；6—冷却通道；7—内衬；8—输送阀；9—模具；10—型腔；11—加热源；12—射室；13—双螺旋；14—活塞；15—端冒；16—驱动系统

7.4.3　半固态铸造的其他装置

流变铸造采用“一步法”成型，半固态浆料制备与成型联为一体，装备较为简单；而触变铸造采用“二步法”成型，除有半固态浆料制备及坯料成型装备外，还有下料装置、二次加热装置、坯料重熔测定控制装置等。下面就介绍触变铸造中的二次加热装置、坯料重熔测定控制装置。

（1）二次加热装置　触变成型前，半固态棒料先要进行二次加热（局部重熔）。根据加工零件的质量大小精确分割经流变铸造获得的半固态金属棒料，然后在感应炉中重新加热至半固态供后续成型。二次加热的目的是：获得不同工艺所需要的固相体积分数，使半固态金属棒料中细小的枝晶碎片转化成球状结构，为触变成型创造有利条件。

目前，半固态金属加热普遍采用感应加热，它能够根据需要快速调整加热参数，加热速度快、温度控制准确。图 7-36 为一种二次加热装置的原理图，它利用传感器信号来控制感应加热器，得到所要求的液固相体积分数。其工作原理为：当金属由固态转化为液态时，金属的电导率明显的减小（如铝合金液态的电导率是固态的 0.4～0.5）；同时，坯锭从固态逐步转变为液态时，电磁场在加热坯锭上的穿透深度也将变化，这种变化将会引起加热回路的变化，因此可通过安装在靠近加热坯锭底部的测量线圈测出回路的变化。比较测量线圈的信号与标定信号之间的差别，就可计算出坯锭的加热温度，从而实现控制加热温度（即控制液相体积分数）的目的。

（2）重熔程度测定装置　理论上，对于二元合金，重熔后的固相体积分数可以根据加热温度由相图计算得出。但实际中，常采用硬度检测法，即用一个压头压入部分重熔坯料的截面，以测加热材料的硬度来判定是否达到了要求的液相体积分数。半固态金属重熔硬度测定装置如图 7-37 所示。

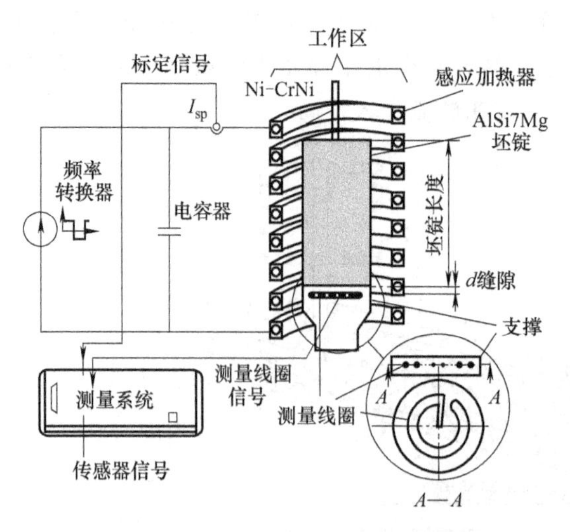

图 7-36　二次加热装置的原理图

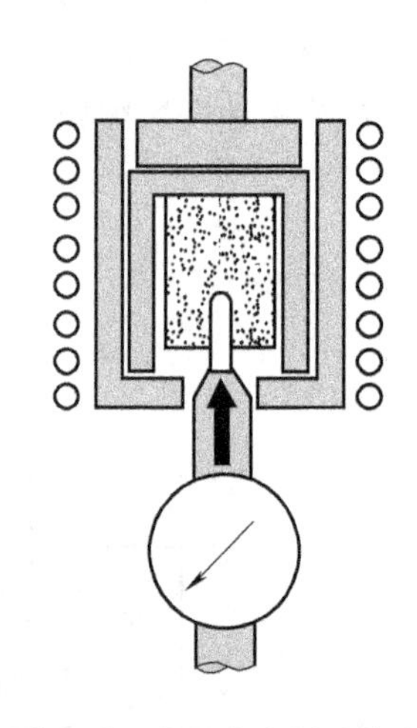

图 7-37　半固态金属重熔硬度测定装置

7.4.4　半固态铸造生产线及自动化

(1) 半固态触变成型生产线　立式半固态触变成型生产线的平面布置，如图 7-38 所示。其工作过程为：机器人将（冷）半固态坯料装入位于立式成型机的加热圈内（如图 7-39 所示)，位于机器下部平台上的感应加热圈将料坯加热到合适的成型温度，在完成模具润滑以后，两半模下降并锁定在注射口处；在一个液压圆柱冲头作用下，将坯料垂直地压入封闭模具的下模内；在压入过程中能使坯料在加热时产生的氧化表面层从原金属表面剥去，当冲头在垂直方向上运动时，剥去氧化皮的金属被挤入模具型腔内，零件凝固后，两半模分开，移出上次成型件；留在下半模内的铸件残渣由清除系统自动清除回收；进入下一零件循环。

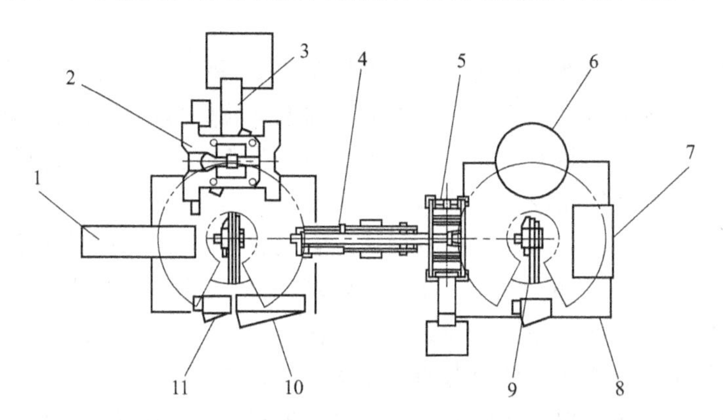

图 7-38　立式半固态触变成型生产线平面布置图

1—送料装置；2—立式半固态成型机；3—残渣清除装置；4—零件冷却装置；5—去毛刺机；6—后处理系统；7—集装箱包装系统；8—安全护栏；9—工业机器人；10—系统控制柜；11—机器人控制柜

(2) 半固态流变铸造生产线及自动化　由国外某公司开发的新型流变铸造（New Rheo-Casting）成型装备及其生产线如图 7-40 所示。该系统由铝合金熔化炉、挤压铸造机、转盘式制浆装置、自动浇注装置、坩埚自动清扫、喷涂料装置等组成。其工艺过程为，首先浇注机械手 3 将铝液从熔化炉 2 中浇入制浆机 4 的金属容器中冷却；与此同时，浆料搬运机械手

5从制浆机的感应加热工位抓取小坩埚，搬运至挤压铸造机并浇入压射室中成型。随后继续旋转将空坩埚返回送至回转式清扫装置上的空工位；并从另一个工位抓去一个清扫过的小坩埚旋转放置到制浆机上。然后制浆机和清扫机同时旋转一个角度，进入下一个循环。该生产线具有结构紧凑，自动化程度高，生产效率高的优点。

新流变铸造法的核心是采用冷却控制法的半固态浆料制备装置。其结构示意图如图7-40中4所示。它采用转盘式结构，转盘上均匀布置8个冷却工位。当将金属液浇入小坩埚后，转盘转动一个角度，装满金属液的坩埚进入冷却工位；满坩埚上方的密封罩下降，罩住坩埚，对坩埚外表面通气冷却；一段时间后，密封罩上升，转盘转动，坩埚又转入下一工作位置，重复上述动作；而当满坩埚转入最后一个工位时，则由设置的感应加热器进行加热，

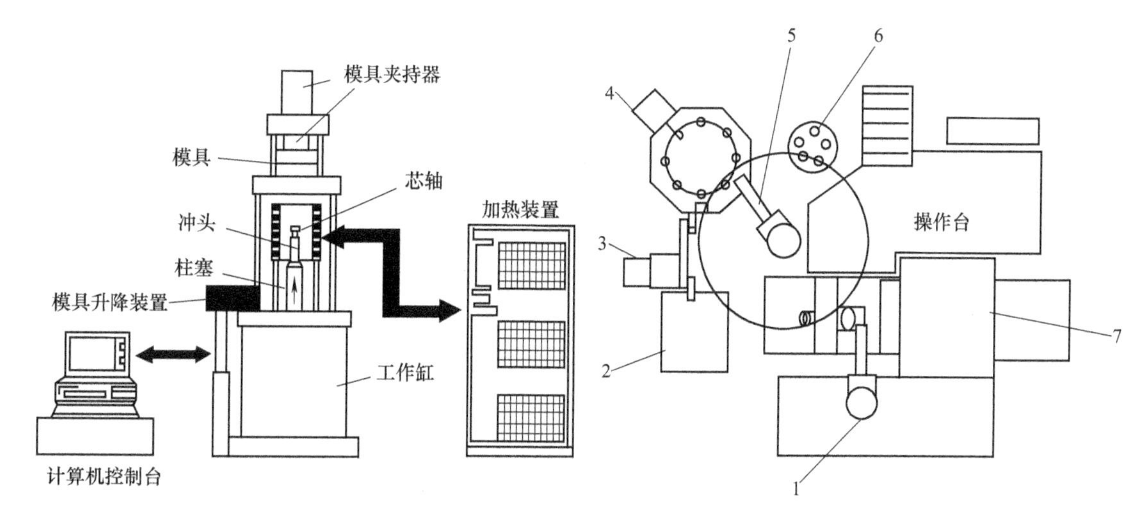

图7-39 触变挤压成型设备示意图

图7-40 新型流变铸造成形装备及其自动化生产线

1—取件机械手；2—熔化炉；3—浇注机械手；4—转盘式浆料制备装置；5—浆料搬运/浇注机械手；6—转盘式自动清扫和喷涂料装置；7—挤压铸造机

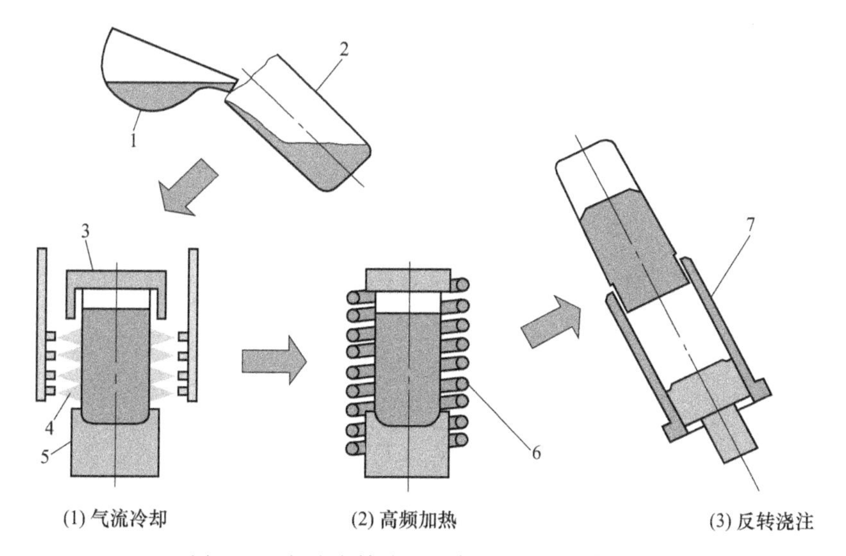

图7-41 新流变铸造法的半固态浆料制备原理

1—浇包；2—金属容器；3—绝热材料；4—空气；5—绝热材料；6—感应线圈；7—压射室

对浆料作温度调整，以获得预定的固相率；调整后的浆料由搬运机械手送至高压铸造机成型，随后一个清理干净的空坩埚又由机械手返回至加热工位，转盘转动一个角度，进入下一工作循环。新流变铸造法的半固态浆料制备原理，如图 7-41 所示。这样通过转盘式制浆装置就能连续制备半固态浆料，从而提高了生产效率。

思考题及习题

1. 简述压铸机的结构组成。比较立式压铸机与卧式压铸机在结构原理、工作过程上的区别。
2. 比较压铸机和低压铸造机在结构组成、工艺特点上的区别。
3. 在金属型铸造机中，采用倾转式结构的作用是什么？
4. 简述低压铸造自动加压控制系统原理及其结构组成。
5. 在半固态成型加工中，采用注射成型机构的目的及作用是什么？
6. 简述新流变（半固态）铸造法的工艺原理及自动化生产线的组成与特点。

第8章 消失模铸造设备及生产线

8.1 消失模铸造工艺过程及特点

消失模铸造（Expendable Pattern Casting，简称 EPC；或 Lost Foam Casting，简称 LFC），又称气化模铸造（Evaporative Foam Casting，简称 EFC）或实型铸造（Full Mold Casting，简称 FMC）。泡沫模样的获得有两种方法：模具发泡成型、泡沫板材的加工成型。

它是采用泡沫塑料模样代替普通模样紧实造型，造好铸型后不取出模样、直接浇入金属液，在高温金属液的作用下，泡沫塑料模样受热气化、燃烧而消失，金属液取代原来泡沫塑料模样占据的空间位置，冷却凝固后即获得所需的铸件。消失模铸造浇注的工艺过程如图8-1所示。用于消失模铸造的泡沫模样材料包括 EPS（聚苯乙烯）、EPMMA（聚甲基丙烯酸甲酯）、STMMA（共聚物，EPS 与 MMA 的共聚物）等，它们受热气化产生的热解产物及其热解的速度有很大不同。

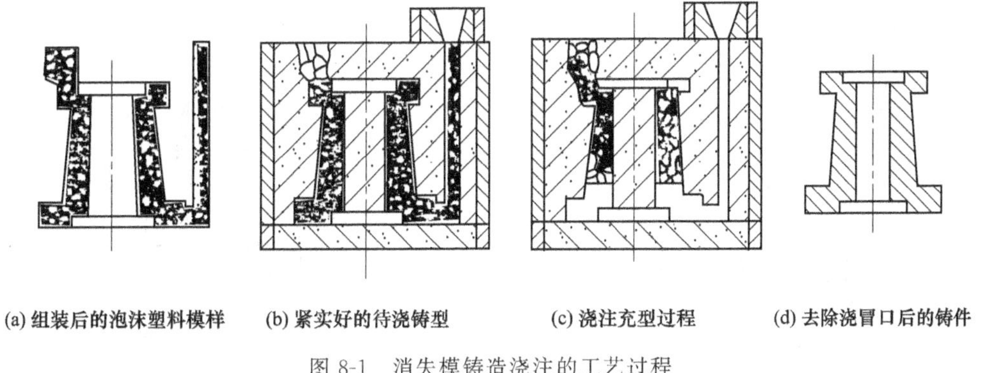

(a) 组装后的泡沫塑料模样　(b) 紧实好的待浇铸型　(c) 浇注充型过程　(d) 去除浇冒口后的铸件

图 8-1　消失模铸造浇注的工艺过程

整个消失模铸造过程包括：a. 制造模样；b. 模样组合（模片之间及其与浇注系统等的组合）；c. 涂料及其干燥；d. 填砂及紧实；e. 浇注；f. 取出铸件等工部。如图 8-2 所示。

与砂型铸造相比，消失模铸造方法具有如下主要特点。

(1) 铸件的尺寸精度高、表面粗糙度低。铸型紧实后不用起模、分型，没有铸造斜度和活块，取消了砂芯，因此避免普通砂型铸造时因起模、组芯、合箱等引起的铸件尺寸误差和错箱等缺陷，提高了铸件的尺寸精度；同时由于泡沫塑料模样的表面光整、其粗糙度可以较低，故消失模铸造的铸件的表面粗糙度也较低。铸件的尺寸精度可达 CT5～6 级、表面粗糙度可达 6.3～12.5μm。

(2) 增大了铸件结构设计的自由度。在进行产品设计时，必须考虑铸件结构的合理性，以利于起模、下芯、合箱等工艺操作及避免因铸件结构而引起的铸件缺陷。消失模铸造由于没有分型面，也不存在下芯、起模等问题，许多在普通砂型铸造中难以铸造的铸件结构在消失模铸造中不存在任何困难，增大了铸件结构设计的自由度。

(3) 简化了铸件生产工序，提高了劳动生产率，容易实现清洁生产。消失模铸造不用砂芯，省去了芯盒制造、芯砂配制、砂芯制造等工序，提高了劳动生产率；型砂不需要黏结

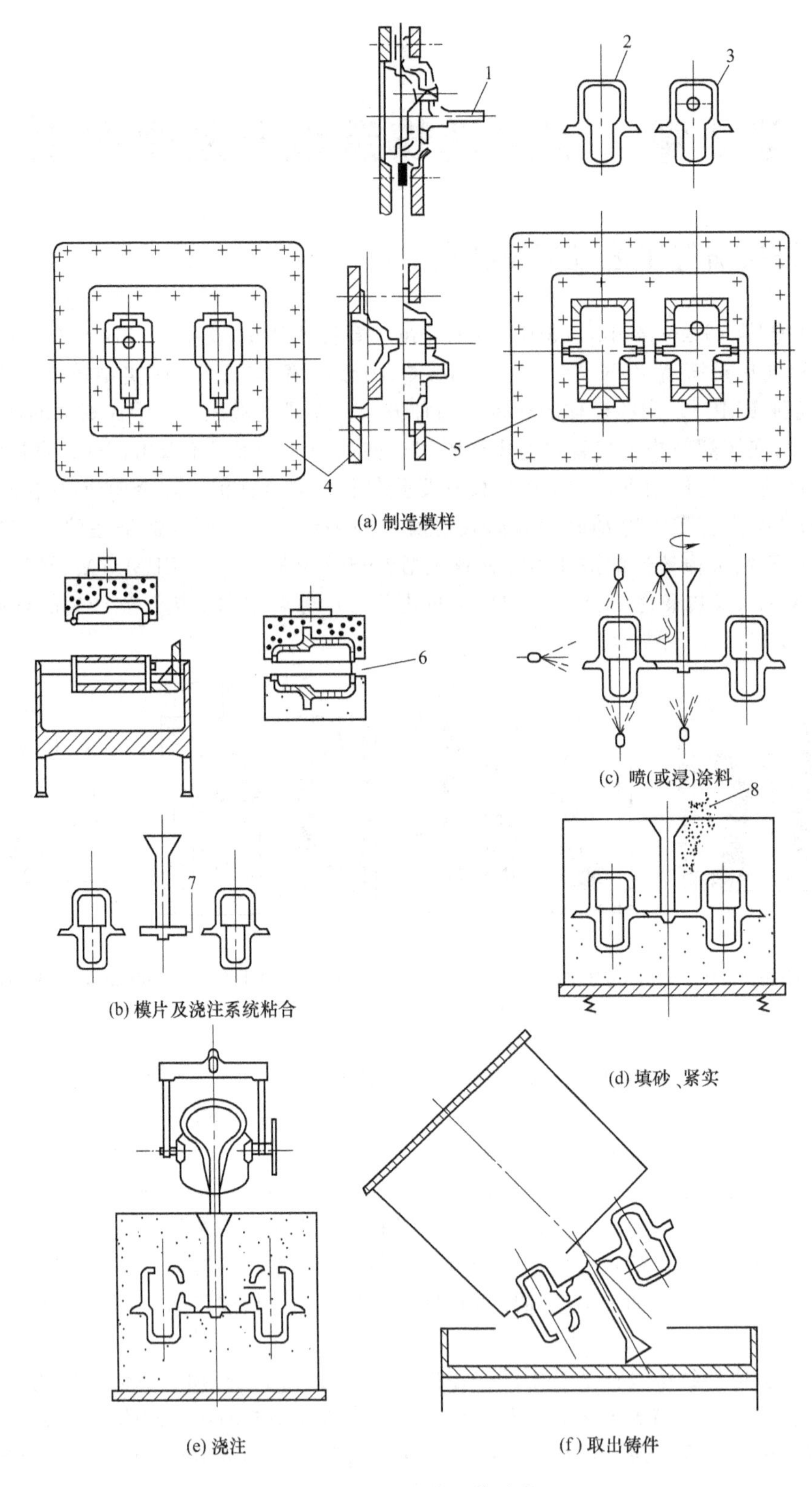

图 8-2 LFC 法工艺过程

1—注射预发泡珠粒；2—左模片；3—右模片；4—凸模；5—凹模；
6—模片与模片黏合；7—模片与浇注系统黏合；8—干砂

剂、铸件落砂及砂处理系统简便；同时，劳动强度降低、劳动条件改善，容易实现清洁生产。消失模铸造与普通砂型铸造的工艺过程对比，如图 8-3 所示。

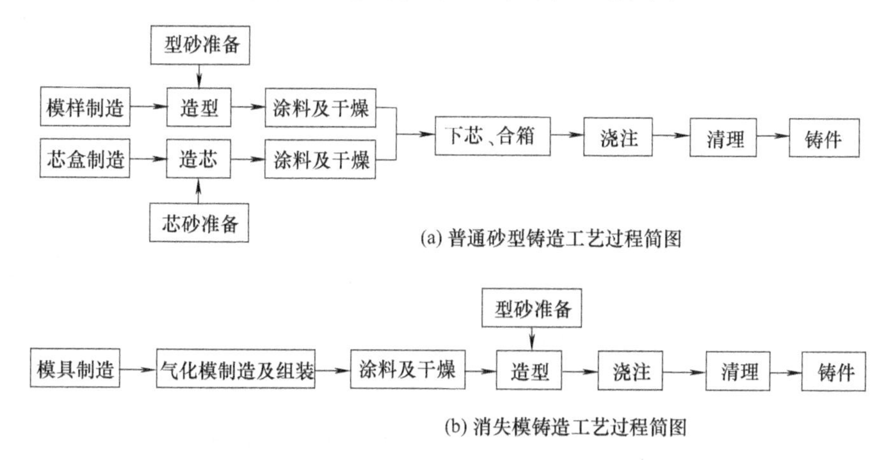

图 8-3　消失模铸造与普通砂型铸造的工艺过程比较

（4）减少了材料消耗，降低了铸件成本。消失模铸造采用无黏结剂干砂造型，可节省大量型砂黏结剂，旧砂可以全部回用。型砂紧实及旧砂处理设备简单，所需的设备也较少。因此，大量生产的机械化消失模铸造车间投资较少，铸件的生产成本较低。

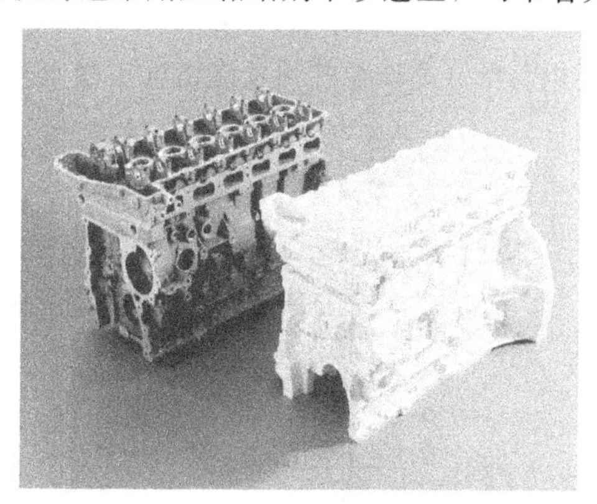

图 8-4　六缸缸体消失模铸件及泡沫模样

总之，消失模铸造是一种近无余量的液态金属精确成型的技术，它被认为是“21 世纪的新型铸造技术”及“铸造中的绿色工程”，目前它已被广泛用于铸铁、铸钢、铸铝件的工业生产。近年来，随着消失模铸造中的关键技术不断取得突破，其应用的增长速度加快。用消失模铸造出的复杂的汽车发动机缸体铸件如图 8-4 所示。

8.2　消失模铸造关键技术及设备

根据工艺特点，消失模铸造可分为三个部分：一是泡沫塑料模样的成型加工及组装部分，通常称为白区；二是造型、浇注、清理及型砂处理部分，又称为黑区；三是涂料的制备及模样上涂料、烘干部分，也称为黄区。因此，消失模精密铸造的装备包括两方面：泡沫塑料模样的成型加工装备，造型装备及型砂处理装备，涂料的制备及烘干装备。其主要设备包括：白区的泡沫塑料模样的成型装备，黑区的振动紧实设备、雨淋加砂设备、抽真空设备及旧砂冷却设备等。

8.2.1　泡沫塑料模样的成型装备

模样制作的方法有两种：一是发泡成型；二是利用机床加工（泡沫模样板材）成型。前者适合于批量生产，后者适合于单件制造。泡沫塑料模样的模具发泡成型及切削加工成型的过程如图 8-5 所示。主要设备有预发泡机、成型发泡机等。

（1）预发泡机　在成型发泡之前，对原料珠粒进行预发泡和熟化是获得密度低、表面光

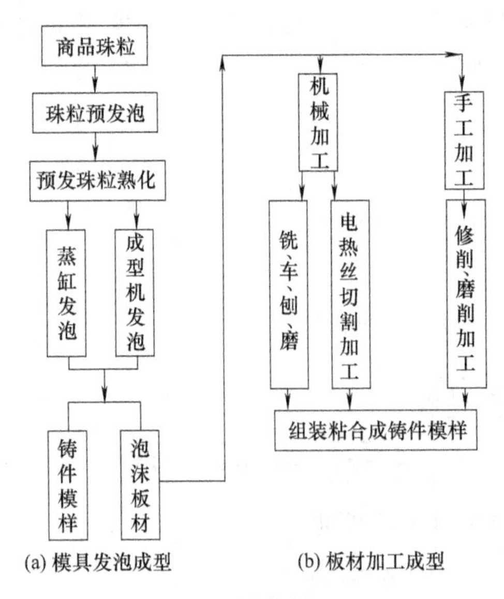

图 8-5 泡沫塑料模样的成型方法

洁、质量优良的必要条件。

图 8-6 所示的是一种典型的间隙式蒸汽预发泡机的工艺流程，珠粒从上部加入搅拌筒体，高压蒸汽从底部进入，开始预发泡。筒体内的搅拌器不停转动，当预发泡珠粒的高度达到光电管的控制高度时，自动发出信号，停止进汽并卸料，预发泡过程结束。

目前在我国广大中小企业采用的一种间歇式蒸汽预发泡机如图 8-7 所示。该设备的关键是：

① 蒸汽进入不宜过于集中，压力和流量不能过大，以免造成结块、发泡不均，甚至部分珠粒因过度预发而破坏；

② 因为珠粒直接与蒸汽接触，预发泡珠粒中水的质量分数高达 10%左右，因此卸料后必须经过干燥处理。

这种预发泡不是通过时间而是通过预发泡的容积定量（即珠粒的预发泡密度定量）来控制预发泡质量，控制方便、效果良好。

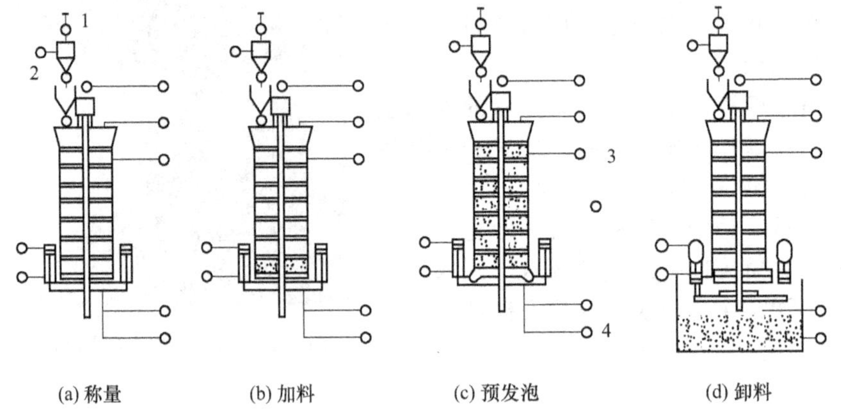

图 8-6 间隙式蒸汽预发泡机工艺流程

1—称量传感器；2—原料珠粒；3—光电管；4—蒸汽

(2) 成型发泡机　将一次预发泡的单颗分散珠粒填入模具内，再次加热进行二次发泡，这一过程叫做成型发泡。成型发泡的目的在于获得与模具内腔一致的整体模样。

将预发泡（如图 8-6 所示）后的珠粒，吹入预热后的成型模具中，经通蒸汽加热、发泡成型、喷冷却水，最后出模。成型发泡设备主要有两大类：一类是将发泡模具安装到机器上成型，称为成型机；另一类是将手工拆装的模具放入蒸汽室成型，称为蒸汽箱（或蒸缸）。大量生产多采用成型机成型。成型机的结构示意如图 8-8 所示，全自动化的卧式成型机如图 8-9 所示。

图 8-7 间歇式蒸汽预发泡机的照片

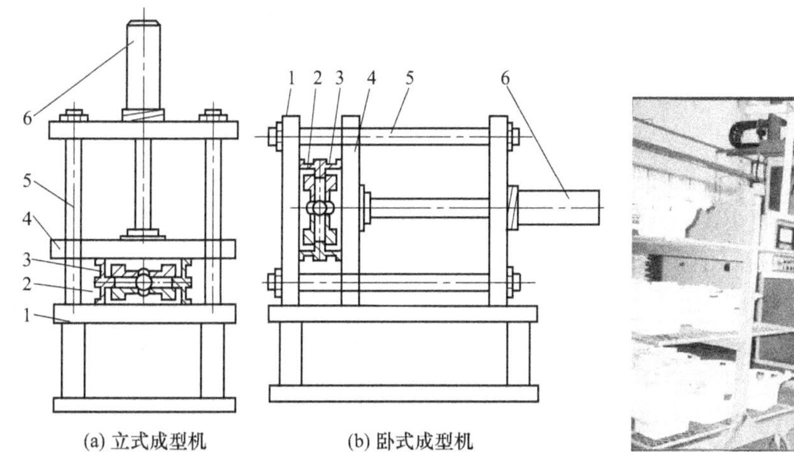

图 8-8　成型机示意图

1—固定工作台；2—定模；3—动模；4—移动工作台；5—导杆；6—液压缸

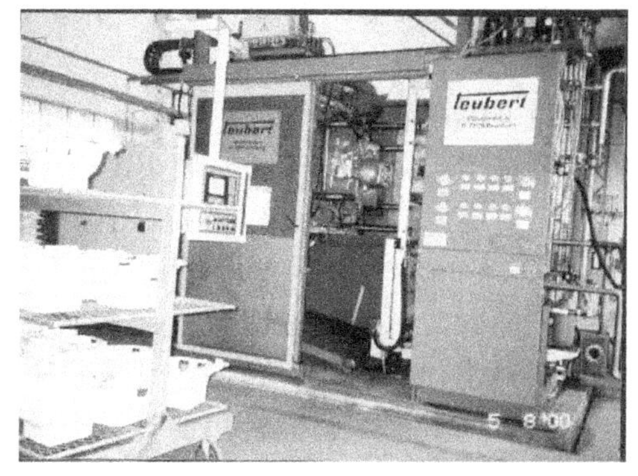

图 8-9　全自动化的卧式成型机照片

模样的粘接、组装、上涂料、烘干等其他工序，均可由机械手或机器人完成。但值得注意的是，因泡沫模样的强度很低，机器操作应避免模样的变形与损坏。

8.2.2　振动紧实及其装备

（1）干砂的振动紧实　消失模铸造中干砂的加入、充填和紧实是得到优质铸件的重要工序。砂子的加入速度必须与砂子紧实过程相匹配，如果在紧实开始前将全部砂子都加入，肯定会造成变形。砂子填充速度太快会引起变形；但砂子填充太慢造成紧实过程时间过长，生产速度降低，并可能促使变形。消失模铸造中型砂的紧实一般采用振动紧实的方式，紧实不足会导致浇注时铸型壁塌陷、胀大、粘砂和金属液渗入，而过度紧实振动会使模样变形。振动紧实应在加砂过程中进行，以便使砂子充入模型束内部空腔，并保证砂子达到足够紧实而又不发生变形。

根据振动维数的不同，消失模铸造振动紧实台的振动模式可分为：一维振动、二维振动、三维振动 3 种。研究表明：

① 三维振动的充填和紧实效果最好，二维振动在模样放置和振动参数选定合理的情况下也能获得满意的紧实效果，一维振动通常被认为适于紧实结构较简单的模样（但由于振动维数越多，振动台的控制越复杂且成本越高，故目前实际用于生产的振动紧实台一维振动居多）；

② 在一维振动中，垂直方向振动比水平方向振动效果好；

③ 垂直方向与水平方向两种振动的振幅和频率均不相同或两种振动存在一定相位差时，所产生的振动轨迹有利于干砂的充填和紧实。

影响振动紧实效果的主要振动参数包括：振动加速度、振幅和频率、振动时间等。振动台的激振力大小和被振物体总质量决定了振动加速度的大小，振动加速度在 1～2g 范围内较佳，小于 1g 对提高紧实度没有多大效果，而大于 2.5g 容易损坏模样。在激振力相同的条件下，振幅越小、振动频率越高，充填和紧实效果越好（实践表明，频率为 50Hz、振动电机转速为 2800～3000r/min、振幅为 0.5～1mm 较合适）。振动时间过短，干砂不易充满模样各部位，特别是带水平空腔的模样的充填紧实不够；但振动时间过长，容易使模样变形损坏（一般振动时间控制在 30～60s 较宜）。

(2) 振动紧实台　消失模造型与黏土砂造型的区别在于消失模采用干砂振动造型机即振动紧实台。目前，振动紧实台通常采用振动电机作驱动源，结构简单，操作方便，成本低。根据振动电机的数量及安装方式，振动紧实台分为一维紧实台、二维紧实台、三维紧实台及多维紧实台等。

消失模铸造的振动紧实台，不仅要求干砂快速到达模样各处，形成足够的紧实度，而且在紧实过程中应使模样变形最小，以保证浇注后得到轮廓清晰、尺寸精确的铸件。一般认为，消失模铸造的振动紧实应采用高频振动电机进行三维振动紧实（振幅 0.5～1.5mm，振动时间 3～4s），才能完成干砂的充填和紧实过程。

振动紧实台的基本组成包括激振器、隔振弹簧、工作台面、底座及控制系统等，其中激振器常用双极高转速的振动电机，而隔振弹簧一般采用橡胶空气弹簧，以利于工作台面的自由升降。目前常用的消失模铸造紧实台有两种：一维振动紧实台和三维振动紧实台。

一维振动紧实台的结构如图 8-10 所示。其特点是空气弹簧和橡胶弹簧联合使用；砂箱与振动台之间无锁紧装置，依靠工作台面上的三根定位杆来实现砂箱与振动台面的定位；两台振动电机采用变频器控制；用高度限位杆来限制空气弹簧的上升高度。这种结构（或类似结构）的振动紧实台，简单实用，成本低，应用广泛。

三维振动紧实台的结构如图 8-11 所示。其特点是采用六台振动电机，可配对形成 3 个方向上的振动；振动紧实时砂箱固定在振动台的台面上；空气弹簧可实现隔振与台面升降功能。这种结构（或类似结构）的振动紧实台可方便地实现一至三维振动及振动维数的相互转换。但设备成本较一维振动紧实台高，控制相对也复杂一些。

一种常见的三维振动紧实台的外形照片如图 8-12 所示。

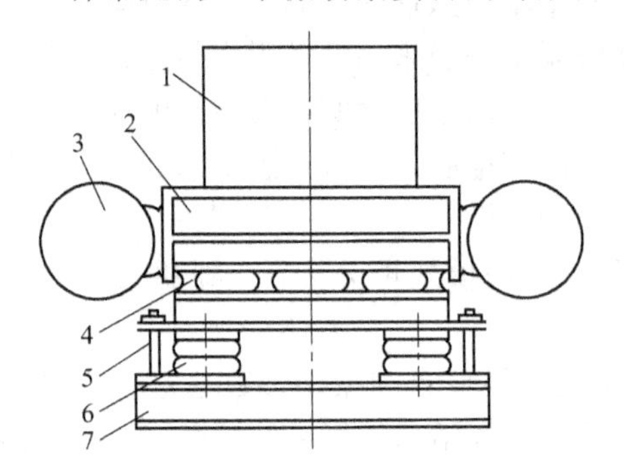

图 8-10　一维振动紧实台结构示意图

1—砂箱；2—振动台体；3—振动电机；4—橡胶弹簧；5—高度限位杆；6—空气弹簧；7—底座

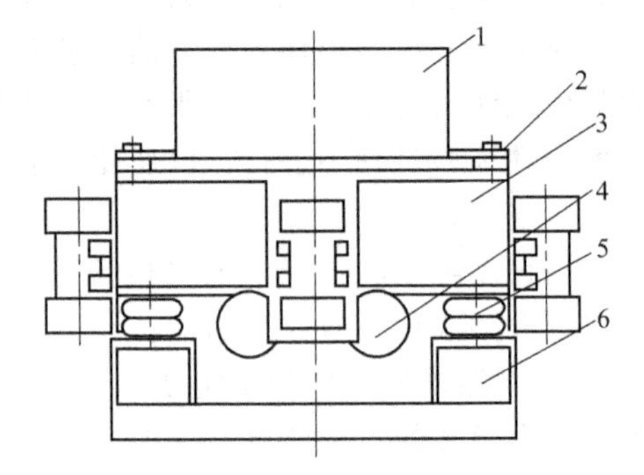

图 8-11　三维振动紧实台结构示意图

1—砂箱；2—夹紧装置；3—振动台体；4—振动电机；5—空气弹簧；6—底座

双电机驱动、可产生垂直方向圆振动的紧实台，由于有着独特的干砂充填性能，近年来应用逐渐扩大，有取代三维紧实台的趋势。图 8-13 为其工作原理示意图，结构特点是在振动台体下方安装两个振动电机，两电机的偏心块之间因有相位差，电机转动后便在砂箱各处形成相同振幅、相同振动加速度即均匀一致的垂直面圆振动，从而使型砂具有良好的流动充填性能（图中圆圈及箭头表示其振动轨迹）。主要控制参数为振幅 0.3～0.5mm，振动加速度 9.8～11.76m/s^2。

消失模铸造的其他设备（旧砂冷却除尘系统、输送辊道、浇注设备等）大多与普通铸造装备相同，详细了解可参见有关专著。

图 8-12　三维振动紧实台

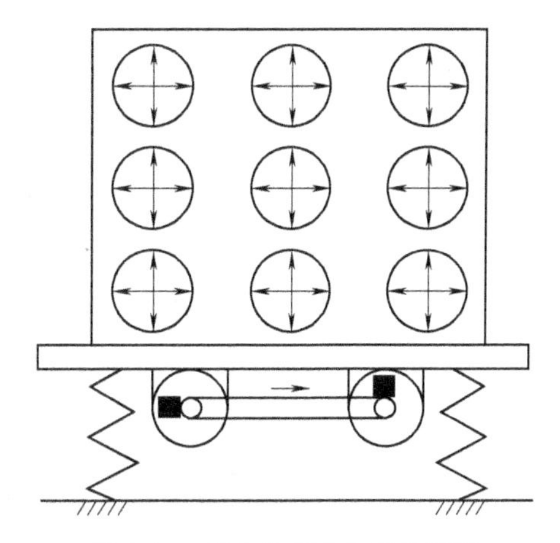

图 8-13　双电机振动台工作原理

8.2.3　雨淋式加砂器

在模样放入砂箱内紧实之前，砂箱的底部要填入一定厚度的型砂作为放置模样的砂床（砂床的厚度一般约为 100mm）。然后放入模样，再边加砂、边振动紧实，直至填满砂箱，紧实完毕。为了避免加砂过程中因砂粒的冲击使模样变形，由砂斗向砂箱内加砂常采用柔性管加砂、雨淋式加砂两种方法。前者是用柔性管与砂斗相接，人工移动柔性管陆续向砂箱内各部位加砂，可人为地控制砂粒的落高，避免损坏模样涂层；后者是砂粒通过砂箱上方的筛网或多管孔雨淋式加入。雨淋式加砂均匀、对模样的冲击较小，是生产中常用的加砂方法。

一种雨淋式加砂装置的结构如图 8-14所示。它由驱动汽缸、振动电机、多孔闸板、雨淋式加砂管等组成。

加砂时，驱动汽缸打开多孔闸板，原砂通过多孔闸板上的孔在较大的面积内（雨淋式）加入砂箱中。调整多孔闸板中的动板与静板的相对位置，可以改变漏砂孔的横截面积大小，进而改变“砂雨”的大小（即改变加砂速度）。此种加砂方法，加砂均匀，效率高，适合在生产流水线上使用，也是目前应用最广泛的加砂方法。

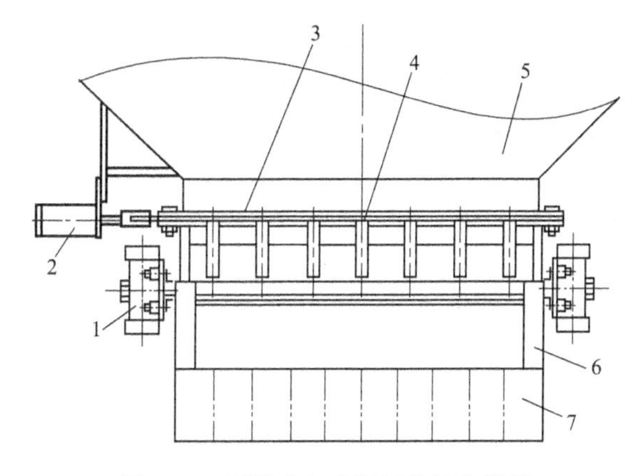

图 8-14　雨淋式加砂装置的结构简图

1—汽缸；2—振动电机；3—闸板；4—雨淋式加砂管；5—砂斗；6—除尘器；7—橡胶幕

加砂方式应根据不同的需要而选取。在消失模铸造生产流水线上，常采用两工位加砂（造型），加底砂工位可用软管加砂或雨淋式加砂，紧实工位常使用雨淋式加砂。

8.2.4　真空负压系统

（1）负压的作用及真空系统　干砂振动紧实后，铸型浇注通常在抽真空的负压下进行。抽真空的目的与作用是：将砂箱内砂粒间的空气抽走，使密封的砂箱内部处于负压状态，因此砂箱内部与外部产生一定的压差；在此压差的作用下，砂箱内松散流动的干砂粒可变成紧实坚硬的铸型，具有足够高的抵抗液态金属作用的抗压、抗剪强度。抽真空的另一个作用是，可以强化金属液浇注时泡沫塑料模汽化后气体的排出效果，避免或减少铸件的气孔、夹渣等缺陷。

消失模铸造中的一个完整的真空抽气系统如图 8-15 所示。它主要由真空泵、水浴罐、汽水分离器、截止阀、管道系统、贮气罐等组成。

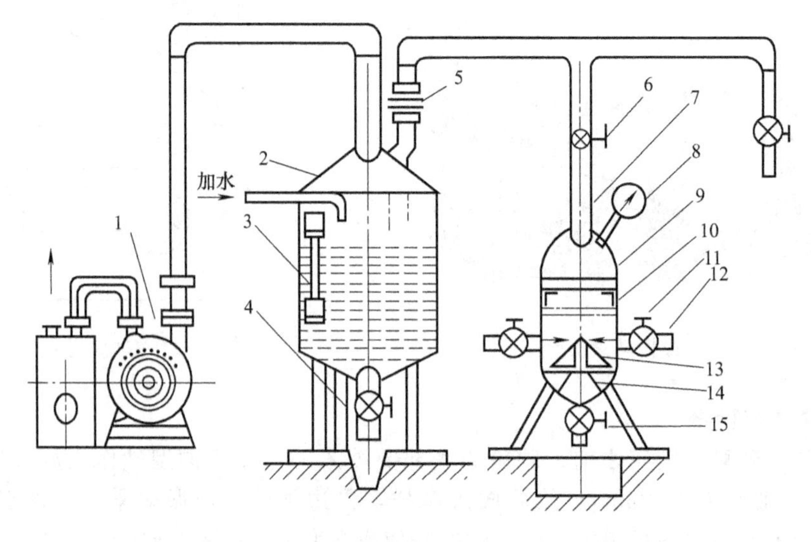

图 8-15 消失模铸造中的真空抽气系统

1—真空泵；2—水浴罐；3—水位计；4—排水阀；5—球阀；6—逆流阀；7—3 寸管；8—真空表；9—滤网；10—滤砂与分配罐；11—截止阀（若干个）；12—进气管（若干个）；13—挡尘罩；14—支托；15—排尘阀

真空泵是真空负压系统的主体设备，常采用结构简单、维护方便的节能型水环式真空泵。要根据砂箱和抽气大小要求，选择合适抽气量的真空泵。选择真空泵的原则是：抽气量大，但对它能达到的真空度的要求并不高。

水浴罐的作用是除去被抽气体中的灰尘与颗粒；汽水分离器的功能为冷却真空泵内的循环水、实现汽水分离；贮气罐主要作用是维持浇注期间真空系统中的最低真空度。

（2）负压工艺参数　真空度大小是消失模铸造重要工艺参数之一，真空度大小的选定主要取决于铸件的重量、壁厚及铸造合金和造型材料的类别等。通常真空度的使用范围是 $-0.02\sim-0.08$MPa。

浇注时，为了使砂箱内维持一定的真空度，通常有 3 部分的气体需要被真空泵强行抽走：①一个被充分紧实后的铸型，仍有占砂箱总容积 30%左右的空气占据砂粒空隙之间；②泡沫塑料模型遇高温金属后，迅速气化分解，产生大量的气体；③浇注时，由直浇口带入砂箱内的气体，以及通过密封塑料薄膜泄漏到砂箱内的气体。因此，真空系统需要有足够的抽气容量。

真空泵的动力消耗可参考下式计算：

$$W=kn(V_1+\beta mQ) \tag{8-1}$$

式中，W 为真空泵的电机功率，kW；$k=2\sim6$kW/m³；n 为砂箱个数；V_1 为单个砂箱的体积，m³；β 为安全系数（取 $\beta=3\sim10$）；m 为每个砂箱内泡沫模样的质量，kg；Q 为泡沫模样的发气量，m³/kg。

（3）真空对接机构　在机械程度较高的消失模铸造生产线上，砂箱与真空系统的对接机构是必不可少的重要组成。真空对接机构是根据截止阀的原理设计而成，其结构形式如图 8-16 所示。

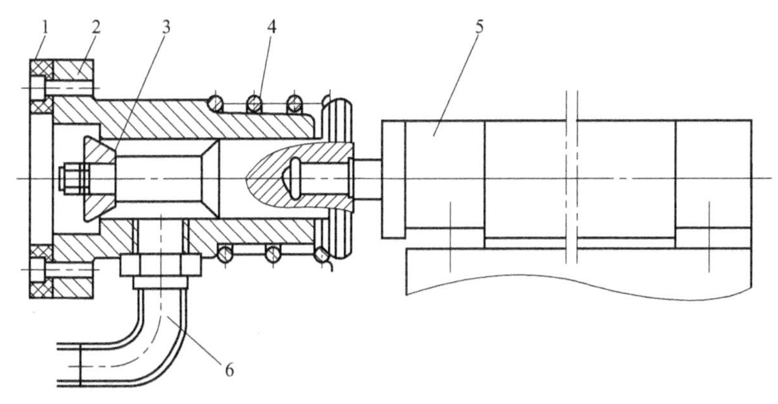

图 8-16　真空对接机构

1—密封垫；2—阀体；3—锥体；4—弹簧；5—液压缸；6—抽真空管道

当砂箱需要抽真空时，液压缸 5 带动密封垫 1 和阀体 2 向前移动，与砂箱抽真空口紧贴，锥体 3 打开，砂箱即与真空系统接通。当砂箱不需要抽真空时，液压缸 5 带动密封垫 1、阀体 2、锥体 3 后退，与砂箱脱离，在弹簧 4 预紧力作用下，锥体 3 和阀体 2 实现密封。

8.2.5　旧砂的冷却设备

消失模铸件落砂后的型砂温度很高，由于是干砂，其冷却速度相对也较慢，对于规模较大的流水生产的消失模铸造车间，型砂的冷却是消失模铸造正常生产的关键之一，型砂的冷却设备是消失模铸造车间砂处理系统的主要设备。砂温过高会使泡沫模样损坏，造成铸件缺陷。

用于消失模铸造旧砂冷却的设备主要有振动沸腾冷却设备、振动提升冷却设备、砂温调节器等。通常把振动沸腾冷却、振动提升冷却等作为初级冷却，而把砂温调节器作为最终砂温的调定设备，以确保待使用的型砂的温度不高于 50℃。

（1）振动沸腾冷却设备　振动沸腾冷却设备如图 8-17 所示。旧砂从进砂口进入沸腾床，振动的作用使砂粒在孔板上呈波浪式前进，形成定向运动的砂流。从孔板下部鼓入的冷空气穿过砂层，形成理想的对流热交换。该设备生产效率高、冷却效果好；但噪声较大，要求振动参数的设置严格。

在用于黏土旧砂的冷却中，通常要向沸腾床中的热砂喷水（增湿），通过水分的蒸发带走部分热量，达到降低砂温的目的。但消失模铸造中使用的是干燥的硅砂，不允许增湿，只能靠冷空气流带走热量，因此该设备对旧砂的冷却效果有所下降。

（2）垂直冷却振动提升机　垂直冷却振动提升机如图 8-18 所示。它由螺旋输送槽、振动电机、隔振弹簧、底座等组成。两振动电机空间交叉安装，同步振动时，在螺旋输送槽上产生沿垂直方向的振动力 F_z 和绕垂直方向的振动力矩 M_z，旧砂粒在 F_z 和 M_z 的作用下沿螺旋输送槽向上提升。在垂直振动提升机的上方中央连接抽风口，由于抽风的作用，旧砂被振动提升时，气流经“热砂—通风孔—抽风管”带走部分热量，使热砂得到初步冷却。

（3）砂温调节器　砂温调节器如图 8-19 所示。它主要是利用砂子与冷水管的直接热交换来调节旧砂的温度。为了提高热交换效率，在水管上设有很多散热片；同时，为了保证调温质量，通过测温仪表和料位控制器等监测手段，自动操纵加料和卸料。卸料口的出砂温度

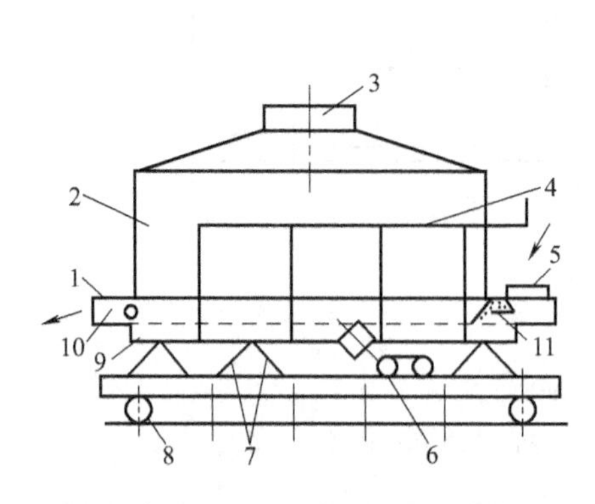

图 8-17 振动沸腾冷却设备

1—振动槽；2—沉降室；3—抽风除尘口；4—进风管；5—进砂口；6—激振装置；7—弹簧系统；8—橡胶减振器；9—余砂出口；10—出砂口；11—进砂活门

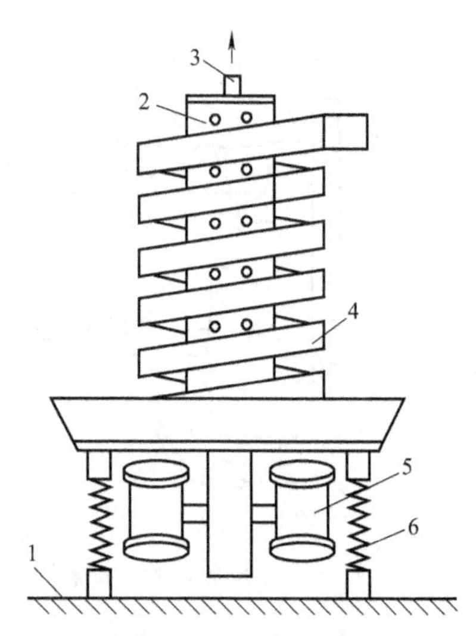

图 8-18 垂直冷却振动提升机

1—机座；2—筒体；3—抽风管；4—螺旋输送槽；5—振动电机；6—隔振弹簧

可控制在 50℃以下。该类设备与树脂砂、水玻璃砂等砂处理系统中的冷却设备的结构类似。由于消失模铸造中采用的是无黏结剂的干砂，其流动性更好、但冷却速度会更慢。

在消失模铸造系统中，砂温调节器可作为二级调温设备（振动沸腾冷却设备、冷却提升机、垂直振动提升机等可作为一级冷却设备），安放在振动紧实台前一个砂斗的下方，控制最后的砂温。

（4）卧式水冷沸腾冷却床　卧式水冷沸腾冷却床如图 8-20 所示。热砂进入床体，鼓风进入气室，通过气嘴，使砂粒悬浮，砂粒通过鼓风、抽风及水冷管进行热交换而降温，同时通过气流使砂粒向出口方向移动。

这种水冷加风冷的热砂冷却方式，对高温砂粒的冷却效果好，生产率高；但设备系统较复杂，能耗大，维修不太方便，对砂粒的粒度要求较为严格。

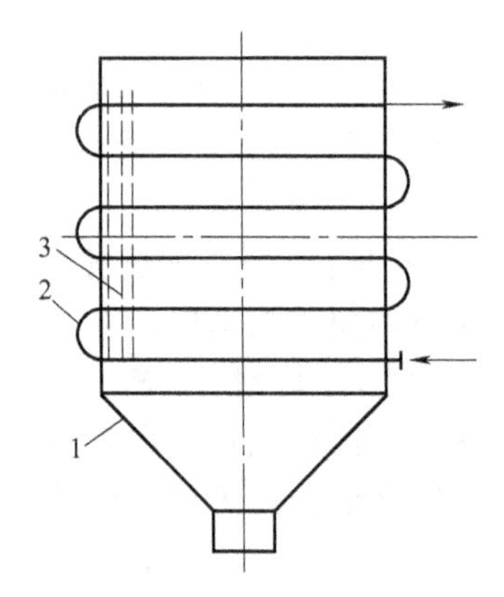

图 8-19 砂温调节器

1—壳体；2—调节水管；3—散热片

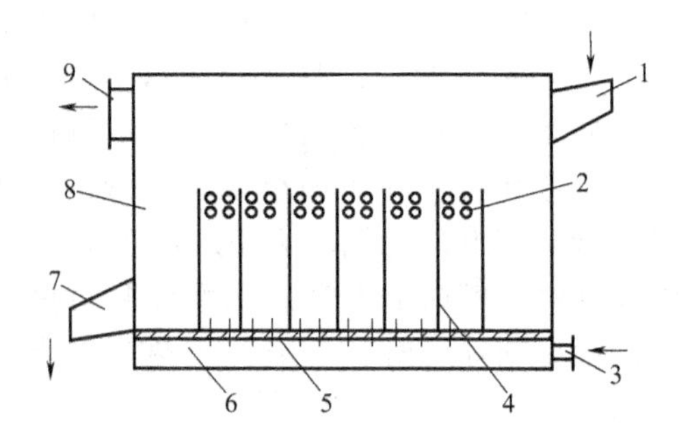

图 8-20 卧式水冷沸腾冷却床的结构示意图

1—入料口；2—冷却水管；3—鼓风口；4—隔板；5—气嘴；6—气室；7—出料口；8—壳体；9—抽风口

8.2.6　其他消失模铸造设备

浇注后的铸件经一定时间的自由冷却即翻箱落砂，炽热铸件和散砂在振动输送落砂机或落砂栅格上实现分离。铸件从落砂机（或栅格）前取走，带有涂料和杂质的热砂穿过落砂栅格上的孔进入旧砂处理及回用系统。经过除尘、磁选、筛分、冷却等工序，去除旧砂中的杂质、铁豆、粉尘，并使砂的温度降低到 50℃以下，再输送至砂斗内贮放待用。

（1）翻箱机　消失模铸造生产流水线上使用的一种底托式翻箱倾倒机，如图8-21所示。它由翻转架、夹紧装置、液压缸、托辊等组成。落砂时，砂箱进入翻转架上的托辊和夹紧装置的卡口，砂箱被卡紧同时小液压缸驱动溜槽置于砂箱上沿，翻转架连同小液压缸、溜槽在大液压缸的驱动下转动 135°，把砂和铸件倒入振动输送机或振动落砂机上。该形式的翻箱机可使输送辊道与砂箱一同举升翻箱，它适应于辊道输送器造型生产线。

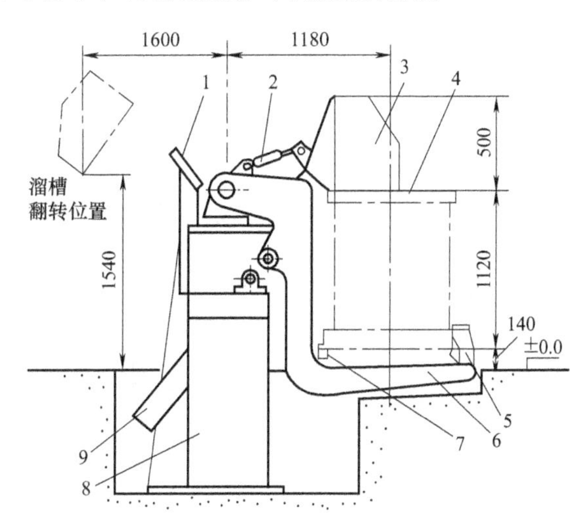

图 8-21　底托式翻箱倾倒机

1—挡块；2—小液压缸；3—溜槽；4—砂箱；5—夹紧装置；6—翻转架；7—托辊；8—支座；9—大液压缸

（2）落砂机　消失模铸造的特点是采用无黏结剂的干砂造型，由于是干、散砂，采用振动输送落砂机完全可以满足“铸件与旧砂分离”的要求。该类设备采用两台振动电机作激振器，结构简单，维修方便，兼有落砂、输送双重功能，目前被广泛采用。双侧激振输送落砂机如图 8-22 所示。

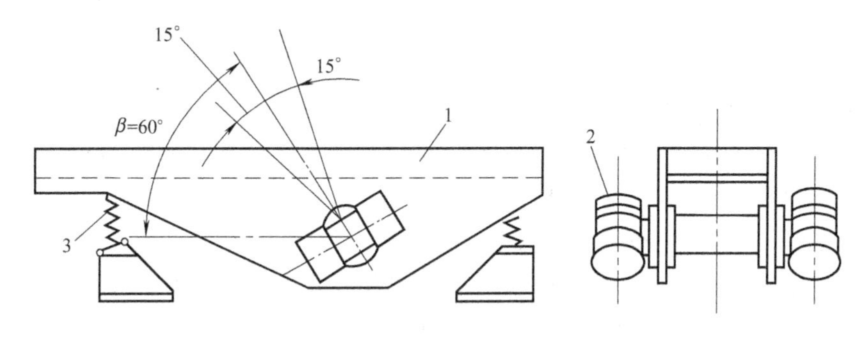

图 8-22　双侧激振输送落砂机

1—栅床；2—振动电机；3—隔振弹簧

热、干的旧砂冷却速度慢，大量泡沫模样上的涂料被带入旧砂中，使得旧砂中的灰尘含量大。因此，旧砂的除尘和冷却是消失模铸造中的旧砂处理系统的最重要的工艺及设备环节。

8.3　典型消失模铸造生产线

按消失模铸造工艺流程，将各种消失模铸造设备有机地组合起来，配备必要的物流输送

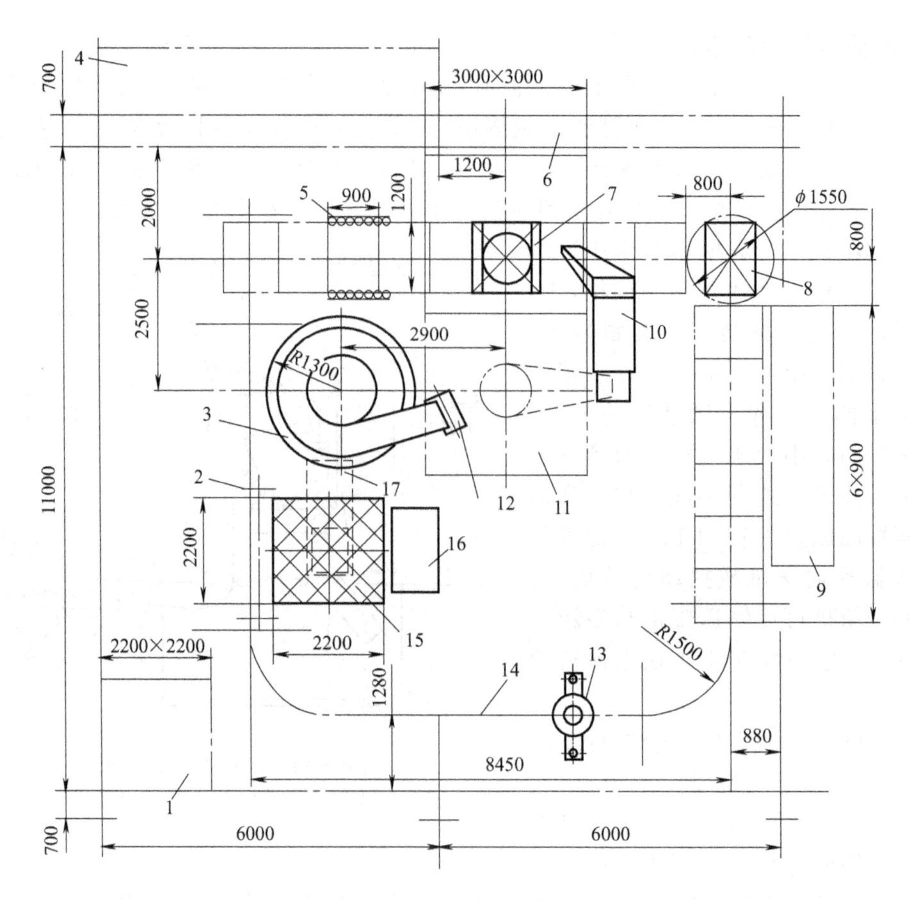

图 8-23　年产 1500t 铸件消失模铸造生产线的黑区平面布置简图

1—除尘器；2—翻转架；3—振动冷却提升机；4—真空系统；5—边辊；6—砂斗；7—振动紧实台；8—转向架；9—浇注区；10—斗式提升机；11—冷却砂斗；12—磁选滚筒；13—电动葫芦；14—吊环；15—落砂栅格；16—铸件桶；17—振动输送机

装备，可形成消失模铸造连续生产流水线。

（1）年产 1500t 铸件消失模铸造生产线　图 8-23 为某工厂年产 1500t 铸件消失模铸造生产线的平面布置图。它具有布置紧凑、占地面积小、投资少等优点，是目前国内消失模铸造生产线中较紧凑、较经济的布置类型之一。黑区部分控制在 12m×12m 的面积内。振动紧实辊道与浇注辊道（相互）垂直布置。浇注后的砂箱，用电动葫芦来完成铸件的倒箱及砂箱的转运。由于投资的限制，砂箱的移动采用人工推动方式。

该生产线的工艺流程为：砂箱由电动葫芦吊至辊道上，人工推入振动紧实工位；在完成雨淋加砂及型砂的紧实后，推入转向架使砂箱转向，进入浇注工位待浇（每次可同时浇注五个砂箱）；浇注后的砂箱经一定时间的冷却后，由电动葫芦吊至翻转架上方，倒箱落砂；铸件进入铸件桶后由行车吊走，而旧砂经落砂栅格、振动给料机、振动冷却提升机、磁选机，而进入冷却砂斗；干砂经冷却调温后，由振动给料机、斗式提升机送入振动紧实台上方的砂斗中待用。砂处理系统采用机械化动作，整个生产线设备流畅、简捷、投资少。该生产线的三维视图如图 8-24 所示。

（2）年产 3000t 铸件消失模铸造生产　图 8-25 所示为某厂年产 3000t 铸件消失模铸造生产的黑区平面布置图。

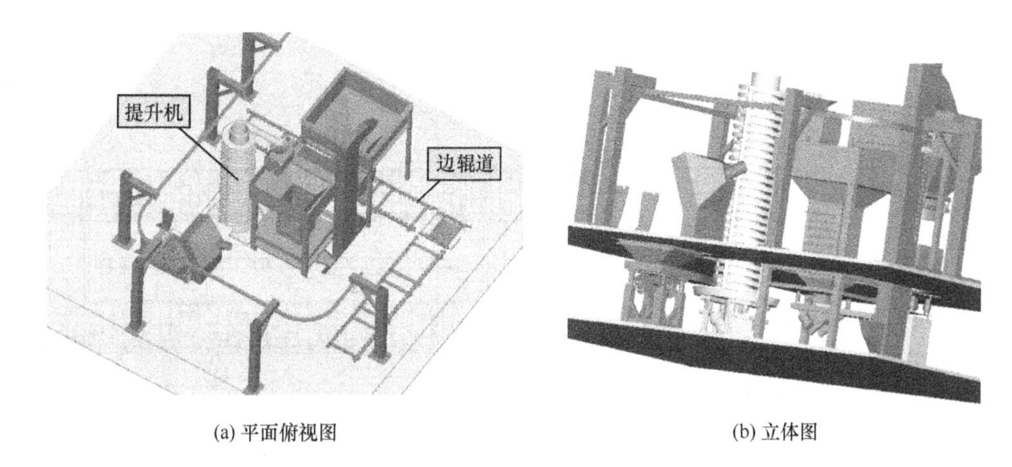

(a) 平面俯视图　　　　(b) 立体图

图 8-24　图 8-23 所示生产线的三维视图

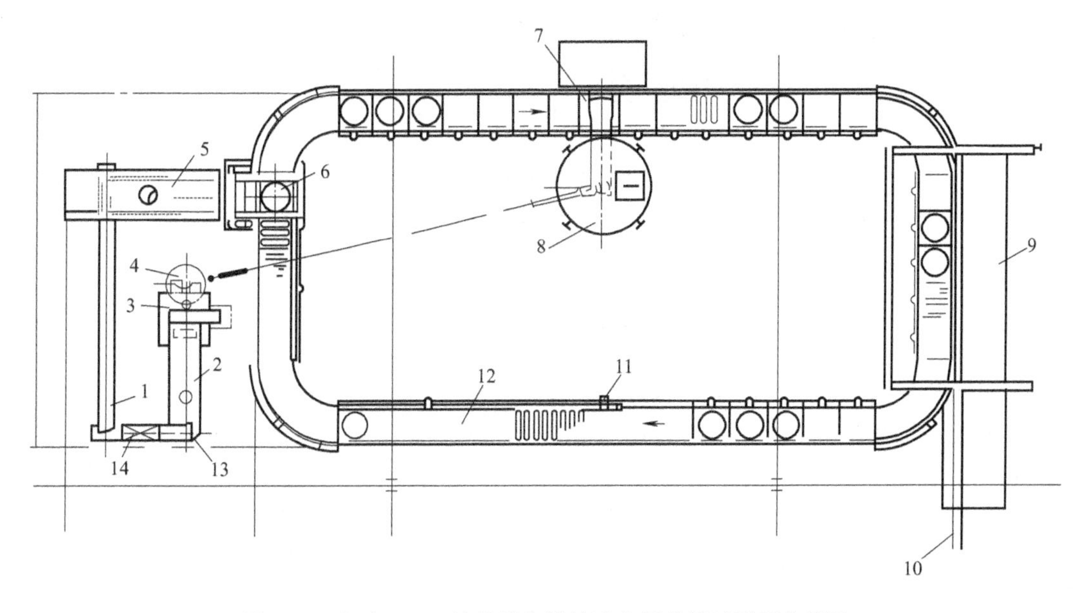

图 8-25　年产 3000t 铸件消失模铸造车间的黑区平面布置图

1—带式输送机；2—筛分机；3—砂冷却器；4—干砂压送罐；5—落砂机；6—翻箱机；7—振动紧实台；8—砂斗；9—浇注平台；10—浇注单轨；11—辊道驱动系统；12—冷却带；13—磁分离滚筒；14—斗式提升机

该铸造车间的黑区布置，采用辊道驱动输送装置组成封闭式造型生产线，间隔式驱动。铸件浇注冷却后，由翻箱机打箱，振动落砂机实现铸件与干砂分离，旧砂经提升、磁选、筛分后，进入砂冷却器进行冷却、降温使砂子温度低于 50℃，最后由气力压送装置送入振动紧实台上方的砂斗中待用。

(3) 年产 5000t 铸件自动化消失模铸造生产线　图 8-26 为一消失模自动化铸造生产线布置图。其特点是设置二台振动台，分别紧实底砂及模样四周。即前一振动台工位，加底砂后振实；随后砂箱进入下一振动台工位，放置泡沫模型后加砂紧实。造好型后的砂箱由辊道、转运小车送至浇注工位。在浇注工位，自动对接装置将砂箱和真空管道连接，抽真空后浇注。浇注后的砂箱则送入翻转落砂机，落砂后铸件进入装料框；热砂送入砂冷却装置冷却，而砂箱则返回造型工位进入下一循环。冷却后的干砂由风力输送器送至造型工位上方的砂斗中。该线造型速度可达 12 箱/h，砂箱尺寸为 800mm×800mm×950mm。

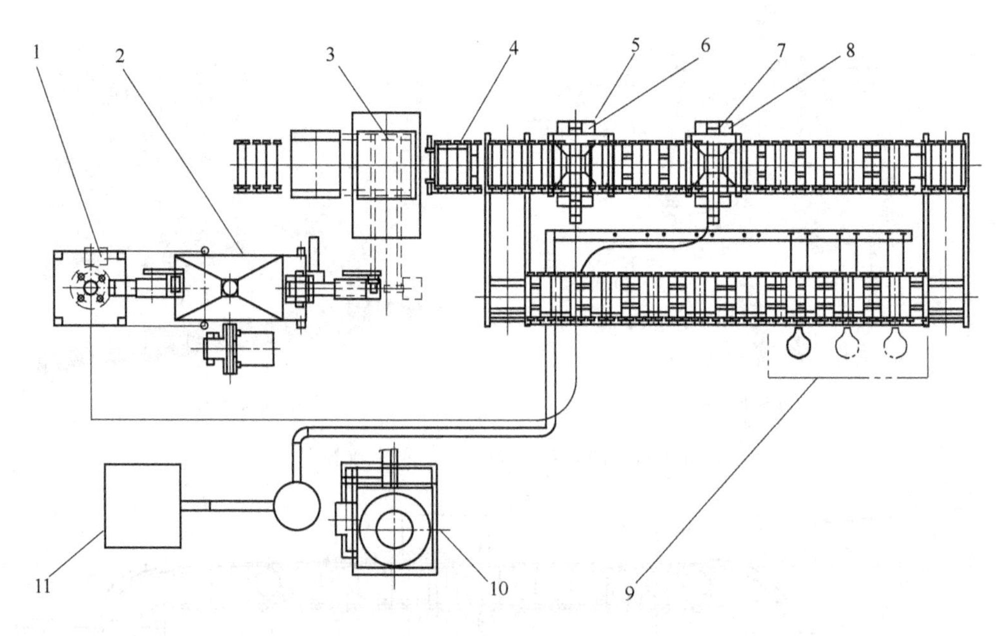

图 8-26 消失模自动化生产线布置图

1—风力输送器；2—砂冷却装置；3—翻转式落砂机；4—砂箱及辊道；5,7—振动台；6,8—砂斗；9—浇注；10—除尘器；11—真空系统

思考题及习题

1. 简述消失模铸造工艺的主要装备及其作用。

2. 比较一维振动紧实台、二维振动紧实台及三维振动紧实台在结构组成及工作原理上的区别。

3. 在消失模铸造中，为何要采用雨淋式加砂？简述常用的采用雨淋式加砂方法及特点。

4. 简述在消失模铸造过程中采用真空负压的作用，试分析何种情况下不需要真空负压系统。

5. 比较消失模铸造生产线与黏土砂铸造生产线和树脂砂生产线在组成上的差异，并简述原因。

附录　铸造设备型号的编制方法

铸造设备型号是铸造设备产品的代号，它由汉语拼音字母（以下简称字母）和阿拉伯数字（以下简称数字）组成。

标准JB/T 3000—2006规定了通用、专用铸造设备的型号表示方法和统一名称及类、组、型（系列）的划分。

1　通用铸造设备型号

1.1　型号的表示方法示意图

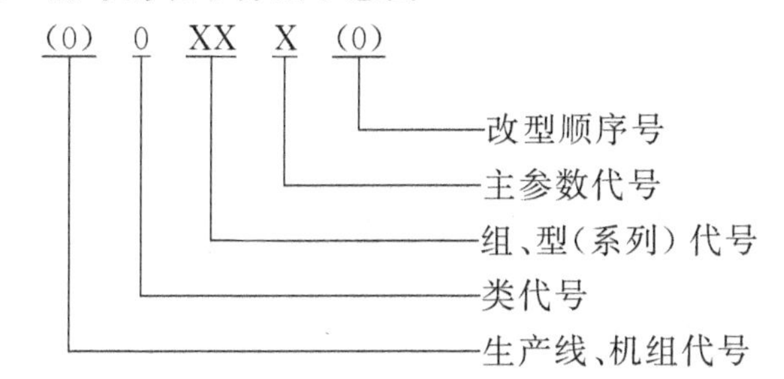

注：O——用字母表示；X——用数字表示；有“()”的代号，当无内容时，则不表示。

如果铸造设备生产企业，为了识别其他企业的同类产品，而需要在型号上表示时，允许在类代号处加特定的代号以示区别。

1.2　铸造设备的分类及其代号的表示方法

铸造设备分为10类，用字母表示，字母一律采用正楷大写。铸造设备的分类及字母代号详见附表1。

附表1　铸造设备的分类及字母代号表

类别	砂处理	造型制芯	落砂	清理	金属型	熔模	熔炼浇注	运输定量	检测控制	其他
字母代号	S	Z	L	Q	J	M	R	Y	C	T

1.3　铸造设备的组、型（系列）代号及主参数

（1）每类铸造设备分为若干组、型（系列），分别用数字组成，位于分类字母代号之后。

（2）型号中的主参数用折算值表示，位于组、型（系列）代号之后，当主参数折算值小于1时，则应在折算值加数字“0”组成主参数代号。当折算值大于1时，则取整数。

（3）组、型（系列）的划分及型号中主参数的表示方法，见本编制方法的第3条“3　铸造设备统一名称及类、组、型（系列）的划分”。

1.4　铸造生产线型号的表示方法

可在生产线上的主机（通用或专用）型号前加字母X。

1.5　铸造机组型号的表示方法

可在机组上的主机（通用或专用）型号前加字母Z。

1.6 铸造设备改型顺序号

对有些铸造设备的工作参数、传动方式和结构等方面的改进，应在原设备型号之后，按A、B、C……等字母的顺序加改型顺序号（但“I”及“O”两个字母不允许选用）。

1.7 型号示例

（1）盘径为1800mm的辗轮式混砂机，其型号为S1118。经第一次改型的1800mm辗轮式混砂机，其型号为S1118A。

（2）砂箱内尺寸为1200mm×1000mm的多触头高压造型机，其型号为Z3112

（3）以Z3112型多触头高压造型机为主机组成的生产线，其型号为XZ3112。

2 专用铸造设备型号

专用铸造设备的型号表示方法，统一用字母ZJ与设计顺序号表示，设计顺序号从001开始。该类设备的型号举例为：

（1）ZJ001真空吸铸机；

（2）ZJ009齿轮表面强化抛丸机。

3 铸造设备统一名称及类、组、型（系列）的划分

详见JB/T 3000—2006，附表2至附表11（略）。

参考文献

[1] 魏华胜. 铸造工程基础. 北京：机械工业出版社，2002.

[2] 樊自田. 材料成型装备及自动化. 北京：机械工业出版社，2006.

[3] 樊自田，王从军，熊建钢，王桂兰. 先进材料成型技术与理论. 北京：化学工业出版社，2006.

[4] 黄乃瑜，叶升平，樊自田. 消失模铸造原理及质量控制. 武汉：华中科技大学出版社，2004.

[5] 王文清，李魁盛. 铸造工艺学. 北京：机械工业出版社，2000.

[6] 柳百成，黄天佑. 中国材料工程大典：18 卷材料铸造成型工程（上）. 北京：化学工业出版社，2006.

[7] 樊自田，董选普，陆浔. 水玻璃砂工艺原理及应用技术. 北京：机械工业出版社，2004.

[8] 周锦照主编. 铸造机械设备. 武汉：华中理工大学出版社，1989.

[9] 曹善堂主编. 铸造设备选用手册（第 2 版）. 北京：机械工业出版社，2001.

[10] 陈士梁主编. 铸造机械化. 北京：机械工业出版社，1988.

[11] 董超主编. 铸造设备设计. 北京：机械工业出版社，1984.

[12] 王延久主编. 铸造设备图册. 北京：机械工业出版社，1985.

[13] 任天庆编. 铸造自动化（修订版）. 北京：机械工业出版社，1989.

[14] 王延久主编. 铸造车间设计. 北京：机械工业出版社，1990.

[15] 清华大学等主编. 铸造设备. 北京：机械工业出版社，1980.